CAD/CAM/CAE 技术应用新形态教材

中文版 AutoCAD 实用教程

（案例视频版）

天工在线　编著

中国水利水电出版社
www.waterpub.com.cn
·北京·

内 容 提 要

《中文版 AutoCAD 实用教程（案例视频版）》是一本 AutoCAD 基础教程、AutoCAD 视频教程。它融合了 AutoCAD 在机械设计、建筑设计、室内设计、家具设计、土木园林设计、电气设计等领域必备的基础知识，以实用为出发点，系统全面地介绍了 AutoCAD 软件在二维绘图和三维设计等方面的基础知识与应用技巧。全书共 14 章，包括 AutoCAD 入门、二维绘制命令、面域与图案填充、辅助绘图工具、二维编辑命令、文字与表格、图块及其属性、尺寸标注、集成化绘图工具、三维绘图基础、实体绘制、实体编辑、机械设计工程实例和建筑设计工程实例等内容。本书在进行知识点讲解中，列举了大量的实例，增加了"高手点拨"栏目，每章设有"新手问答""上级实验""思考与练习"，并配有相关的讲解视频和习题答案，便于读者在实践中掌握 AutoCAD 的操作方法和技巧。

本书配有极为丰富的学习资源，其中配套资源包括：138 集同步微视频讲解和全书实例的源文件与初始文件。附赠资源包括：① AutoCAD 疑难问题集、AutoCAD 应用技巧集、AutoCAD 常用图块集、AutoCAD 常用填充图案集、AutoCAD 快捷命令速查手册、AutoCAD 快捷键速查手册、AutoCAD 常用工具按钮速查手册等；② 9 套 AutoCAD 大型设计图纸源文件及同步视频讲解；③ AutoCAD 认证考试大纲和认证考试样题库。

本书内容全面、实例丰富、语言简洁、讲解思路清晰、图文并茂，可以作为初学者的学习教材，也可以作为相关工程技术人员的参考工具书。

图书在版编目（CIP）数据

中文版AutoCAD实用教程：案例视频版 / 天工在线编
著. -- 北京：中国水利水电出版社，2024.6
ISBN 978-7-5226-2293-4

Ⅰ. ①中… Ⅱ. ①天… Ⅲ. ①AutoCAD软件－教材
Ⅳ. ①TP391.72

中国国家版本馆 CIP 数据核字(2024)第 023519 号

系 列 名	CAD/CAM/CAE 技术应用新形态教材
书 名	中文版 AutoCAD 实用教程（案例视频版） ZHONGWENBAN AutoCAD SHIYONG JIAOCHENG (ANLI SHIPIN BAN)
作 者	天工在线 编著
出版发行	中国水利水电出版社 （北京市海淀区玉渊潭南路 1 号 D 座　100038） 网址：www.waterpub.com.cn E-mail：zhiboshangshu@163.com 电话：(010) 62572966-2205/2266/2201（营销中心）
经 售	北京科水图书销售有限公司 电话：(010) 68545874、63202643 全国各地新华书店和相关出版物销售网点
排 版	北京智博尚书文化传媒有限公司
印 刷	河北文福旺印刷有限公司
规 格	170mm×240mm　16 开本　19.75 印张　499 千字
版 次	2024 年 6 月第 1 版　2024 年 6 月第 1 次印刷
印 数	0001—4000 册
定 价	59.80 元

前　言

AutoCAD 是美国 Autodesk 公司推出的集二维绘图、三维设计、渲染及通用数据库管理和互联网通信功能为一体的计算机辅助绘图软件包。AutoCAD 自 1982 年推出以来，从初期的 1.0 版本开始，经过多次版本的更新和性能完善，现已发展到 AutoCAD 2024 版本。AutoCAD 不仅在机械、电子和建筑等工程设计领域得到了广泛的应用，而且在地理、气象和航海等特殊图形的绘制领域应用广泛，甚至在乐谱、灯光和广告等领域也得到了多方面的应用，目前已成为微机 CAD 系统中应用最为广泛的图形软件之一。

本书的编者是各高校多年从事计算机图形图像领域教学研究的一线人员，他们具有丰富的教学实践经验与教材编写经验。多年的教学工作使他们能够准确地把握学生的心理与实际需求。本书凝结着他们的经验与体会，贯彻着他们的教学思想，希望能够为广大读者的学习起到良好的引导作用，为广大读者自学提供一个快捷有效的途径。

本书内容设计

➥ 结构合理，适合自学

本书在编写时充分考虑初学者的特点，内容讲解由浅入深、循序渐进，能引导初学者快速入门。在知识点的安排上没有力求面面俱到，而是够用即可。学好本书，读者能够掌握实际设计工作中需要的各项技术。

➥ 视频讲解，通俗易懂

为了提高学习效率，本书为所有实例配备了相应的教学视频。视频录制时采用实际授课的形式，在各知识点的关键处给出解释、提醒和注意事项，这些内容都是专业知识和经验的提炼，可以帮助读者高效学习，让读者能更多地体会绘图的乐趣。

➥ 知识全面，实例丰富

本书详细介绍了 AutoCAD 的使用方法和编辑技巧，内容涵盖二维绘图和编辑、文本和表格、尺寸标注、图块、辅助绘图工具、三维造型基础、三维实体操作等知识。在介绍知识点时辅以大量的实例，并提供具体的设计过程和大量的图示，帮助读者快速理解并掌握所学知识点。

➥ 栏目设置，关键实用

本书根据需要并结合实际工作经验，穿插了大量的"提示""高手点拨""新手注意"等小栏目，给读者以关键提示。为了让读者有更多的机会动手操作，本书还设置了"动手练"栏目，读者在快速理解相关知识点后动手练习，可以达到举一反三的高效学习效果。

本书显著特点

❯ 体验好，随时随地学习

扫描二维码，随时随地看视频。本书大部分实例都提供了二维码，读者可以通过微信"扫一扫"功能，随时随地观看相关的教学视频（若个别手机不能播放，请参考前言中的"本书学习资源列表及获取方式"并在计算机上下载后观看）。

❯ 资源多，全方位辅助学习

从配套到拓展，资源库一应俱全。本书提供了几乎所有实例的配套视频和源文件，还提供了应用技巧集、疑难问题集、常用图块集、全套工程图纸案例、各种快捷命令速查手册、认证考试练习题等。

❯ 实例多，用实例学习更高效

案例丰富详尽，边做边学更快捷。跟着大量实例去学习，能边学边做，并从做中学，可以使学习更深入、更高效。

❯ 入门易，全力为初学者着想

遵循学习规律，入门实战相结合。本书采用"基础知识+实例"的编写形式，内容由浅入深、循序渐进，且入门知识与实战经验相结合使学习更有效率。

❯ 服务快，学习无后顾之忧

提供在线服务，随时随地可交流。提供公众号、QQ 群等多种服务渠道，为方便读者学习提供最大限度的帮助。

本书学习资源列表及获取方式

为了让读者在最短的时间内学会并精通 AutoCAD 辅助绘图技术，本书提供了极为丰富的学习配套资源，具体如下。

❯ 配套资源

（1）为方便读者学习，本书所有实例均录制了视频讲解文件，共 138 集，读者可扫描书中的二维码直接观看或通过以下介绍的方法下载后观看。

（2）本书包含 116 个实例案例，并提供实例的源文件。

❯ 拓展学习资源

（1）AutoCAD 应用技巧集（99 条）。

（2）AutoCAD 疑难问题集（180 问）。

（3）AutoCAD 认证考试练习题（256 道）。

（4）AutoCAD 常用图块集（600 个）。

（5）AutoCAD 常用填充图案集（671 个）。

（6）AutoCAD 大型设计图纸视频及源文件（9 套）。

（7）AutoCAD 快捷命令速查手册（1 部）。

（8）AutoCAD 快捷键速查手册（1 部）。

（9）AutoCAD 常用工具按钮速查手册（1 部）。

（10）AutoCAD 认证考试大纲（2 部）。

以上资源的获取及联系方式（注意：本书不配光盘，以上提到的所有资源均需通过以下方法下载后使用）**如下**。

（1）读者扫描并关注下方的微信公众号，然后发送 CAD2293 到公众号后台，获取本书的资源下载链接，将该链接复制到计算机浏览器的地址栏中，根据提示进行下载即可。

（2）读者可加入 QQ 群 458177517（若群满，则会创建新群，请根据加群时的提示加入对应的群），作者不定时在线答疑，读者间也可互相交流学习。

特别说明（新手必读）

读者在学习本书或按照本书上的实例进行操作时，请先在计算机中安装 AutoCAD 中文版操作软件。本书在 AutoCAD 2024 版本基础上编写，建议读者安装相同版本，读者可以在 Autodesk 官网下载该软件试用版本，也可以购买正版软件安装。

关于作者

本书由天工在线组织编写。天工在线是一个 CAD/CAM/CAE 技术研讨、工程开发、培训咨询和图书创作的工程技术人员协作联盟，它由 40 多位专职和众多兼职 CAD/CAM/CAE 工程技术专家组成。

天工在线负责人由 Autodesk 中国认证考试中心首席专家担任（全面负责 Autodesk 中国官方认证考试大纲制定、题库建设、技术咨询和师资力量培训工作），成员精通 Autodesk 系列软件。其创作的很多教材成为国内具有引导性的旗帜作品，在国内相关专业方向的图书创作领域具有举足轻重的地位。

致谢

本书能够顺利出版，是作者、编辑和所有审校人员共同努力的结果，在此表示深深的感谢。同时，祝福所有读者在通往优秀工程师的道路上一帆风顺。

编　者

目　录

第 1 章　AutoCAD 入门

本章导读

　　本章学习 AutoCAD 绘图的基本知识。将了解如何设置图形的系统参数、样板图，熟悉创建新的图形文件、打开已有文件的方法等，为进入系统学习准备必要的前提知识。

1.1　操作环境简介

　　操作环境是指一些涉及软件的最基本的界面和参数。本节将简要介绍与本软件相关的操作界面、绘图系统设置等。

　　AutoCAD 的操作界面是 AutoCAD 显示、编辑图形的区域。图 1.1 所示为启动中文版 AutoCAD 2024 后的默认界面，该界面是 AutoCAD 2009 以后出现的新界面风格。

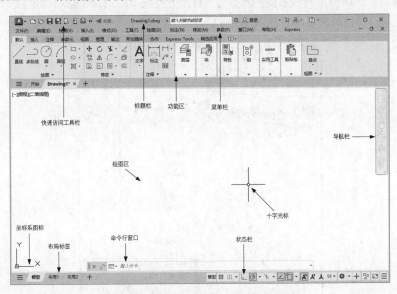

图 1.1　中文版 AutoCAD 2024 操作界面

新手注意：

　　安装 AutoCAD 2024 后，在绘图区中右击，打开快捷菜单，如图 1.2 所示，选择"选项"命令，❶打开"选项"对话框，❷选择"显示"选项卡，❸将"窗口元素"中对应的"颜色主题"设置为"明"，如图 1.3 所示，❹单击"确定"按钮，关闭对话框，其操作界面如图 1.1 所示。

　　中文版 AutoCAD 操作界面的最上端是标题栏。在标题栏中，显示了系统当前正在运行的应用程序（AutoCAD）和用户正在使用的图形文件。第一次启动 AutoCAD 时，在标题栏中，将显示 AutoCAD 在启动时自动创建并打开的图形文件 Drawing1.dwg。

图 1.2　快捷菜单

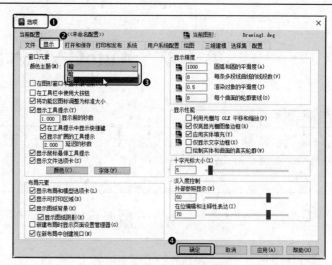

图 1.3　"选项"对话框

1.1.1　菜单栏

❶单击快速访问工具栏右侧的 ▼ 按钮，❷在下拉菜单中选择"显示菜单栏"选项，如图 1.4 所示，调出后的菜单栏如图 1.5 所示。

图 1.4　调出菜单栏

图 1.5　菜单栏显示界面

1.1.2　工具栏

工具栏是一组按钮工具的集合，❶选择菜单栏中的"工具"→❷"工具栏"→
❸AutoCAD 命令，❹调出所需要的工具栏，如图 1.6
所示。单击某一个未在界面显示的工具栏名，系统将
自动在界面中打开该工具栏；反之，则关闭工具栏。
将光标移动到某个按钮上，稍停片刻即在该按钮的一
侧显示相应的功能提示，同时在状态栏中显示对应的
说明和命令名。此时，单击按钮即可启动相应的命令。

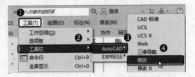

图 1.6　调出工具栏

工具栏可以在绘图区"浮动"显示（图 1.7），此时显示该工具栏标题，并可关闭该
工具栏。可以拖动"浮动"工具栏到绘图区边界，使它变为"固定"工具栏，此时该工具
栏标题隐藏；也可以将"固定"工具栏拖出，使它成为"浮动"工具栏。

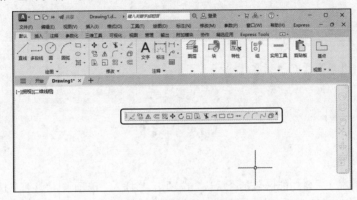

图 1.7　"浮动"工具栏

1.1.3　绘图区

绘图区是显示、绘制和编辑图形的矩形区域。左下角是坐标系图标，表示当前使用
的坐标系和坐标方向，根据工作需要，用户可以打开或关闭该图标。十字光标由鼠标控
制，其交叉点的坐标值显示在状态栏中。下面介
绍如何改变绘图窗口的颜色。

（1）选择菜单栏中的"工具"→"选项"命
令，弹出"选项"对话框。

（2）单击"显示"选项卡，如图 1.3 所示。

（3）单击"窗口元素"中的"颜色"按钮，
❶打开如图 1.8 所示的"图形窗口颜色"对话框。

（4）❷从"颜色"下拉列表框中选择某种颜
色，如白色，❸单击"应用并关闭"按钮，即可将
绘图窗口的颜色改为白色。

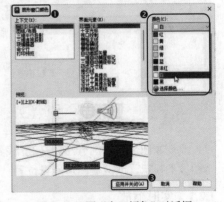

图 1.8　"图形窗口颜色"对话框

1.1.4　命令行

命令行位于操作界面的底部，是用户与 AutoCAD 进行交互对话的窗口。在"命令："

提示下，AutoCAD 接受用户使用各种方式输入的命令，然后显示出相应的提示，如命令选项、提示信息和错误信息等。

命令行中可以改变显示文本的行数，将光标移至命令行上边框处，待光标变为双箭头后，按住左键拖动即可。命令行的位置可以在操作界面的上方或下方，也可以浮动在绘图窗口内。将光标移到该窗口左边框处，光标变为箭头，单击并拖动即可。按 F2 功能键可以放大显示命令行。

1.1.5　状态栏

状态栏在屏幕的底部，依次有"坐标""模型空间""栅格""捕捉模式"等 30 个功能按钮。单击部分开关按钮，可以切换这些功能按钮的打开与关闭状态。通过控制部分按钮也可以控制图形或绘图区的状态，如图 1.9 所示，这些功能按钮在后面用到时再一一解说。

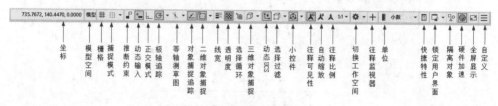

图 1.9　状态栏

1.1.6　功能区

在默认情况下，❶功能区包括"默认"选项卡、"插入"选项卡、"注释"选项卡、"参数化"选项卡、"视图"选项卡、"管理"选项卡、"输出"选项卡、"附加模块"选项卡、"协作"选项卡及"精选应用"选项卡，如图 1.10 所示。每个选项卡集成了相关的操作工具，方便了用户的使用。❷用户可以单击功能区选项卡后面的▣▾按钮控制功能的展开与收缩。

图 1.10　默认情况下显示的选项卡

1.2　显　示　控　制

改变视图最基本的方法就是利用缩放和平移命令，使用它们可以在绘图区放大或缩小图像的显示，或改变图形所在位置。

1.2.1　实时缩放

AutoCAD 为交互式的缩放和平移提供了可能。利用实时缩放，用户即可通过垂直向上或向下移动鼠标的方式放大或缩小图形。利用实时平移，即可通过单击或移动鼠标重新放置图形。

【执行方式】

➢ 命令行：ZOOM。
➢ 菜单栏：选择菜单栏中的"视图"→"缩放"→"实时"命令。
➢ 工具栏：单击"标准"工具栏中的"实时缩放"按钮 ±_Q。
➢ 功能区：单击"视图"选项卡"导航"面板中的"范围"下拉菜单中的"实时"按钮 ±_Q。
➢ 导航栏：选择"导航栏"中的"范围缩放"下拉菜单中的"实时缩放"选项。

【操作步骤】

命令行提示与操作如下：

> 命令：ZOOM↙
> 指定窗口的角点，输入比例因子(nX 或 nXP)，或者[全部(A)/中心(C)/动态(D)/范围(E)/上一
> 个(P)/比例(S)/窗口(W)/对象(O)] <实时>：

执行上述操作后，按住鼠标左键移动光标或者滚动鼠标中键即可放大或者缩小图形。

另外，缩放命令还包括动态缩放、窗口缩放、比例缩放、放大、缩小、中心缩放、全部缩放、对象缩放、缩放上一个和最大图形范围缩放，其操作方法与实时缩放类似，此处不再赘述。

1.2.2　实时平移

【执行方式】

➢ 命令：PAN。
➢ 菜单栏：选择菜单栏中的"视图"→"平移"→"实时"命令。
➢ 工具栏：单击"标准"工具栏中的"实时平移"按钮 ✋。
➢ 功能区：单击"视图"选项卡"导航"面板中的"平移"按钮 ✋。
➢ 导航栏：选择"导航栏"中的"平移"选项。

执行上述操作后，光标变为 ✋ 形状，按住鼠标左键移动手形光标即可平移图形。

另外，在 AutoCAD 2024 中，为显示控制命令设置了一个快捷菜单，如图 1.11 所示。在该快捷菜单中，用户可以在显示命令执行的过程中透明地进行切换。

图 1.11　快捷菜单

1.3　设置绘图环境

AutoCAD 的绘图环境可以在系统启动时设置，也可以单独设置某些参数。

1.3.1　设置图形单位

【执行方式】

➢ 命令行：DDUNITS 或 UNITS（快捷命令：UN）。
➢ 菜单栏：选择菜单栏中的"格式"→"单位"命令。

执行上述操作后，系统打开"图形单位"对话框，如图 1.12 所示。

【选项说明】

（1）"长度"与"角度"选项组：指定测量的长度与角度的当前类型及精度。

（2）"插入时的缩放单位"选项组：控制插入当前图形中的块或图形的测量单位。如果块或图形创建时使用的单位与该选项指定的单位不同，则在插入这些块或图形时，将对其按比例进行缩放。插入比例是原块或图形使用的单位与目标块或图形使用的单位之比。如果插入块或图形时不按指定单位进行缩放，则在其下拉列表框中选择"无单位"选项。

（3）"输出样例"选项组：显示使用当前单位和角度设置的样例。

（4）"光源"选项组：控制当前图形中光度控制光源的强度测量单位。为创建和使用光度控制光源，必须从下拉列表框中指定非"常规"的单位。如果"插入时的缩放单位"设置为"无单位"，则将显示警告信息，通知用户渲染输出可能不正确。

（5）"方向"按钮：单击该按钮，系统将会打开"方向控制"对话框，如图 1.13 所示，可进行方向控制设置。

图 1.12 "图形单位"对话框

图 1.13 "方向控制"对话框

1.3.2 设置图形界限

【执行方式】

> 命令行：LIMITS。
> 菜单栏：选择菜单栏中的"格式"→"图形界限"命令。

【操作步骤】

命令行提示与操作如下：

命令：LIMITS✓
重新设置模型空间界限：
指定左下角点或[开(ON)/关(OFF)]<0.0000,0.0000>:输入图形界限左下角的坐标，按 Enter 键。
指定右上角点 <12.0000,9.0000>:输入图形
界限右上角的坐标，按 Enter 键。

【选项说明】

（1）开（ON）：使图形界限有效。系统在图形界限以外拾取的点将视为无效。

（2）关（OFF）：使图形界限无效。用户可以在图形界限以外拾取点或实体。

（3）动态输入角点坐标：可以直接在绘图区的动态文本框中输入角点坐标，输入横坐标值

后，按逗号（,）键，接着输入纵坐标值，如图 1.14 所示；也可以
按光标位置直接单击，确定角点位置。

1.4　文件管理

图 1.14　动态输入

本节介绍有关文件管理的一些基本操作方法，包括新建文件、打开已有文件、保存
文件等，这些都是进行 AutoCAD 操作最基础的知识。

1.4.1　新建文件

🔍【执行方式】

➤ 命令行：NEW。
➤ 工具栏：单击"标准"工具栏中的"新建"按钮 🗋 或单击快速访问工具栏中的"新建"按钮 🗋。
➤ 主菜单：选择"主菜单"下的"新建"命令。
➤ 菜单栏：选择菜单栏中的"文件"→"新建"命令。
➤ 快捷键：Ctrl+N。

执行上述操作后，系统打开如图 1.15
所示的"选择样板"对话框。选择一个样
板后，系统进入如图 1.1 所示的操作界面。

图 1.15　"选择样板"对话框

1.4.2　打开文件

🔍【执行方式】

➤ 命令行：OPEN。
➤ 工具栏：单击"标准"工具栏中的"打开"按钮 📂 或单击快速访问工具栏中的"打开"按钮 📂。
➤ 主菜单：选择"主菜单"下的"打开"命令。
➤ 菜单栏：选择菜单栏中的"文件"→"打开"命令。
➤ 快捷键：Ctrl+O。

执行上述操作后，❶打开"选择文件"对
话框，如图 1.16 所示，❷在"文件类型"下
拉列表框中可选.dwg 文件、.dwt 文件、.dxf 文
件和.dws 文件。.dwg 文件是普通的样板文
件；.dwt 文件是标准的样板文件，通常将一些
规定的标准性的样板文件设为.dwt 文件；.dxf
文件是使用文本形式存储的图形文件，能够
被其他程序读取，许多第三方应用软件都支
持.dxf 格式；.dws 文件是包含标准图层、标注
样式、线型和文字样式的样板文件。

图 1.16　"选择文件"对话框

高手点拨：

有时在打开.dwg 文件时，系统会打开一个信息提示对话框，提示用户图形文件不能打开，在这种情况下先退出打开操作，在命令行中输入 recover，接着在"选择文件"对话框中输入要恢复的文件名，确认后系统开始执行恢复文件操作。

1.4.3 保存文件

【执行方式】

- 命令行：QSAVE 或 SAVE。
- 工具栏：单击"标准"工具栏中的"保存"按钮 或单击快速访问工具栏中的"保存"按钮 。
- 主菜单：选择"主菜单"下的"保存"命令。
- 菜单栏：选择菜单栏中的"文件"→ "保存"命令。
- 快捷键：Ctrl+S。

执行上述操作后，若文件已命名，则系统自动保存文件；若文件未命名（即为默认名 drawing1.dwg），❶系统则打开"图形另存为"对话框，如图 1.17 所示，用户可以重新命名保存。❷在"保存于"下拉列表框中指定保存文件的路径。❸在"文件类型"下拉列表框中指定保存文件的类型。

图 1.17 "图形另存为"对话框

高手点拨：

系统打开"选择样板"对话框，在"文件类型"下拉列表框中有 4 种格式的图形样板，后缀名分别是.dwt、.dwg、.dws 和.dxf。

1.5 基本输入操作

在 AutoCAD 中，有一些基本的输入操作方法，这些基本方法是进行 AutoCAD 绘图的必备基础知识，也是深入学习 AutoCAD 功能的前提。

1.5.1 命令输入方式

AutoCAD 交互绘图必须输入必要的指令和参数。有多种 AutoCAD 命令输入方式，下面以绘制直线为例进行讲解。

1. 命令输入方式

（1）在命令行中输入命令名。命令字符可不区分大小写，如命令 LINE。执行命令时，在命令行提示中经常会出现命令选项。在命令行中输入绘制直线命令 LINE 后，命令行中的提示如下：

> 命令：LINE↙
> 指定第一个点：在绘图区指定一点或输入一个点的坐标
> 指定下一点或 [放弃(U)]：

命令行中不带括号的提示为默认选项，如上面的"指定下一点或"，因此可以直接输入直线的起点坐标或在绘图区指定一点。如果要选择其他选项，则应该首先输入该选项的标识字符，如"放弃"选项的标识字符 U，然后按系统提示输入数据即可。在命令选项的后面有时还带有尖括号，尖括号内的数值为默认数值。

（2）在命令行中输入命令缩写字。如 L（LINE）、C（CIRCLE）、A（ARC）、Z（ZOOM）、R（REDRAW）、M（MOVE）、CO（COPY）、PL（PLINE）、E（ERASE）等。

2．选取绘图菜单直线选项

选取对应选项后，在状态栏中可以看到对应的命令说明及命令名。

3．选取工具栏中的对应图标

选取对应图标后，在状态栏中也可以看到对应的命令说明及命令名。

4．在绘图区打开快捷菜单

如果刚使用过要输入的命令，可以在绘图区右击，打开快捷菜单，在"最近的输入"子菜单中选择需要的命令，如图 1.18 所示。"最近的输入"子菜单中存储了最近使用的几个命令，如果经常重复使用某几个命令以内的命令，使用这种方法就比较快速。

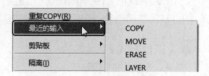

图 1.18　绘图区快捷菜单

5．在命令行直接按 Enter 键

如果用户要重复使用上次使用的命令，可以直接在命令行中按 Enter 键，系统会立即重复执行上次使用的命令，这种方法适用于多次执行某种操作。

高手点拨：
　　在命令行中输入坐标时，请检查此时的输入法是否是英文输入。如果是中文输入法，如输入"150，20"，由于逗号（，）的原因，系统会认定该坐标输入无效。这时，只需将输入法改为英文状态即可。

1.5.2　命令的重复、撤销、重做

（1）命令的重复。按 Enter 键，可重复调用上一个命令，不管上一个命令是完成了还是被取消了。

（2）命令的撤销。在命令执行的任何时刻都可以取消和终止命令的执行。

【执行方式】
➤ 命令行：UNDO。
➤ 菜单栏：选择菜单栏中的"编辑"→"放弃"命令。

> 工具栏：单击"标准"工具栏中的"放弃"按钮 ▾ 或单击快速访问工具栏中的"放弃"按钮 ▾ 。
> 快捷键：Esc。

（3）命令的重做。已被撤销的命令要恢复重做，可以恢复撤销的最后一个命令。

【执行方式】

> 命令行：REDO。
> 菜单栏：选择菜单栏中的"编辑"→"重做"命令。
> 工具栏：单击"标准"工具栏中的"重做"按钮 ⇨ ▾或单击快速访问工具栏中的"重做"按钮 ⇨ ▾。

该命令可以一次执行多重重做操作。

图 1.19　放弃或重做

单击快速访问工具栏中的"放弃"按钮 ⇦ ▾或"重做"按钮 ⇨ ▾后面的小三角，可以选择重做的操作，如图 1.19 所示。

1.5.3　坐标系统与数据输入法

1．新建坐标系

AutoCAD 采用两种坐标系：世界坐标系（WCS）与用户坐标系（UCS）。用户刚进入 AutoCAD 时的坐标系统就是世界坐标系，是固定的坐标系统。世界坐标系是坐标系统中的基准，绘制图形时大多都是在这个坐标系统中进行的。

【执行方式】

> 命令行：UCS。
> 菜单栏：选择菜单栏的"工具"→"新建 UCS"子菜单中相应的命令。
> 工具栏：单击 UCS 工具栏中的相应按钮。

AutoCAD 有两种视图显示方式：模型空间和图纸空间。模型空间使用单一视图显示，我们通常使用的都是这种显示方式；图纸空间能够在绘图区创建图形的多视图，用户可以对其中每一个视图进行单独操作。在默认情况下，当前 UCS 与 WCS 重合。如图 1.20 所示，图 1.20（a）为模型空间下的 UCS 坐标系图标，通常在绘图区左下角处；也可以指定其放在当前 UCS 的实际坐标原点位置，如图 1.20（b）所示；图 1.20（c）为图纸空间下的坐标系图标。

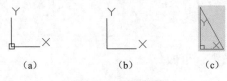

(a)　　　　　(b)　　　　　(c)

图 1.20　坐标系图标

2．数据输入法

在 AutoCAD 中，点的坐标可以用直角坐标、极坐标、球面坐标和柱面坐标表示，其中直角坐标和极坐标最为常用。每一种坐标又分别具有两种坐标输入方式：绝对坐标和相对坐标。具体输入方法如下。

（1）直角坐标法。用点的 X、Y 坐标值表示的坐标。

在命令行中输入点的坐标"15,18",则表示输入了一个 X、Y 的坐标值分别为 15、18 的点,此为绝对坐标输入方式,表示该点的坐标是相对于当前坐标原点的坐标值,如图 1.21(a)所示。如果输入"@10,20",则为相对坐标输入方式,表示该点的坐标是相对于前一点的坐标值,如图 1.21(c)所示。

(2)极坐标法。用长度和角度表示的坐标,只能用于表示二维点的坐标。

在绝对坐标输入方式下,表示为"长度<角度",如"25<50",其中长度表示该点到坐标原点的距离,角度表示该点到原点的连线与 X 轴正向的夹角,如图 1.21(b)所示。

在相对坐标输入方式下,表示为"@长度<角度",如"@25<45",其中长度表示该点到前一点的距离,角度表示该点到前一点的连线与 X 轴正向的夹角,如图 1.21(d)所示。

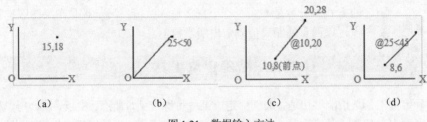

(a)　　　　　　(b)　　　　　　(c)　　　　　　(d)

图 1.21　数据输入方法

(3)动态数据输入。按下状态栏中的"动态输入"按钮 ,系统打开动态输入功能,可以在绘图区动态地输入某些参数数据。例如,绘制直线时,在光标附近会动态地显示"指定第一个点:",以及后面的坐标框。当前坐标框中显示的是当前光标所在位置,可以输入数据,两个数据之间以逗号隔开,如图 1.22 所示。指定第一点后,系统动态显示直线的角度,同时要求输入线段长度值,如图 1.23 所示,其输入效果与"@长度<角度"方式相同。

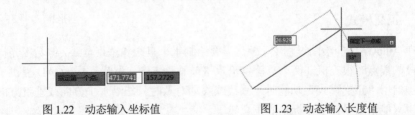

图 1.22　动态输入坐标值　　　　　　图 1.23　动态输入长度值

下面分别介绍点与距离值的输入方法。

1)点的输入。在绘图过程中,常需要输入点的位置,AutoCAD 提供了如下几种输入点的方式。

①直接在命令行输入点的坐标。直角坐标有两种输入方式:x,y(点的绝对坐标值,如"100,50")和@ x,y(相对于上一点的相对坐标值,如"@ 50,-30")。

极坐标的输入方式为"长度<角度"(其中,长度为点到坐标原点的距离,角度为原点到该点连线与 X 轴的正向夹角,如"20<45")或"@长度<角度"(相对于上一点的相对极坐标,如"@ 50<-30")。

②用鼠标等定标设备移动光标,在绘图区单击直接取点。

③用目标捕捉方式捕捉绘图区已有图形的特殊点,如端点、中点、中心点、插入点、

交点、切点和垂足点等。

④直接输入距离。先拖拉出直线以确定方向，然后输入距离，这样有利于准确控制对象的长度。例如，要绘制一条 10mm 长的线段，命令行提示与操作方法如下：

```
命令：_LINE↙
指定第一个点：在绘图区指定一点
指定下一点或 [放弃(U)]：
```

这时在绘图区移动光标指明线段的方向，但不要单击，然后在命令行输入 10，这样即可在指定方向上准确地绘制出长度为 10mm 的线段，如图 1.24 所示。

2）距离值的输入。在 AutoCAD 的命令中，有时需要提供高度、宽度、半径、长度等表示距离的值。AutoCAD 提供了两种输入距离值的方式：一种是在命令行中直接输入数值；另一种是在绘图区选择两点，以两点的距离值确定出所需数值。

图 1.24 绘制直线

1.6 精确定位工具

精确定位工具是指能够快速、准确地定位某些特殊点（如端点、中点、圆心等）和特殊位置（如水平位置、垂直位置）的工具，包括"推断约束""捕捉模式""栅格显示""正交模式""极轴追踪""对象捕捉""三维对象捕捉""对象捕捉追踪""允许/禁止动态 UCS""动态输入""显示/隐藏线宽""显示/隐藏透明度""快捷特征"和"选择循环"等功能开关按钮，如图 1.25 所示。这里只简要讲解其中的"正交模式"和"对象捕捉"两种功能。

图 1.25 状态栏按钮

1.6.1 正交模式

在 AutoCAD 的绘图过程中，经常需要绘制水平直线和垂直直线，但是用光标控制选择线段的端点时很难保证两个点严格沿水平或垂直方向。为此，AutoCAD 提供了正交功能，当启用"正交模式"功能时，画线或移动对象时只能沿水平方向或垂直方向移动光标，也只能绘制平行于坐标轴的正交线段。

【执行方式】
➤ 命令行：ORTHO。
➤ 状态栏：单击状态栏中的"正交模式"按钮 。
➤ 快捷键：F8。

【操作步骤】
命令行提示与操作如下：

```
命令：ORTHO↙
输入模式 [开(ON)/关(OFF)] <开>：设置开或关。
```

1.6.2 对象捕捉

在 AutoCAD 中绘图之前，可以根据需要事先设置开启一些对象捕捉模式，绘图时系统就能自动捕捉这些特殊点，从而加快绘图速度，提高绘图质量。

【执行方式】

➤ 命令行：DDOSNAP。
➤ 菜单栏：选择菜单栏中的"工具"→"绘图设置"命令。
➤ 工具栏：单击"对象捕捉"工具栏中的"对象捕捉设置"按钮 ∩。
➤ 状态栏：单击状态栏中的"对象捕捉"按钮 □（仅限于打开与关闭）。
➤ 快捷键：F3（仅限于打开与关闭）。
➤ 快捷菜单：选择快捷菜单中的"对象捕捉设置"命令。

执行上述操作后，系统打开"草图设置"对话框，❶单击"对象捕捉"选项卡，如图 1.26 所示，利用此选项卡可对对象捕捉方式进行设置。

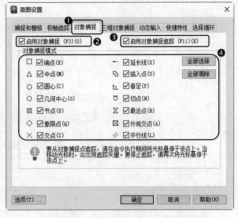

图 1.26　"对象捕捉"选项卡

【选项说明】

（1）❷"启用对象捕捉"复选框：勾选该复选框，在"对象捕捉模式"选项组中勾选的捕捉模式处于激活状态。

（2）❸"启用对象捕捉追踪"复选框：用于打开或关闭自动追踪功能。

（3）❹"对象捕捉模式"选项组：此选项组中列出了各种捕捉模式，被勾选的复选框处于激活状态。单击"全部清除"按钮，则所有模式均被清除；单击"全部选择"按钮，则所有模式均被选中。

另外，在对话框的左下角有一个"选项"按钮，单击该按钮可以打开"选项"对话框的"草图"选项卡，利用该对话框可进行捕捉模式的各项设置。

1.7　综合演练——样板图绘图环境设置

扫一扫，看视频

本实例设置如图 1.27 所示的样板图文件绘图环境。绘制的大体顺序是先打开.dwg 格式的图形文件，设置图形单位与图形界线，最后将设置好的文件保存成.dwt 格式的样板图文件。绘制过程中要用到打开、单位、图形界线和保存等命令。

【操作步骤】

（1）打开文件。单击快速访问工具栏中的"打开"按钮 ⊟，打开源文件目录下"\第 1 章\A3 样板图.dwg"。

（2）设置单位。选择菜单栏中的"格式"→"单位"命令，打开"图形单位"对话框，如图 1.28 所示。❶设置"长度"的"类型"为"小数"，"精度"为 0；❷"角度"的"类型"为"十进制度数"，"精度"为 0，系统默认逆时针方向为正，❸设置"插入时的缩放单位"为"毫米"。

（3）设置图形边界。国标（国家标准）对图纸的幅面大小作了严格规定，见表 1.1。

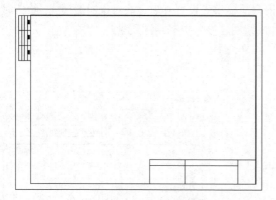

图 1.27　样板图文件绘图环境

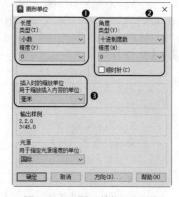

图 1.28　"图形单位"对话框

表 1.1　图幅国家标准（GB/T 14689—2008）

幅面代号	A0	A1	A2	A3	A4
宽×长/(mm×mm)	841×1189	594×841	420×594	297×420	210×297

在这里，不妨按国际 A3 图纸幅面设置图形边界。A3 图纸的幅面为 420mm×297mm。

选择菜单栏中的"格式"→"图形界限"命令，设置图幅，命令操作如下：

```
命令：'_LIMITS
重新设置模型空间界限：
指定左下角点或 [开(ON)/关(OFF)] <0,0>: 0,0
指定右上角点 <420,297>: 420,297
```

（4）保存成样板图文件。现阶段的样板图及其环境设置已经完成，先将其保存成样板图文件。

选择菜单栏中的"文件"→"另存为"命令，打开"图形另存为"对话框，如图 1.29 所示。❶在"文件类型"下拉列表框中选择"AutoCAD 图形样板（*.dwt）"选项，❷输入文件名"A3 建筑样板图"，❸单击"保存"按钮，系统打开"样板选项"对话框，如图 1.30 所示，接受默认的设置，单击"确定"按钮，保存文件。

图 1.29　保存样板图

图 1.30　"样板选项"对话框

1.8　新 手 问 答

No.1：怎样从备份文件中恢复图形？

（1）使文件显示其扩展名。打开"我的电脑"，在"工具\文件夹选项\查看"目录下的"高级设置"选项组中，取消勾选"隐藏已知文件的扩展名"。

（2）显示所有文件。打开"我的电脑"，在"工具\文件夹选项\查看"目录下的"高级设置"选项组中，单击"隐藏文件和文件夹"下的"显示所有文件和文件夹"单选按钮。

（3）找到备份文件。在"工具\文件夹选项\文件类型"目录下的"已注册的文件类型"选项组中，选择"临时图形文件"，查找到文件后，将其重命名为.dwg 格式，最后用打开其他 CAD 文件的方法将其打开即可。

No.2：打开旧图遇到异常错误而中断退出怎么办？

新建一个图形文件，然后将旧图以图块形式插入即可。

No.3：如何设置自动保存功能？

在命令行中输入 SAVETIME 命令，将变量设置成一个较小的值，如 10 分钟。AutoCAD 默认的保存时间为 120 分钟。

No.4：样板文件的作用是什么？

（1）样板图形存储图形的所有设置。其中有定义的图层、标注样式和视图。样板图形区别于其他.dwg 图形文件，以.dwt 为文件扩展名。它们通常保存在 template 目录中。

（2）如果根据现有的样板文件创建新图形，则新图形中的修改不会影响样板文件。可以使用保存在 template 目录中的样板文件，也可以创建自定义样板文件。

1.9　上 机 实 验

【练习 1】熟悉操作界面

扫一扫，看视频

1. 目的要求

操作界面是用户绘制图形的平台，操作界面的各个部分都有其独特的功能，熟悉操作界面有助于用户方便、快速地进行绘图。本练习要求读者了解操作界面各个部分的功能，掌握改变绘图区颜色和光标大小的方法，能够熟练地打开、移动和关闭功能区。

2. 操作提示

（1）启动 AutoCAD，进入操作界面。

（2）调整操作界面大小。

（3）设置绘图区颜色与光标大小。

（4）打开、移动、关闭功能区。

（5）尝试同时利用命令行、菜单命令、功能区和工具栏绘制一条线段。

【练习 2】管理图形文件

扫一扫，看视频

1. 目的要求

图形文件管理包括文件的新建、打开、保存、加密和退出等。本练习要求读者熟练掌握.dwg 格式文件的赋名保存、自动保存、加密及打开的方法。

2. 操作提示

（1）启动 AutoCAD，进入操作界面。

（2）打开一幅已经保存过的图形。

（3）进行自动保存设置。

（4）尝试在图形上绘制任意图线。

（5）将图形以新的名称保存。

（6）退出该图形。

【练习 3】数据操作

扫一扫，看视频

1. 目的要求

AutoCAD 人机交互最基本的内容就是数据输入。本练习要求读者熟练地掌握各种数据的输入方法。

2. 操作提示

（1）在命令行中输入 LINE 命令。

（2）输入起点在直角坐标方式下的绝对坐标值。

（3）输入下一点在直角坐标方式下的相对坐标值。

（4）输入下一点在极坐标方式下的绝对坐标值。

（5）输入下一点在极坐标方式下的相对坐标值。

（6）单击直接指定下一点的位置。

（7）单击状态栏中的"正交模式"按钮，用光标指定下一点的方向，在命令行输入一个数值。

（8）单击状态栏中的"动态输入"按钮，拖动光标，系统会动态显示角度，拖动到选定角度后，在长度文本框中输入长度值。

(9) 按 Enter 键，结束绘制线段的操作。

具的使用方法。

2. 操作提示

如图 1.31 所示，利用"平移"工具和"缩放"工具移动和缩放图形。

📋 **【练习 4】查看零件图细节**

扫一扫，看视频

1. 目的要求

本练习要求读者熟练地掌握各种图形显示工

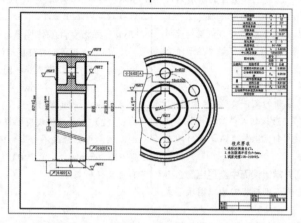

图 1.31　零件图

1.10　思考与练习

(1) 在"自定义用户界面"对话框中，（ 　　）将现有工具栏复制到功能区面板。

  A. 选择要复制到面板的工具栏，右击，单击"新建"面板。

  B. 选择面板，右击，单击"复制到功能区"面板。

  C. 选择要复制到面板的工具栏，右击，单击"复制到功能区"面板。

  D. 选择要复制到面板的工具栏，右击，单击"新建弹出"。

(2) 如果想要改变绘图区的背景颜色，应该（ 　　）。

  A. 在"选项"对话框的"显示"选项卡中的"窗口元素"选项区域，单击"颜色"按钮，在弹出的对话框中进行修改。

  B. 在 Windows 的"显示属性"对话框的"外观"选项卡中单击"高级"按钮，在弹出的对话框中进行修改。

  C. 修改 SETCOLOR 变量的值。

  D. 在"特性"面板的"常规"选项区域修改"颜色"值。

(3)（ 　　）命令可以设置图形界限。

  A. SCALE　　　　B. EXTEND　　　　C. LIMITS　　　　D. LAYER

(4) 下面（ 　　）选项可以将图形进行动态放大。

  A. ZOOM/(D)　　　　B. ZOOM/(W)　　　　C. ZOOM/(E)　　　　D. ZOOM/(A)

(5) 取世界坐标系的点(70,20)作为用户坐标系的原点，则用户坐标系的点(20,30)的世界坐标为（ 　　）。

  A. (50,50)　　　　B. (90,10)　　　　C. (20,30)　　　　D. (70,20)

(6) 绘制直线，起点坐标为(57,79)，线段长度 173，与 X 轴正向的夹角为 71°。将线段分为 5 等份，则从起点开始的第一个等分点的坐标为（ 　　）。

  A. X = 113.3233，Y = 242.5747　　　　B. X = 79.7336，Y = 145.0233

  C. X = 90.7940，Y = 177.1448　　　　D. X = 68.2647，Y = 111.7149

第2章 二维绘制命令

本章导读

　　二维图形是指在二维平面空间绘制的图形，AutoCAD 提供了大量的绘图工具，可以帮助用户完成二维图形的绘制。用户利用 AutoCAD 提供的二维绘图命令，可以快速、方便地完成某些图形的绘制。本章主要介绍直线、圆与圆弧、椭圆与椭圆弧、平面图形、点、多线、多段线和样条曲线的绘制方法。

2.1　直线类命令

　　直线类命令包括"直线""射线"和"构造线"命令。这几个命令是 AutoCAD 中最简单的绘图命令。

2.1.1　直线

【执行方式】

> ➤ 命令行：LINE（快捷命令：L）。
> ➤ 菜单栏：选择菜单栏中的"绘图"→"直线"命令。
> ➤ 工具栏：单击"绘图"工具栏中的"直线"按钮╱。
> ➤ 功能区：单击"默认"选项卡的"绘图"面板中的"直线"按钮╱（图 2.1）。

图 2.1　绘图面板

【操作步骤】

命令行提示与操作如下：

命令：LINE↙
指定第一个点：输入直线段的起点坐标或在绘图区单击指定点
指定下一点或[放弃(U)]：输入直线段的端点坐标，或利用光标指定一定角度后，直接输入直线的长度
指定下一点或[放弃(U)]：输入下一直线段的端点，或输入U表示放弃前面的输入；右击或按Enter键，结束命令
指定下一点或[闭合(C)/放弃(U)]：输入下一直线段的端点，或输入C使图形闭合，结束命令

【选项说明】

　　（1）若选择按 Enter 键响应"指定第一个点"提示，系统会把上次绘制图线的终点作为本次图线的起始点。若上次操作为绘制圆弧，按 Enter 键响应后会绘制出通过圆弧终点并与该圆弧相切的直线段，该线段的长度为光标在绘图区指定的一点与切点之间线段的距离。

　　（2）在"指定下一点"提示下，用户可以指定多个端点，从而绘制出多条直线段。但是，每一段直线是一个独立的对象，可以进行单独的编辑操作。

　　（3）绘制两条以上直线段后，若选择输入 C 响应"指定下一点"提示，系统会自动连接起始点和最后一个端点，从而绘制出封闭的图形。

(4) 若选择输入 U 响应提示，则删除最近一次绘制的直线段。

(5) 若设置正交方式（单击状态栏中的"正交模式"按钮 ⌐），只能绘制水平线段或垂直线段。

(6) 若设置动态数据输入方式（单击状态栏中的"动态输入"按钮 ⁺▬），则可以动态输入坐标或长度值，效果与非动态数据输入方式类似。除了特别需要，以后不再强调，且只按非动态数据输入方式输入相关数据。

扫一扫，看视频

2.1.2 实例——绘制螺栓

本实例利用"直线"命令绘制螺栓，如图 2.2 所示。

🖱【操作步骤】

1. 绘制螺帽的外轮廓

单击"默认"选项卡"绘图"面板中的"直线"按钮 ╱，绘制螺帽的外轮廓，命令行提示与操作如下：

```
命令：LINE✓
指定第一个点：0,0 ✓（✓表示按 Enter 键）
指定下一点或[放弃(U)]：@80,0✓
指定下一点或[放弃(U)]：@0,-30✓
指定下一点或[闭合(C)/放弃(U)]：@80<180✓
指定下一点或[闭合(C)/放弃(U)]：C✓
```

按 Enter 键执行闭合命令后，将绘制一条从终点到第一个点的直线，将图形封闭，绘制的矩形如图 2.3 所示。

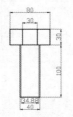

图 2.2　绘制螺栓

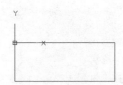

图 2.3　绘制矩形

2. 完成螺帽的绘制

在命令行输入 LINE，绘制螺帽上的竖直线，命令行提示与操作如下：

```
命令：LINE✓
指定第一个点：25,0✓
指定下一点或[放弃(U)]：@0,-30✓
指定下一点或[放弃(U)]：
命令:✓（直接按 Enter 键表示重复执行上一个命令）
指定第一个点：55,0
指定下一点或[放弃(U)]：@0,-30
指定下一点或[放弃(U)]：
```

在矩形中绘制的直线如图 2.4 所示。

高手点拨：

执行完一个命令后直接按 Enter 键，表示重复执行上一个命令。

3．绘制螺杆

选择菜单栏中的"绘图"→"直线"命令，绘制螺杆轮廓线，命令行提示与操作如下：

命令：LINE↙
指定第一个点：20,-30↙
指定下一点或[放弃(U)]：@0,-100↙
指定下一点或[放弃(U)]：@40,0↙
指定下一点或[闭合(C)/放弃(U)]：@0,100↙
指定下一点或[闭合(C)/放弃(U)]：↙

绘制的螺杆轮廓线如图 2.5 所示。

图2.4　在矩形中绘制直线

图2.5　绘制螺杆轮廓线

4．绘制螺纹

在命令行输入 L，绘制螺纹，命令行提示与操作如下：

命令：L↙
指定第一个点：22.56,-30
指定下一点或[放弃(U)]：@0,-100
指定下一点或[放弃(U)]：↙（表示按 Enter 键）

使用同样的方法绘制另一条线段，坐标值为(57.44,-30)、(@0,-100)，绘制结果如图 2.2 所示。

新手注意：

如果某些命令第一个字母都相同，那么对于比较常用的命令，其快捷命令取第一个字母，其他命令的快捷命令可用前 2 个字母表示或前 3 个字母表示。例如，R 表示 Redraw，RA 表示 Redrawall，L 表示 Line，LT 表示 LineType，LTS 表示 LTScale。

2.1.3　构造线

【执行方式】

➢ 命令行：XLINE（快捷命令：XL）。
➢ 菜单栏：选择菜单栏中的"绘图"→"构造线"命令。
➢ 工具栏：单击"绘图"工具栏中的"构造线"按钮 。
➢ 功能区：单击"默认"选项卡"绘图"面板中的"构造线"按钮 （图 2.6）。

图2.6　绘图面板

【操作步骤】

命令行提示与操作如下：

> 命令：XLINE✔
> 指定点或[水平(H)/垂直(V)/角度(A)/二等分(B)/偏移(O)]：指定起点
> 指定通过点：指定通过点，绘制一条双向无限长的直线
> 指定通过点：指定通过点，绘制一条双向无限长的直线
> 指定通过点：继续指定通过点，如图2.7（a）所示，按Enter键结束命令

【选项说明】

（1）执行选项中有"指定点""水平""垂直""角度""二等分"和"偏移"6种方式绘制构造线，如图2.7所示。

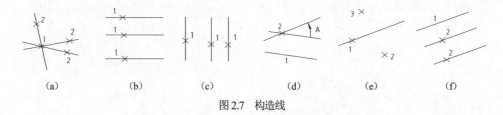

(a)　　　(b)　　　(c)　　　(d)　　　(e)　　　(f)

图2.7　构造线

图2.8　构造线辅助
绘制三视图

（2）构造线模拟手工作图中的辅助作图线。用特殊的线型显示，在图形输出时可不作输出。应用构造线作为辅助线绘制机械图中的三视图是构造线的最主要用途，构造线的应用保证了三视图之间"主、俯视图长对正，主、左视图高平齐，俯、左视图宽相等"的对应关系。图2.8所示为应用构造线作为辅助线绘制机械图中三视图的示例。图中细线为构造线，粗线为三视图轮廓线。

2.2　圆　类　命　令

圆类命令主要包括"圆""圆弧""圆环"及"椭圆"命令，这几个命令是 AutoCAD 中最简单的曲线命令。

2.2.1　圆

【执行方式】

> ➤ 命令行：CIRCLE（快捷命令：C）。
> ➤ 菜单栏：选择菜单栏中的"绘图"→"圆"命令。
> ➤ 工具栏：单击"绘图"工具栏中的"圆"按钮⊙。
> ➤ 功能区：单击"默认"选项卡"绘图"面板中的"圆"下拉菜单（图2.9）。

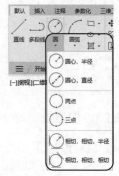

图2.9　"圆"下拉菜单

【操作步骤】

命令行提示与操作如下：

> 命令：CIRCLE✔
> 指定圆的圆心或[三点(3P)/两点(2P)/切点、切点、半径(T)]：指定圆心
> 指定圆的半径或[直径(D)]：直接输入半径值或在绘图区单击指定半径长度

指定圆的直径 <默认值>：输入直径值或在绘图区单击指定直径长度

【选项说明】

（1）三点(3P)：通过指定圆周上三点绘制圆。

（2）两点(2P)：通过指定直径的两端点绘制圆。

（3）切点、切点、半径(T)：通过先指定两个相切对象，再给出半径的方法绘制圆。图2.10给出了以"切点、切点、半径"方式绘制圆的各种情形（加粗的圆为最后绘制的圆）。

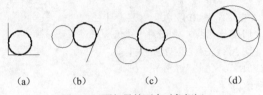

（a）　　　　　（b）　　　　　（c）　　　　　（d）

图2.10　圆与另外两个对象相切

（4）选择功能区中的"相切、相切、相切"绘制方法，命令行提示与操作如下：

指定圆的圆心或[三点(3P)/两点(2P)/切点、切点、半径(T)]：_3p
指定圆上的第一个点：_tan 到：（选择相切的第一个圆弧）
指定圆上的第二个点：_tan 到：（选择相切的第二个圆弧）
指定圆上的第三个点：_tan 到：（选择相切的第三个圆弧）

高手点拨：

对于圆心点的选择，除了直接输入圆心点坐标外，还可以利用圆心点与中心线的对应关系，利用对象捕捉的方法进行选择。

单击状态栏中的"对象捕捉"按钮□，命令行会提示"命令：<对象捕捉 开>"。

2.2.2　实例——绘制连环圆

本实例绘制如图2.11所示的连环圆。

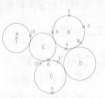

扫一扫，看视频

【操作步骤】

（1）单击"默认"选项卡"绘图"面板中的"圆心、半径"按钮⊙，

图2.11　连环圆

绘制A圆，命令行提示与操作如下：

命令：_CIRCLE
指定圆的圆心或[三点(3P)/两点(2P)/切点、切点、半径(T)]：150,160↙（确定点1）
指定圆的半径或[直径(D)]：40↙（绘制出A圆）

（2）单击"默认"选项卡"绘图"面板中的"三点"按钮◯，绘制B圆，命令行提示与操作如下：

命令：_CIRCLE
指定圆的圆心或[三点(3P)/两点(2P)/切点、切点、半径(T)]：_3p↙
指定圆上的第一个点：300,220↙（确定点2）
指定圆上的第二个点：340,190↙（确定点3）
指定圆上的第三个点：290,130↙（确定点4，绘制出B圆）

（3）单击"默认"选项卡"绘图"面板中的"两点"按钮◯，绘制C圆，命令行提示与操作如下：

命令：_CIRCLE
指定圆的圆心或[三点(3P)/两点(2P)/切点、切点、半径(T)]：_2p✓
指定圆直径的第一个端点：250,10✓ （确定点5）
指定圆直径的第二个端点：240,100✓ （确定点6，绘制出C圆）

绘制结果如图2.12所示。

（4）单击"默认"选项卡"绘图"面板中的"相切、相切、半径"按钮⬭，绘制D圆，命令行提示与操作如下：

命令：_CIRCLE
指定圆的圆心或[三点(3P)/两点(2P)/切点、切点、半径(T)]：_ttr✓
指定对象与圆的第一个切点：（在点7附近选中C圆）
指定对象与圆的第二个切点：（在点8附近选中B圆）
指定圆的半径：<45.2769>：45✓ （绘制出D圆）

绘制结果如图2.13所示。

图2.12　绘制3个圆

图2.13　绘制D圆

（5）单击"默认"选项卡"绘图"面板中的"相切、相切、相切"按钮○，绘制E圆，命令行提示与操作如下：

命令：_CIRCLE
指定圆的圆心或[三点(3P)/两点(2P)/切点、切点、半径(T)]：_3p
指定圆上的第一个点：_tan 到：（单击状态栏中的"对象捕捉"按钮⬚，选择点9）
指定圆上的第二个点：_tan 到：（选择点10）
指定圆上的第三个点：_tan 到：（选择点11，绘制出E圆）

最终绘制结果如图2.11所示。

2.2.3　圆弧

【执行方式】
- 命令行：ARC（快捷命令：A）。
- 菜单栏：选择菜单栏中的"绘图"→"圆弧"命令。
- 工具栏：单击"绘图"工具栏中的"圆弧"按钮⌒。
- 功能区：单击"默认"选项卡"绘图"面板中的"圆弧"下拉菜单（图2.14）。

【操作步骤】
命令行提示与操作如下：

命令：ARC✓
指定圆弧的起点或[圆心(C)]：指定起点
指定圆弧的第二个点或[圆心(C)/端点(E)]：指定第二点
指定圆弧的端点：指定末端点

图2.14　"圆弧"下拉菜单

【选项说明】

（1）用命令行方式绘制圆弧时，可以根据系统提示选择不同的选项，具体功能与利用菜单栏中的"绘图"→"圆弧"中子菜单提供的 11 种方式相似。

（2）需要强调的是"连续"方式，绘制的圆弧与上一线段圆弧相切。连续绘制圆弧段，只提供端点坐标即可。

2.2.4 实例——绘制小靠背椅

本实例主要介绍圆弧的具体应用。首先利用"直线"与"圆弧"命令绘制出靠背，然后再利用"圆弧"命令绘制坐垫，绘制的小靠背椅如图 2.15 所示。

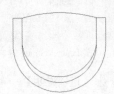

扫一扫，看视频

【操作步骤】

（1）单击"默认"选项卡"绘图"面板中的"直线"按钮，任意指定一点为线段起点，以点(@0,-140)为终点绘制一条线段。

图 2.15　绘制小靠背椅

（2）单击"默认"选项卡"绘图"面板中的"圆弧"按钮，绘制圆弧，命令行提示与操作如下：

```
命令：_arc
指定圆弧的起点或[圆心(C)]：（单击状态栏中的"对象捕捉"按钮，捕捉以直线的端点为起点）
指定圆弧的第二个点或[圆心(C)/端点(E)]：（在适当位置单击确认第二点）
指定圆弧的端点：（在与第一点水平方向的适当位置单击确认端点）
```

（3）单击"默认"选项卡"绘图"面板中的"直线"按钮，以刚绘制的圆弧右端点为起点，以点(@0,140)为终点绘制一条线段。结果如图 2.16 所示。

高手点拨：

绘制圆弧时，注意圆弧的曲率是遵循逆时针方向的，所以在选择指定圆弧两个端点和半径模式时，需要注意端点的指定顺序，否则有可能会导致圆弧的凹凸形状与预期的相反。

（4）单击"默认"选项卡"绘图"面板中的"直线"按钮，分别以刚绘制的两条线段的上端点为起点，以点(@50,0)和(@-50,0)为终点绘制两条线段。结果如图 2.17 所示。

（5）单击"默认"选项卡"绘图"面板中的"直线"按钮和"圆弧"按钮，以刚绘制的两条水平线的两个端点为起点和终点绘制线段和圆弧。结果如图 2.18 所示。

图 2.16　绘制直线　　　　图 2.17　绘制线段　　　　图 2.18　绘制线段和圆弧

（6）再以图 2.18 中内部两条竖线的上下两个端点分别为起点和终点，以适当位置的一点为中间点，绘制两条圆弧，最终结果如图 2.15 所示。

2.2.5 圆环

【执行方式】

➢ 命令行：DONUT（快捷命令：DO）。

> ➤ 菜单栏：选择菜单栏中的"绘图"→"圆环"命令。
> ➤ 功能区：单击"默认"选项卡"绘图"面板中的"圆环"按钮◎。

【操作步骤】

命令行提示与操作如下：

命令：DONUT↙
指定圆环的内径 <默认值>：指定圆环内径
指定圆环的外径 <默认值>：指定圆环外径
指定圆环的中心点或 <退出>：指定圆环的中心点
指定圆环的中心点或 <退出>：继续指定圆环的中心点，则继续绘制相同内外径的圆环

按 Enter、Space 键或右击，结束命令，如图 2.19（a）所示。

【选项说明】

若指定内径为 0，则绘制出实心填充圆，如图 2.19（b）所示。

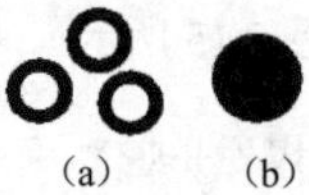

（a）　　（b）

图 2.19　绘制圆环

> **高手点拨：**
> 　　在绘制圆环时，仅仅一次可能无法准确确定圆环外径大小以确定圆环与椭圆的相对大小，可以通过多次绘制的方法找到一个相对合适的外径值。

扫一扫，看视频

2.2.6　实例——绘制汽车标志

本实例绘制汽车标志，如图 2.20 所示。

图 2.20　汽车标志

【操作步骤】

单击"默认"选项卡"绘图"面板中的"圆环"按钮◎，绘制圆环，命令行提示与操作如下：

命令：_DONUT
指定圆环的内径 <0.5000>：20↙
指定圆环的外径 <1.0000>：25↙
指定圆环的中心点或 <退出>：100,100↙
指定圆环的中心点或 <退出>：115,100↙
指定圆环的中心点或 <退出>：130,100↙
指定圆环的中心点或 <退出>：145,100↙

结果如图 2.20 所示。

2.2.7　椭圆与椭圆弧

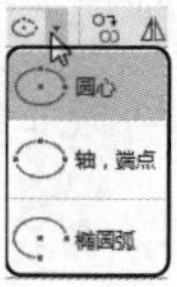

图 2.21　"椭圆"下
拉菜单

【执行方式】

> ➤ 命令行：ELLIPSE（快捷命令：EL）。
> ➤ 菜单栏：选择菜单栏中的"绘图"→"椭圆"→"圆弧"命令。
> ➤ 工具栏：单击"绘图"工具栏中的"椭圆"按钮 ⬭ 或"椭圆弧"按钮 ⬭ 。
> ➤ 功能区：单击"默认"选项卡"绘图"面板中的"椭圆"下拉菜单（图 2.21）。

【操作步骤】

命令行提示与操作如下：

命令：ELLIPSE✓
指定椭圆的轴端点或[圆弧(A)/中心点(C)]：指定轴端点1，如图2.22（a）所示
指定轴的另一个端点：指定轴端点2，如图2.22（a）所示
指定另一条半轴长度或[旋转(R)]：

⭐【选项说明】

（1）指定椭圆的轴端点：根据两个端点定义椭圆的第一条轴，第一条轴的角度确定了整个椭圆的角度。第一条轴既可定义椭圆的长轴，也可定义其短轴。

（2）圆弧(A)：用于创建一段椭圆弧，与功能区"默认"选项卡"绘图"面板中的"椭圆弧"按钮⚬功能相同。其中第一条轴的角度确定了椭圆弧的角度。第一条轴既可定义椭圆弧长轴，也可定义其短轴。选择该项，系统命令行中继续提示如下：

指定椭圆弧的轴端点或[中心点(C)]：指定端点或输入 C
指定轴的另一个端点：指定另一端点
指定另一条半轴长度或[旋转(R)]：指定另一条半轴长度或输入 R
指定起点角度或[参数(P)]：指定起始角度或输入 P
指定端点角度或[参数(P)/夹角(I)]：

其中各选项含义如下。

➤ 起点角度：指定椭圆弧端点的两种方式之一，光标与椭圆中心点连线的夹角为椭圆端点位置的角度，如图2.22（b）所示。

➤ 参数(P)：指定椭圆弧端点的另一种方式，该方式同样是指定椭圆弧端点的角度，但通过以下矢量参数方程式创建椭圆弧。

$$p(u) = c + a \cdot \cos(u) + b \cdot \sin(u)$$

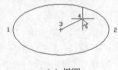

（a）椭圆

其中，c 是椭圆的中心点；a 和 b 分别是椭圆的长轴和短轴；u 是光标与椭圆中心点连线的夹角。

➤ 夹角(I)：定义从起点角度开始的包含角度。

（3）中心点(C)：通过指定的中心点创建椭圆。

（4）旋转(R)：通过绕第一条轴旋转圆来创建椭圆。相当于将一个圆绕椭圆轴翻转一个角度后的投影视图。

（b）椭圆弧

图2.22　椭圆和椭圆弧

高手点拨：

"椭圆"命令生成的椭圆是以多段线还是以椭圆为实体，是由系统变量 PELLIPSE 决定的，当其为 1 时，生成的椭圆即以多义线形式存在。

2.2.8　实例——绘制洗脸盆

本实例绘制如图2.23所示的洗脸盆。

🖱️【操作步骤】

（1）单击"默认"选项卡"绘图"面板中的"直线"按钮╱，以适当尺寸绘制水龙头图形，绘制结果如图2.24所示。

（2）单击"默认"选项卡"绘图"面板中的"圆心，半径"按钮⊙，绘制两个水龙头旋钮，绘制结果如图2.25所示。

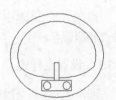

图2.23　洗脸盆

图2.24　绘制水龙头

图2.25　绘制旋钮

（3）单击"默认"选项卡"绘图"面板中的"轴，端点"按钮◯，绘制脸盆外沿，命令行提示与操作如下：

命令：_ELLIPSE
指定椭圆的轴端点或[圆弧(A)/中心点(C)]：指定椭圆轴端点
指定轴的另一个端点：指定另一端点
指定另一条半轴长度或[旋转(R)]：在绘图区拉出另一半轴长度

绘制结果如图 2.26 所示。

（4）单击"默认"选项卡"绘图"面板中的"椭圆弧"按钮⊙，绘制脸盆部分内沿，命令行提示与操作如下：

命令：_ELLIPSE
指定椭圆的轴端点或[圆弧(A)/中心点(C)]：_a
指定椭圆弧的轴端点或[中心点(C)]：C↙
指定椭圆弧的中心点：（单击状态栏中的"对象捕捉"按钮▢，捕捉绘制的椭圆中心点）
指定轴的端点：（适当指定一点）
指定另一条半轴长度或[旋转(R)]：R↙
指定绕长轴旋转的角度：（在绘图区指定椭圆轴端点）
指定起点角度或[参数(P)]：（在绘图区拉出起始角度）
指定端点角度或[参数(P)/夹角(I)]：（在绘图区拉出终止角度）

绘制结果如图 2.27 所示。

（5）单击"默认"选项卡"绘图"面板中的"圆弧"按钮⌒，绘制脸盆内沿其他部分，最终绘制结果如图 2.23 所示。

图2.26　绘制脸盆外沿

图2.27　绘制脸盆部分内沿

2.3　点类命令

点在 AutoCAD 中有多种不同的表示方式，用户可以根据需要进行设置，也可以设置等分点和测量点。

2.3.1　设置点样式

通常认为，点是最简单的图形单元。在工程图形中，点通常用于标定某个特殊的坐标位置，或者作为某个绘制步骤的起点和基础。为了使点更显眼，AutoCAD 为点设置了各种样式，用户可以根据需要进行选择。

【执行方式】

> 命令行: PTYPE。
> 菜单栏: 选择菜单栏中的 "格式" → "点样式" 命令。
> 功能区: 单击 "默认" 选项卡 "实用工具" 面板中的 "点样式" 按钮 ⁂。

【操作步骤】

执行 "点样式" 命令后, ❶打开如图 2.28 所示的 "点样式" 对话框, ❷在其中可以设置点的样式, ❸以及点的大小等。设置完成后, 执行绘制点命令时将应用该样式。点在图形中的表示样式共有 20 种。

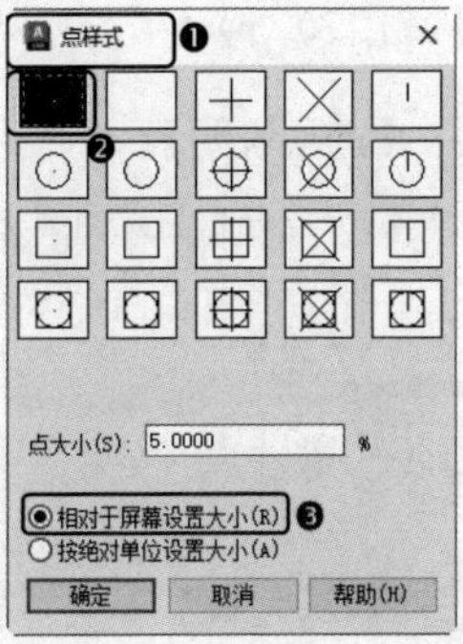

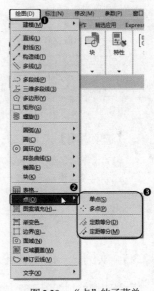

图 2.28 "点样式" 对话框

2.3.2 点

【执行方式】

> 命令行: POINT (快捷命令: PO)。
> 菜单栏: 选择菜单栏中的❶ "绘图" →❷ "点" →❸ "单点" 或 "多点" 命令。
> 工具栏: 单击 "绘图" 工具栏中的 "点" 按钮 ⁛。
> 功能区: 单击 "默认" 选项卡 "绘图" 面板中的 "多点" 按钮 ⁛。

【操作步骤】

命令行提示与操作如下:

命令: POINT✓
当前点模式: PDMODE=0, PDSIZE=0.0000
指定点: 指定点所在的位置

【选项说明】

(1) 通过菜单栏方法操作时 (图 2.29), "单点" 命令表示只输入一个点, "多点" 命令则表示可输入多个点。

(2) 可以单击状态栏中的 "对象捕捉" 按钮 □, 设置点捕捉模式, 帮助用户选择点。

图 2.29 "点" 的子菜单

2.3.3 等分点

【执行方式】

> 命令行: DIVIDE (快捷命令: DIV)。
> 菜单栏: 选择菜单栏中的 "绘图" → "点" → "定数等分" 命令。
> 功能区: 单击 "默认" 选项卡 "绘图" 面板中的 "定数等分" 按钮 ⁛。

【操作步骤】

命令行提示与操作如下:

命令: DIVIDE✓
选择要定数等分的对象:
输入线段数目或[块(B)]: 指定实体的等分数

图 2.30（a）所示为绘制定数等分点的图形。

【选项说明】

（1）等分数目范围为 2～32767。

（2）在等分点处，按当前点样式设置绘制出等分点。

（3）在第二提示行选择"块(B)"选项时，表示在等分点处插入指定的块。

2.3.4 测量点

【执行方式】

➤ 命令行：MEASURE（快捷命令：ME）。

➤ 菜单栏：选择菜单栏中的"绘图"→"点"→"定距等分"命令。

➤ 功能区：单击"默认"选项卡"绘图"面板中的"定距等分"按钮 ❈。

【操作步骤】

命令行提示与操作如下：

命令：MEASURE✓

选择要定距等分的对象：选择要设置测量点的实体

指定线段长度或[块(B)]：指定线段长度

图 2.30（b）所示为绘制定距等分点的图形。

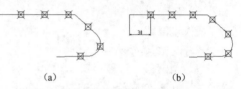

【选项说明】

（1）设置的起点一般是指定线的绘制起点。

（2）在第二提示行选择"块(B)"选项时，表示在测量点处插入指定的块。

（3）最后一个测量段的长度不一定等于指定分段长度。

(a)　　　　　　(b)

图 2.30　绘制定数等分点和定距等分点

扫一扫，看视频

2.3.5 实例——绘制棘轮

本实例绘制如图 2.31 所示的棘轮。

【操作步骤】

（1）单击"默认"选项卡"绘图"面板中的"圆"下拉菜单中的"圆心，半径"按钮 ⊙，绘制 3 个半径分别为 90、60、40 的同心圆，如图 2.32 所示。

（2）设置点样式。单击"默认"选项卡"实用工具"面板中的"点样式"按钮 ❈，在打开的"点样式"对话框中选择 X 样式。

（3）等分圆。单击"默认"选项卡"绘图"面板中的"定数等分"按钮 ❈，对半径为 90 的圆进行等分。命令行提示与操作如下：

命令:DIVIDE✓

选择要定数等分的对象：（选取 R90 圆）

输入线段数目或[块(B)]：12✓

使用相同的方法等分半径为 60 的圆，结果如图 2.33 所示。

（4）单击"默认"选项卡"绘图"面板中的"直线"按钮 ／，连接 3 个等分点，如图 2.34 所示。

图 2.31 棘轮

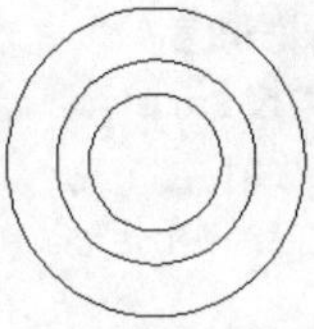

图 2.32 绘制同心圆

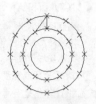
图 2.33 等分圆

图 2.34 棘轮轮齿

（5）使用相同的方法连接其他点，用光标选择绘制的点和多余的圆，按 Delete 键进行删除，结果如图 2.31 所示。

2.4 平面图形类命令

平面图形命令包括"矩形"和"多边形"命令。

2.4.1 矩形

【执行方式】

> 命令行：RECTANG（快捷命令：REC）。
> 菜单栏：选择菜单栏中的"绘图"→"矩形"命令。
> 工具栏：单击"绘图"工具栏中的"矩形"按钮 ▭。
> 功能区：单击"默认"选项卡"绘图"面板中的"矩形"按钮 ▭。

【操作步骤】

命令行提示与操作如下：

命令：RECTANG✓
指定第一个角点或[倒角(C)/标高(E)/圆角(F)/ 厚度(T)/宽度(W)]：指定角点
指定另一个角点或[面积(A)/尺寸(D)/旋转(R)]：

【选项说明】

（1）第一个角点：通过指定两个角点确定矩形，如图 2.35（a）所示。

（2）倒角(C)：指定倒角距离，绘制带倒角的矩形，如图 2.35（b）所示。每一个角点的逆时针和顺时针方向的倒角可以相同，也可以不同，其中第一个倒角距离是指角点逆时针方向倒角距离，第二个倒角距离是指角点顺时针方向倒角距离。

（3）标高(E)：指定矩形标高（Z 坐标），即将矩形放置在标高为 Z 并与 XOY 坐标面平行的平面上，并作为后续矩形的标高值。

（4）圆角(F)：指定圆角半径，绘制带圆角的矩形，如图 2.35（c）所示。

（5）厚度(T)：指定矩形的厚度，如图 2.35（d）所示。

（6）宽度(W)：指定线宽，如图 2.35（e）所示。

（a）　　　　　　（b）　　　　　　（c）　　　　　　（d）　　　　　　（e）

图 2.35 绘制矩形

（7）面积(A)：指定面积和长或宽绘制矩形。选择该项，命令行提示与操作如下：

输入以当前单位计算的矩形面积 <20.0000>：输入面积值
计算矩形标注时依据[长度(L)/宽度(W)] <长度>：按 Enter 键或输入 W
输入矩形长度<4.0000>：指定长度或宽度

指定长度或宽度后，系统将自动计算另一个维度，绘制出矩形。如果矩形被倒角或圆角，则在长度或面积计算中也会考虑此设置，如图 2.36 所示。

（8）尺寸(D)：使用长和宽绘制矩形，第二个指定点将矩形定位在与第一角点相关的 4 个位置之一内。

（9）旋转(R)：使所绘制的矩形旋转一定角度。选择该项，命令行提示与操作如下：

指定旋转角度或[拾取点(P)] <135>：指定角度
指定另一个角点或[面积(A)/尺寸(D)/旋转(R)]：指定另一个角点或选择其他选项

指定旋转角度后，系统将按指定角度绘制矩形，如图 2.37 所示。

图 2.36　按面积绘制矩形　　　　图 2.37　按指定旋转角度绘制矩形

扫一扫，看视频

2.4.2　实例——绘制方形茶几

本实例主要介绍矩形绘制方法的具体应用。首先利用"矩形"命令绘制外轮廓线，然后再利用"矩形"命令绘制内轮廓线，如图 2.38 所示。

【操作步骤】

（1）单击"默认"选项卡"绘图"面板中的"矩形"按钮 ▭ ，绘制外轮廓线，命令行提示与操作如下：

命令：_RECTANG
指定第一个角点或[倒角(C)/标高(E)/圆角(F)/厚度(T)/宽度(W)]：F✓
指定矩形的圆角半径 <0.0000>：50✓
指定第一个角点或[倒角(C)/标高(E)/圆角(F)/厚度(T)/宽度(W)]：0,0✓
指定另一个角点或[面积(A)/尺寸(D)/旋转(R)]：@980,980✓

结果如图 2.39 所示。

图 2.38　方形茶几　　　　图 2.39　绘制外轮廓线

（2）单击"默认"选项卡"绘图"面板中的"矩形"按钮 ▭ ，绘制内轮廓线。圆角半径为 20，角点坐标为(30,30)，(@920,920)。结果如图 2.38 所示。

2.4.3　正多边形

【执行方式】

➢ 命令行：POLYGON（快捷命令：POL）。

> ➢ 菜单栏：选择菜单栏中的"绘图"→"多边形"命令。
> ➢ 工具栏：单击"绘图"工具栏中的"多边形"按钮⬠。
> ➢ 功能区：单击"默认"选项卡"绘图"面板中的"多边形"按钮⬠。

【操作步骤】

命令行提示与操作如下：

命令：POLYGON✓
输入侧面数 <4>：指定多边形的边数，默认值为 4
指定正多边形的中心点或[边(E)]：指定中心点
输入选项[内接于圆(I)/外切于圆(C)] <I>：指定内接于圆或外切于圆
指定圆的半径：指定外接圆或内切圆的半径

【选项说明】

（1）边(E)：选择该选项，则只要指定多边形的一条边，系统就会按逆时针方向绘制该正多边形，如图 2.40（a）所示。

（2）内接于圆(I)：选择该选项，绘制的多边形内接于圆，如图 2.40（b）所示。

（3）外切于圆(C)：选择该选项，绘制的多边形外切于圆，如图 2.40（c）所示。

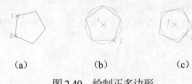

（a）　　　　　　（b）　　　　　　（c）

图 2.40　绘制正多边形

2.4.4　实例——绘制卡通造型

本实例绘制如图 2.41 所示的卡通造型。

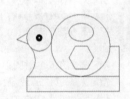

【操作步骤】

（1）单击"默认"选项卡"绘图"面板中的"圆心，半径"按钮⊙和"圆环"按钮◎，绘制左边头部的小圆及圆环，命令行提示与操作如下：

图 2.41　卡通造型

命令：_CIRCLE
指定圆的圆心或[三点(3P)/两点(2P)/切点、切点、半径(T)]：230,210✓
指定圆的半径或[直径(D)]：30✓
命令：_DONUT
指定圆环的内径 <10.0000>：5✓
指定圆环的外径 <20.0000>：15✓
指定圆环的中心点 <退出>：230,210✓
指定圆环的中心点 <退出>：✓

（2）单击"默认"选项卡"绘图"面板中的"矩形"按钮▭，绘制一个矩形，命令行提示与操作如下：

命令：_RECTANG
指定第一个角点或[倒角(C)/标高(E)/圆角(F)/厚度(T)/宽度(W)]：200,122✓（指定矩形左上角点的坐标值）

指定另一个角点或[面积(A)/尺寸(D)/旋转(R)]: 420,88↙（指定矩形右上角点的坐标值）

（3）依次单击"默认"选项卡"绘图"面板中的"圆"按钮⊙、"椭圆"按钮◯和"多边形"按钮⬠，绘制右边身体的大圆、小椭圆及正六边形，命令行提示与操作如下：

命令：_CIRCLE
指定圆的圆心或[三点(3P)/两点(2P)/切点、切点、半径(T)]: T↙
指定对象与圆的第一个切点：（如图2.42所示，在点1附近选择小圆）
指定对象与圆的第二个切点：（如图2.42所示，在点2附近选择矩形）
指定圆的半径：<30.0000>: 70↙
命令：_ELLIPSE
指定椭圆的轴端点或[圆弧(A)/中心点(C)]: C↙
（用指定椭圆圆心的方式绘制椭圆）
指定椭圆的中心点：330,222↙（椭圆中心点的坐标值）
指定轴的端点：360,222↙（椭圆长轴右端点的坐标值）
指定另一条半轴长度或[旋转(R)]: 20↙（椭圆短轴的长度）
命令：_POLYGON
输入边的数目 <4>: 6↙（正多边形的边数）
指定正多边形的中心点或[边(E)]: 330,165↙（正六边形中心点的坐标值）
输入选项[内接于圆(I)/外切于圆(C)] <I>: ↙（用内接于圆的方式绘制正六边形）
指定圆的半径：30↙（内接圆正六边形的半径）

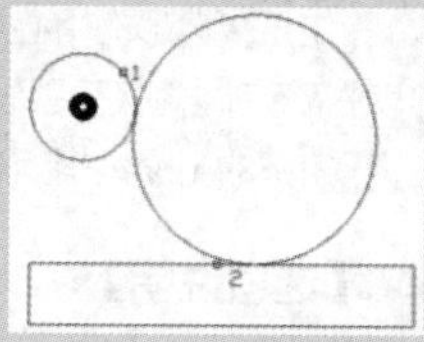

图 2.42　绘制大圆

（4）单击"默认"选项卡"绘图"面板中的"直线"按钮／和"圆弧"按钮／，绘制左边嘴部折线和颈部圆弧，命令行提示与操作如下：

命令：_LINE
指定第一个点：202,221
指定下一点或[放弃(U)]: @30<-150↙（用相对极坐标值给定下一点的坐标值）
指定下一点或[放弃(U)]: @30<-20↙（用相对极坐标值给定下一点的坐标值）
指定下一点或[闭合(C)/放弃(U)]: ↙
命令：_ARC
指定圆弧的起点或[圆心(CE)]: 200,122↙
指定圆弧的第二个点或[圆心(C)/端点(E)]: E↙（用给出圆弧端点的方式绘制圆弧）
指定圆弧的端点：210,188↙（给出圆弧端点的坐标值）
指定圆弧的中心点(按住 Ctrl 键以切换方向)或[角度(A)/方向(D)/半径(R)]:R↙（用给出圆弧半径的方式绘制圆弧）
指定圆弧的半径(按住 Ctrl 键以切换方向):45↙（圆弧半径值）

（5）单击"默认"选项卡"绘图"面板中的"直线"按钮／，绘制右边折线，命令行坐标为(420,122)、(@68<90)、(@23<180)。最终绘制结果如图2.41所示。

2.5　多线类命令

多线是一种复合线，由连续的直线段复合组成。多线的突出优点就是能够大大提高绘图效率，保证图线之间的统一性。

2.5.1　绘制多线

【执行方式】

➢ 命令行：MLINE（快捷命令：ML）。

> 菜单栏：选择菜单栏中的"绘图"→"多线"命令。

【操作步骤】

命令行提示与操作如下：

命令：MLINE✓
当前设置：对正=上，比例=20.00，样式=STANDARD
指定起点或[对正(J)/比例(S)/样式(ST)]：指定起点
指定下一点：指定下一点
指定下一点或[放弃(U)]：继续指定下一点绘制线段；输入 U，则放弃前一段多线的绘制；右击或按 Enter
键，结束命令
指定下一点或[闭合(C)/放弃(U)]：继续指定下一点绘制线段；输入 C，则闭合线段，结束命令

【选项说明】

（1）对正(J)：该项用于指定绘制多线的基准。共有 3 种对正类型"上""无"和"下"。其中，"上"
表示以多线上侧的线为基准，其他两项以此类推。

（2）比例(S)：选择该项，要求用户设置平行线的间距。输入值为 0 时，平行线重合；输入值为负
时，多线的排列倒置。

（3）样式(ST)：用于设置当前使用的多线样式。

2.5.2　定义多线样式

【执行方式】

> 命令行：MLSTYLE。
> 菜单栏：选择菜单栏中的"格式"→"多线样式"命令。

【操作步骤】

执行上述命令后，系统打开如图 2.43 所示的"多线样式"对话框。在该对话框中，用户可以对多线
样式进行定义、保存和加载等操作。下面通过定义一个新的多线样式来介绍该对话框的使用方法。

预定义的多线样式由 3 条平行线组成，中心轴线和两条平行的实线相对于中心轴线上、下各偏移 0.5，
其操作步骤如下：

（1）在"多线样式"对话框中单击"新建"按钮，系统打开"创建新的多线样式"对话框，如图 2.44
所示。

图 2.43　"多线样式"对话框

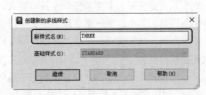

图 2.44　"创建新的多线样式"对话框

（2）在"创建新的多线样式"对话框的"新样式名"文本框中输入 THREE，单击"继续"按钮。

（3）系统打开"新建多线样式：THREE"对话框，如图 2.45 所示。

（4）在"封口"选项组中可以设置多线起点和端点的特性，包括直线、外弧或内弧封口，以及封口线段或圆弧的角度等。

（5）在"填充颜色"下拉列表框中可以选择多线填充的颜色。

（6）在"图元"选项组中可以设置组成多线元素的特性。单击"添加"按钮，可以为多线添加元素；反之，单击"删除"按钮，为多线删除元素。在"偏移"文本框中可以设置选中元素的位置偏移值。在"颜色"下拉列表框中可以为选中的元素选择颜色。单击"线型"按钮，系统打开"选择线型"对话框，可以为选中的元素设置线型。

（7）设置完成后，单击"确定"按钮，返回如图 2.43 所示的"多线样式"对话框。在"样式"列表中会显示刚刚设置的多线样式名。选择该样式，单击"置为当前"按钮，则将刚刚设置的多线样式设置为当前样式，下面的预览框中会显示所选的多线样式。

（8）单击"确定"按钮，完成多线样式的设置。

图 2.46 所示为按设置后的多线样式绘制的多线。

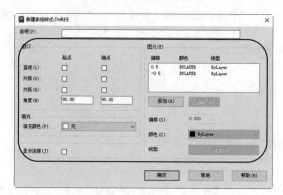

图 2.45 "新建多线样式：THREE"对话框

图 2.46 绘制的多线

2.5.3 编辑多线

【执行方式】
> 命令行：MLEDIT。
> 菜单栏：选择菜单栏中的"修改"→"对象"→"多线"命令。

【操作步骤】

执行上述命令后，弹出"多线编辑工具"对话框，如图 2.47 所示。

利用该对话框可以创建或修改多线的模式。对话框中分四列显示示例图形。其中，第一列管理十字交叉形多线，第二列管理 T 形多线，第三列管理拐角接合点和节点，第四列管理多线被剪切或连接的形式。

单击选择某个示例图形，即可调用该项编辑功能。

下面以"十字打开"为例，介绍多线编辑的方法，把选择的两

图 2.47 "多线编辑工具"对话框

条多线进行打开交叉。命令行提示与操作如下：

选择第一条多线：（选择第一条多线）
选择第二条多线：（选择第二条多线）

选择完成后，执行结果如图 2.48 所示。

（a）选择第一条多线　　　　　（b）选择第二条多线　　　　　（c）执行结果

图 2.48　十字打开

2.5.4　实例——绘制墙体

本实例绘制如图 2.49 所示的墙体。

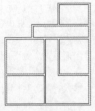

扫一扫，看视频

【操作步骤】

（1）单击"默认"选项卡"绘图"面板中的"构造线"按钮 ，绘制一条水平构造线和一条竖直构造线，组成"十"字辅助线，如图 2.50 所示。继续绘制辅助线，命令行提示与操作如下：

图 2.49　墙体

```
命令：_XLINE
指定点或[水平(H)/垂直(V)/角度(A)/二等分(B)/偏移(O)]：O↙
指定偏移距离或[通过(T)]<通过>：4200↙
选择直线对象：（选择水平构造线）
指定向哪侧偏移：（指定上边一点）
选择直线对象：（继续选择水平构造线）
```

使用相同的方法将偏移得到的水平构造线依次向上偏移 5100、1800 和 3000，绘制的水平构造线如图 2.51 所示。使用同样的方法绘制竖直构造线，依次向右偏移 3900、1800、2100 和 4500，绘制完成的辅助线网格如图 2.52 所示。

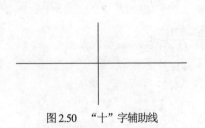 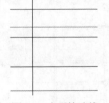 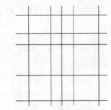

图 2.50　"十"字辅助线　　　　图 2.51　水平构造线　　　　图 2.52　辅助线网格

（2）定义多线样式。在命令行中输入 MLSTYLE，系统打开"多线样式"对话框。单击"新建"按钮，系统打开"创建新的多线样式"对话框，在该对话框中的"新样式名"文本框中输入"墙体线"，单击"继续"按钮。

（3）系统打开"新建多线样式：墙体线"对话框，进行如图 2.53 所示的多线样式设置。

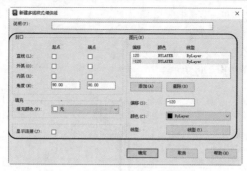

图2.53　多线样式设置

（4）在命令行中输入 **MLINE** 命令，绘制多线墙体，命令行提示与操作如下：

```
命令：_MLINE
当前设置：对正=上，比例=20.00，样式=墙体线
指定起点或[对正(J)/比例(S)/样式(ST)]：S✓
输入多线比例 <20.00>：1✓
当前设置：对正=上，比例=1.00，样式=墙体线
指定起点或[对正(J)/比例(S)/样式(ST)]：J✓
输入对正类型[上(T)/无(Z)/下(B)] <上>：Z✓
当前设置：对正=无，比例=1.00，样式=墙体线
指定起点或[对正(J)/比例(S)/样式(ST)]：（在绘制的辅助线交点上指定一点）
指定下一点：（在绘制的辅助线交点上指定下一点）
指定下一点或[放弃(U)]：（在绘制的辅助线交点上指定下一点）
指定下一点或[闭合(C)/放弃(U)]：（在绘制的辅助线交点上指定下一点）
...
指定下一点或[闭合(C)/放弃(U)]：C✓
```

使用相同的方法根据辅助线网格绘制多线，绘制结果如图 2.54 所示。

（5）编辑多线。在命令行中输入 **MLEDIT** 命令，❶系统打开"多线编辑工具"对话框，如图 2.55 所示。❷选择"T 形打开"选项，命令行提示与操作如下：

```
命令：_MLEDIT
选择第一条多线：（选择多线）
选择第二条多线：（选择多线）
```

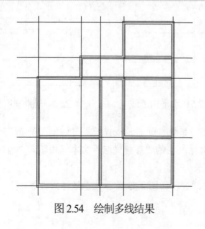

图 2.54　绘制多线结果

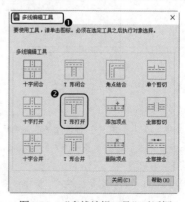

图 2.55　"多线编辑工具"对话框

选择第一条多线或[放弃(U)]：(选择多线)

...

选择第一条多线或[放弃(U)]：↙

使用同样的方法继续进行多线的编辑，然后将辅助线删除。最终结果如图2.49所示。

2.6　多段线类命令

多段线是一种由线段和圆弧组合而成的，可以有不同线宽的多线。由于多段线组合形式多样，线宽可以变化，弥补了直线或圆弧功能的不足，适合绘制各种复杂的图形轮廓，因而得到了广泛的应用。

2.6.1　绘制多段线

【执行方式】

> 命令行：PLINE（快捷命令：PL）。
> 菜单栏：选择菜单栏中的"绘图"→"多段线"命令。
> 工具栏：单击"绘图"工具栏中的"多段线"按钮 。
> 功能区：单击"默认"选项卡"绘图"面板中的"多段线"按钮 。

【操作步骤】

命令行提示与操作如下：

命令：PLINE↙
指定起点：指定多段线的起点
当前线宽为 0.0000
指定下一个点或[圆弧(A)/半宽(H)/长度(L)/放弃(U)/宽度(W)]：指定多段线的下一个点

【选项说明】

多段线主要由连续且不同宽度的线段或圆弧组成，如果在上述提示中选择"圆弧(A)"选项，则命令行提示如下：

指定圆弧的端点(按住 Ctrl 键以切换方向)或[角度(A)/圆心(CE)/方向(D)/半宽(H)/直线(L)/半径
(R)/第二个点(S)/放弃(U)/宽度(W)]：
绘制圆弧的方法与"圆弧"命令相似。

2.6.2　编辑多段线

【执行方式】

> 命令行：PEDIT。
> 菜单栏：选择菜单栏中的"修改"→"对象"→"多段线"命令。
> 工具栏：单击"修改Ⅱ"工具栏中的"编辑多段线"按钮 。
> 功能区：单击"默认"选项卡"修改"面板中的"编辑多段线"按钮 。
> 快捷菜单：选择要编辑的多段线，在绘图区域右击，在弹出的快捷菜单中选择"多段线"→"编辑多段线"命令。

【操作步骤】

命令行提示与操作如下：

命令：PEDIT↙

选择多段线或[多条(M)]：选择一条要编辑的多段线

输入选项[闭合(C)/合并(J)/宽度(W)/编辑顶点(E)/拟合(F)/样条曲线(S)/非曲线化(D)/线型生成
(L)/反转(R)/放弃(U)]：

【选项说明】

(1) 合并(J)：以选中的多段线为主体，合并其他直线段、圆弧和多段线，使其成为一条多段线。
能合并的条件是各段端点首尾相连，如图 2.56 所示。

(2) 宽度(W)：修改整条多段线的线宽，使其具有同一线宽，如图 2.57 所示。

(3) 编辑顶点(E)：选择该项后，在多段线起点处出现一个斜的十字叉"×"，为当前顶点的标记，
并在命令行显示进行后续操作的提示：

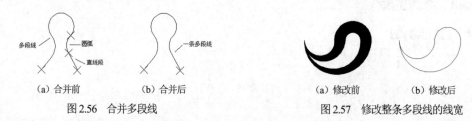

| (a) 合并前 | (b) 合并后 | (a) 修改前 | (b) 修改后 |

图 2.56　合并多段线　　　　　　　　　图 2.57　修改整条多段线的线宽

[下一个(N)/上一个(P)/打断(B)/插入(I)/移动(M)/重生成(R)/拉直(S)/切向(T)/宽度(W)/退出
(X)] <N>：

这些选项允许用户进行移动、插入顶点和修改任意两点间的线宽等操作。

(4) 拟合(F)：将指定的多段线生成由光滑圆弧连接的圆弧拟合曲线，该曲线经过多段线的各顶点，
如图 2.58 所示。

(5) 样条曲线(S)：将指定的多段线以各顶点为控制点生成 B 样条曲线，如图 2.59 所示。

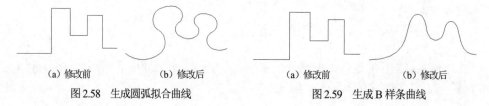

| (a) 修改前 | (b) 修改后 | (a) 修改前 | (b) 修改后 |

图 2.58　生成圆弧拟合曲线　　　　　　图 2.59　生成 B 样条曲线

(6) 非曲线化(D)：将指定的多段线中的圆弧由直线代替。对于选用"拟合(F)"或"样条曲线(S)"选
项后生成的圆弧拟合曲线或样条曲线，则删除生成曲线时新插入的顶点恢复成由直线段组成的多段线。

(7) 线型生成(L)：当多段线的线型为点画线时，控制多段线的线型生成方式开关。选择此项，系
统提示如下：

输入多段线线型生成选项[开(ON)/关(OFF)] <关>：

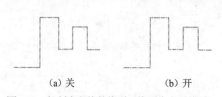

| (a) 关 | (b) 开 |

图 2.60　控制多段线的线型（线型为点画线时）

选择"开(ON)"选项时，将在每个顶点处允许以
短划开始和结束生成线型；选择"关(OFF)"选项时，
将在每个顶点处以长划开始和结束生成线型。"线型生
成"不能用于带变宽线段的多段线，如图 2.60 所示。

(8) 反转(R)：反转多段线顶点的顺序。使用此
选项可反转使用包含文字线型的对象的方向。例如，
根据多段线的创建方向，线型中的文字可能倒置显示。

2.6.3　实例——绘制圈椅

　　本实例主要介绍多段线绘制和多段线编辑方法的具体应用。首先利用多段线绘制命令绘制圈椅外圈，然后利用"圆弧"命令绘制内圈，再利用"多段线编辑"命令将所绘制线条合并，最后利用"圆弧"和"直线"命令绘制椅垫，如图 2.61 所示。

图 2.61　圈椅

👆【操作步骤】

　　（1）单击"默认"选项卡"绘图"面板中的"多段线"按钮 ，绘制外部轮廓，命令行提示与操作如下：

```
命令：_PLINE
指定起点：
当前线宽为 0.0000
指定下一个点或[圆弧(A)/半宽(H)/长度(L)/放弃(U)/宽度(W)]：@0,-600↙
指定下一点或[圆弧(A)/闭合(C)/半宽(H)/长度(L)/放弃(U)/宽度(W)]：@150,0↙
指定下一点或[圆弧(A)/闭合(C)/半宽(H)/长度(L)/放弃(U)/宽度(W)]：0,600↙
指定下一点或[圆弧(A)/闭合(C)/半宽(H)/长度(L)/放弃(U)/宽度(W)]：U↙
指定下一点或[圆弧(A)/闭合(C)/半宽(H)/长度(L)/放弃(U)/宽度(W)]：@0,600↙
指定下一点或[圆弧(A)/闭合(C)/半宽(H)/长度(L)/放弃(U)/宽度(W)]：A↙
指定圆弧的端点(按住 Ctrl 键以切换方向)或[角度(A)/圆心(CE)/闭合(CL)/方向(D)/半宽(H)/直
线(L)/半径(R)/第二个点(S)/放弃(U)/宽度(W)]：R↙
指定圆弧的半径：750↙
指定圆弧的端点(按住 Ctrl 键以切换方向)或[角度(A)]：A↙
指定夹角：180↙
指定圆弧的弦方向(按住 Ctrl 键以切换方向) <326>：180↙
指定圆弧的端点(按住 Ctrl 键以切换方向)或[角度(A)/圆心(CE)/闭合(CL)/方向(D)/半宽(H)/直
线(L)/半径(R)/第二个点(S)/放弃(U)/宽度(W)]：L↙
指定下一点或[圆弧(A)/闭合(C)/半宽(H)/长度(L)/放弃(U)/宽度(W)]：@0,-600↙
指定下一点或[圆弧(A)/闭合(C)/半宽(H)/长度(L)/放弃(U)/宽度(W)]：@150,0↙
指定下一点或[圆弧(A)/闭合(C)/半宽(H)/长度(L)/放弃(U)/宽度(W)]：@0,600↙
指定下一点或[圆弧(A)/闭合(C)/半宽(H)/长度(L)/放弃(U)/宽度(W)]：↙
```

绘制结果如图 2.62 所示。

　　（2）单击状态栏中的"对象捕捉"按钮 ，单击"默认"选项卡"绘图"面板中的"圆弧"按钮 ，绘制内圈，命令行提示与操作如下：

```
命令：_ARC
指定圆弧的起点或[圆心(C)]：(捕捉右边线段上端点)
指定圆弧的第二个点或[圆心(C)/端点(E)]：E↙
指定圆弧的端点：(捕捉左边线段上端点)
指定圆弧的中心点(按住 Ctrl 键以切换方向)或[角度(A)/方向(D)/半径(R)]：D↙
指定圆弧起点的相切方向(按住 Ctrl 键以切换方向)：90↙
```

绘制结果如图 2.63 所示。

图 2.62　绘制外部轮廓　　　　　　　　图 2.63　绘制内圈

（3）单击"默认"选项卡"修改"面板中的"编辑多段线"按钮 ⚬，编辑多段线，命令行提示与操作如下：

```
命令：_PEDIT
选择多段线或[多条(M)]：（选择刚绘制的多段线）
输入选项[闭合(C)/合并(J)/宽度(W)/编辑顶点(E)/拟合(F)/样条曲线(S)/非曲线化(D)/线型生成
(L)/反转(R)/放弃(U)]：J
选择对象：（选择刚绘制的圆弧）
选择对象：
多段线已增加 1 条线段
输入选项[闭合(C)/合并(J)/宽度(W)/编辑顶点(E)/拟合(F)/样条曲线(S)/非曲线化(D)/线型生成
(L)/反转(R)/放弃(U)]：
```

系统将圆弧与原来的多段线合并成一个新的多段线，选择该多段线，可以看出所有线条都被选中，说明已经合并为一体了，如图 2.64 所示。

（4）单击状态栏中的"对象捕捉"按钮 ⬚，单击"默认"选项卡"绘图"面板中的"圆弧"按钮 ⌒，绘制椅垫，结果如图 2.65 所示。

（5）单击"默认"选项卡"绘图"面板中的"直线"按钮 ╱，捕捉适当的点为端点，绘制一条水平线，最终结果如图 2.61 所示。

图 2.64　合并多段线　　　　　　　　图 2.65　绘制椅垫

2.7　样条曲线类命令

在 AutoCAD 中使用的样条曲线为非一致有理 B 样条（NURBS）曲线，使用 NURBS 曲线能够在控制点之间产生一条光滑的曲线，如图 2.66 所示。样条曲线可用于绘制形状不规则的图形，如为地理信息系统（GIS）或汽车设计绘制轮廓线。

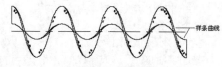

图 2.66　样条曲线

2.7.1　绘制样条曲线

🔍【执行方式】

➢ 命令行：SPLINE。
➢ 菜单栏：选择菜单栏中的"绘图"→"样条曲线"命令。

> 工具栏：单击"绘图"工具栏中的"样条曲线"按钮 。
> 功能区：单击"默认"选项卡"绘图"面板中的"样条曲线拟合"按钮 或"样条曲线控制点"按钮 （图 2.67）。

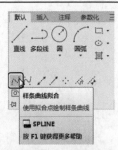

图 2.67　"绘图"面板

【操作步骤】

命令行提示与操作如下：

```
命令：SPLINE✓
当前设置：方式=拟合　节点=弦
指定第一个点或[方式(M)/节点(K)/对象(O)]：指定一点或选择"对象
(O)"选项
输入下一个点或[起点切向(T)/公差(L)]：
输入下一个点或[端点相切(T)/公差(L)/放弃(U)]：
输入下一个点或[端点相切(T)/公差(L)/放弃(U)/闭合(C)]：
```

【选项说明】

（1）方式(M)：控制是使用拟合点还是使用控制点来创建样条曲线。选项会因选择而异。

（2）节点(K)：指定节点参数化，它会影响曲线在通过拟合点时的形状。

（3）对象(O)：将二维或三维的二次或三次样条曲线拟合多段线转换为等价的样条曲线，然后（根据 DELOBJ 系统变量的设置）删除该多段线。

（4）起点切向(T)：定义样条曲线的第一点和最后一点的切向。如果在样条曲线的两端都指定切向，可以输入一个点或使用"切点"和"垂足"对象捕捉模式使样条曲线与已有的对象相切或垂直。如果按 Enter 键，那么系统将计算默认切向。

（5）端点相切(T)：停止基于切向创建曲线。可通过指定拟合点继续创建样条曲线。选择该项，命令行提示如下：

```
指定端点切向：指定点或按 Enter 键
```

用户可以指定一点来定义切向矢量，或单击状态栏中的"对象捕捉"按钮 ，使用"切点"和"垂足"对象捕捉模式使样条曲线与现有对象相切或垂直。

（6）公差(L)：指定距样条曲线必须经过的指定拟合点的距离。公差应用于除起点和端点外的所有拟合点。

（7）闭合(C)：将最后一点定义与第一点一致，并使其在连接处相切，以闭合样条曲线。

2.7.2　实例——绘制壁灯

本实例主要介绍样条曲线的具体应用。首先利用"直线"命令绘制底座，然后利用"多段线"命令绘制灯罩，最后利用"样条曲线"命令绘制装饰物，如图 2.68 所示。

扫一扫，看视频

【操作步骤】

（1）单击"默认"选项卡"绘图"面板中的"矩形"按钮 ，在适当位置绘制一个 220mm×50mm 的矩形。

（2）单击"默认"选项卡"绘图"面板中的"直线"按钮 ，在矩形中绘制 5 条水平直线，结果如图 2.69 所示。

（3）单击"默认"选项卡"绘图"面板中的"多段线"按钮 ，绘制灯罩，命令行提示与操作如下：

图 2.68　壁灯

```
命令：_PLINE
指定起点：(适当指定一点)
当前线宽为 0.0000
指定下一个点或[圆弧(A)/半宽(H)/长度(L)/放弃(U)/宽度(W)]：A↙
指定圆弧的端点(按住 Ctrl 键以切换方向)或[角度(A)/圆心(CE)/方向(D)/半宽(H)/直线(L)/半径
(R)/第二个点(S)/放弃(U)/宽度(W)]：S↙
指定圆弧上的第二个点：(捕捉矩形上边线中点)
指定圆弧的端点：(在图中合适位置捕捉一点)
指定圆弧的端点(按住 Ctrl 键以切换方向)或[角度(A)/圆心(CE)/闭合(CL)/方向(D)/半宽(H)/直
线(L)/半径(R)/第二个点(S)/放弃(U)/宽度(W)]：L↙
指定下一点或[圆弧(A)/闭合(C)/半宽(H)/长度(L)/放弃(U)/宽度(W)]：(捕捉圆弧起点)
指定下一点或[圆弧(A)/闭合(C)/半宽(H)/长度(L)/放弃(U)/宽度(W)]：↙
```

重复执行"多段线"命令，在灯罩上绘制一个不等四边形，如图 2.70 所示。

（4）单击"默认"选项卡"绘图"面板中的"样条曲线拟合"按钮，绘制装饰物，命令行提示与操作如下：

```
命令：_SPLINE
当前设置：方式=拟合    节点=弦
指定第一个点或[方式(M)/节点(K)/对象(O)]：_M
输入样条曲线创建方式[拟合(F)/控制点(CV)]<拟合>：_FIT
当前设置：方式=拟合    节点=弦
指定第一个点或[方式(M)/节点(K)/对象(O)]：(捕捉矩形底边上任一点)
输入下一个点或[起点切向(T)/公差(L)]：(在矩形下方合适的位置处指定一点)
输入下一个点或[端点相切(T)/公差(L)/放弃(U)]：(指定样条曲线的下一个点)
输入下一个点或[端点相切(T)/公差(L)/放弃(U)/闭合(C)]：(指定样条曲线的下一个点)
输入下一个点或[端点相切(T)/公差(L)/放弃(U)/闭合(C)]：
```

同理，绘制其他的样条曲线，结果如图 2.71 所示。

（5）单击"默认"选项卡"绘图"面板中的"多段线"按钮，在矩形的两侧绘制月亮装饰。结果如图 2.68 所示。

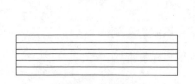

图 2.69　绘制底座

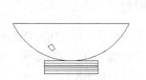

图 2.70　绘制灯罩

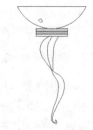

图 2.71　绘制装饰物

扫一扫，看视频

2.8　综合演练——绘制汽车简易造型

本实例绘制的汽车简易造型如图 2.72 所示。绘制的大体顺序首先是绘制两个车轮，从而确定汽车的大体尺寸和位置；然后绘制车体轮廓；最后绘制车窗。绘制过程中要用到直线、圆、圆弧、多段线、圆环、矩形和正多边形等命令。

图 2.72　汽车简易造型

【操作步骤】

（1）单击快速访问工具栏中的"新建"按钮 ▢ ，新建一个空白图形文件。

（2）单击"默认"选项卡"绘图"面板中的"圆"按钮 ⊙ ，分别以(1500,200)、(500,200)为圆心，绘制半径为 150 的车轮外圈，结果如图 2.73 所示。

（3）单击"默认"选项卡"绘图"面板中的"圆环"按钮 ◎ ，捕捉上一步中绘制圆的圆心，设置内径为 30，外径为 100，结果如图 2.74 所示。

图 2.73　绘制车轮外圈　　　　　　　　　图 2.74　绘制车轮内圈

（4）单击"默认"选项卡"绘图"面板中的"直线"按钮 ╱ ，绘制车底轮廓。命令行提示与操作如下：

命令：_LINE
指定第一个点：50,200✓
指定下一点或[放弃(U)]：350,200✓
指定下一点或[放弃(U)]：✓

使用同样的方法指定端点坐标分别为(650,200)、(1350,200)和(1650,200)、(2200,200)，绘制两条线段。结果如图 2.75 所示。

（5）单击"默认"选项卡"绘图"面板中的"圆弧"按钮 ╱ ，绘制坐标为(50, 200)、(0, 380)、(50, 550)的圆弧。

（6）单击"默认"选项卡"绘图"面板中的"直线"按钮 ╱ ，绘制车体外轮廓，端点坐标分别为(50, 550)、(@375, 0)、(@160, 240)、(@780, 0)、(@365, −285)、(@470, −60)。

（7）单击"默认"选项卡"绘图"面板中的"圆弧"按钮 ╱ ，绘制圆弧段，命令行提示与操作如下：

命令：_ARC
指定圆弧的起点或[圆心(C)]：2200, 200✓
指定圆弧的第二个点或[圆心(C)/端点(E)]：2256, 322✓
指定圆弧的端点：2200, 445✓

结果如图 2.76 所示。

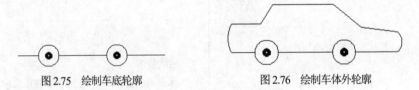

图 2.75　绘制车底轮廓　　　　　　　　　图 2.76　绘制车体外轮廓

（8）单击"默认"选项卡的"绘图"面板中的"矩形"按钮 ▭ ，绘制角点为(650,730)、(880,370)和(920,730)、(1350,370)的车窗。最终结果如图 2.72 所示。

<h1 style="text-align:center">2.9　新手问答</h1>

No.1：如何解决图形中的"圆不圆了"的情况？

圆是由 N 边形形成的，数值 N 越大，棱边越短，圆越光滑。有时候图形经过缩放或 ZOOM 后，绘制的圆边显示棱边，图形会变得粗糙。在命令行中输入 RE，可以重新生成模型，使圆边变得光滑。

No.2：如何快速继续使用执行过的命令？

在默认情况下，按空格键或 Enter 键表示重复 AutoCAD 的上一个命令，故在连续采用同一个命令操作时，只需连续敲击空格键或 Enter 键即可，而无须费时费力地连续执行同一个命令。

同时按下键盘右侧的 "←" "↑" 两键，在命令行中则显示上步执行的命令；松开其中一键，继续按下另外一键，显示倒数第二步执行的命令；继续按键，以此类推。反之，则按下 "→" "↑" 两键。

No.3：多段线的宽度问题。

当 Pline 线的宽度设置不为 0 时，打印时就按这个线宽打印。如果这个多段线的宽度太小，就没有宽度效果。例如，以 mm 为单位绘图，设置多段线宽度为 10，当用 1:100 的比例进行打印时，就是 0.1mm。所以多段线的宽度设置要考虑打印比例才行。而当宽度是 0 时，就可按对象特性进行设置（与其他对象一样）。

2.10 上 机 实 验

【练习 1】绘制如图 2.77 所示的五角星（尺寸适当选取）。

扫一扫，看视频

图 2.77　五角星

1. 目的要求

本练习中图形涉及的命令主要是"直线"。为了做到准确无误，要求通过坐标值的输入指定直线的相关点，从而使读者灵活掌握直线的绘制方法。

2. 操作提示

利用"直线"命令绘制五角星。

【练习 2】绘制如图 2.78 所示的哈哈猪（尺寸适当选取）。

扫一扫，看视频

图 2.78　哈哈猪

1. 目的要求

本练习中图形涉及的主要有"直线"和"圆"命令。为了做到准确无误，要求通过坐标值的输入指定线段的端点和圆弧的相关点，从而使读者灵活掌握线段以及圆弧的绘制方法。

2. 操作提示

（1）利用"圆"命令绘制哈哈猪的两个眼睛。

（2）利用"圆"命令绘制哈哈猪的嘴巴。

（3）利用"圆"命令绘制哈哈猪的头部。

（4）利用"直线"命令绘制哈哈猪的上、下颌分界线。

（5）利用"圆"命令绘制哈哈猪的鼻子。

【练习 3】绘制如图 2.79 所示的椅子（尺寸适当选取）。

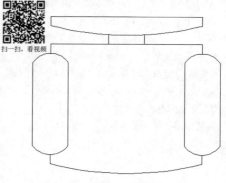

扫一扫，看视频

图 2.79　椅子

1. 目的要求

本练习中图形涉及的主要有"直线"和"圆弧"命令。为了做到准确无误，要求通过坐标值的输入指定线段的端点和圆弧的相关点，从而使读者灵活掌握圆弧的绘制方法。

2. 操作提示

（1）利用"直线"命令绘制初步轮廓。

（2）利用"圆弧"命令绘制图形中的圆弧部分。

（3）利用"直线"命令绘制连接线段。

【练习 4】绘制如图 2.80 所示的螺母（尺寸适当选取）。

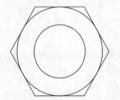

扫一扫，看视频

图 2.80　螺母

1. 目的要求

本练习绘制的是一个机械零件图形，涉及"多边形"和"圆"命令。通过本练习，要求读者掌握正多边形的绘制方法，同时复习圆的绘制方法。

2. 操作提示

（1）利用"圆"命令绘制外面的圆。

（2）利用"多边形"命令绘制六边形。

（3）利用"圆"命令绘制里面的圆。

【练习 5】绘制如图 2.81 所示的浴缸（尺寸适当选取）。

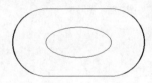

扫一扫，看视频

图 2.81　浴缸

1. 目的要求

本练习中图形涉及的有"多段线"和"椭圆"命令。通过本练习，要求读者掌握多段线的绘制方法，同时复习椭圆的绘制方法。

2. 操作提示

（1）利用"多段线"命令绘制浴缸外沿。

（2）利用"椭圆"命令绘制缸底。

【练习 6】绘制如图 2.82 所示的雨伞（尺寸适当选取）。

扫一扫，看视频

图 2.82　雨伞

1. 目的要求

本练习中图形涉及的有"圆弧""样条曲线"和"多段线"命令。通过本练习，要求读者掌握样条曲线的绘制方法，同时复习多段线的绘制方法。

2. 操作提示

（1）利用"圆弧"命令绘制伞的外框。

（2）利用"样条曲线"命令绘制伞的底边。

（3）利用"圆弧"命令绘制伞面。

（4）利用"多段线"命令绘制伞顶和伞把。

2.11　思考与练习

（1）半径为 72.5 的圆的周长为（　　）。

　　A. 455.5309　　　　　B. 16512.9964　　　　　C. 910.9523　　　　　D. 261.0327

（2）以同一点作为正五边形的中心，圆的半径为 50，分别用 I（内接于圆）和 C（外切于圆）方式绘制的正五边形的间距为（　　）。

　　A. 15.32　　　　　B. 9.55　　　　　C. 7.43　　　　　D. 12.76

（3）若需要编辑已知多段线，使用"多段线"命令中（　　）选项可以创建宽度不等的对象。

　　A. 样条(S)　　　　　B. 锥形(T)　　　　　C. 宽度(W)　　　　　D. 编辑顶点(E)

（4）利用 Arc 命令刚刚结束绘制一段圆弧，现在执行 Line 命令，提示"指定第一点:"时直接按 Enter 键，结果是（　　）。

　　A. 继续提示"指定第一点:"　　　　　B. 提示"指定下一点或[放弃(U)]:"

　　C. Line 命令结束　　　　　D. 以圆弧端点为起点绘制圆弧的切线

（5）重复使用刚执行的命令，按（　　）键。

　　　　A. Ctrl　　　　　　　B. Alt　　　　　　　　C. Enter　　　　　　　D. Shift

（6）图 2.83 所示的图形采用的多线编辑方法分别是（　　　）。

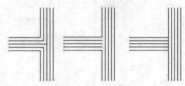

图 2.83　图形 1

　　　A. T 字打开，T 字闭合，T 字合并　　　　　B. T 字闭合，T 字打开，T 字合并
　　　C. T 字合并，T 字闭合，T 字打开　　　　　D. T 字合并，T 字打开，T 字闭合

（7）以下关于样条曲线拟合点说法错误的是（　　　）。

　　　A. 可以删除样条曲线的拟合点　　　　　　　B. 可以添加样条曲线的拟合点
　　　C. 可以阵列样条曲线的拟合点　　　　　　　D. 可以移动样条曲线的拟合点

（8）绘制如图 2.84 所示的图形。

（9）绘制如图 2.95 所示的图形。其中，三角形是边长为 81 的等边三角形，三个圆分别与等边三角形相切。

图 2.84　图形 2

图 2.85　图形 3

第 3 章　面域与图案填充

本章导读

　　面域和图案填充属于两种比较复杂的二维图形。利用第 2 章中介绍的命令相对难以完成，AutoCAD 为此专门设置了相应的绘图命令来完成相应的绘图功能。

　　本章将主要讲述面域与图案填充相关功能的使用方法。

3.1　面　　域

　　创建面域为进行 CAD 三维制图的基础步骤。将图形创建为面域之后，用户可以对图形进行图案填充和着色等操作，同时面域图形还支持布尔运算。

3.1.1　创建面域

　　面域是具有边界的平面区域，内部可以包含孔。用户可以将由某些对象围成的封闭区域转变为面域，这些封闭区域可以是圆、椭圆、封闭二维多段线和封闭样条曲线等，也可以是由圆弧、直线、二维多段线和样条曲线等构成的封闭区域。

🔍【执行方式】

> ➤ 命令行：REGION。
> ➤ 菜单栏：选择菜单栏中的"绘图"→"面域"命令。
> ➤ 工具栏：单击"绘图"工具栏中的"面域"按钮 ⬡。
> ➤ 功能区：单击"默认"选项卡"绘图"面板中的"面域"按钮 ⬡。

执行上述命令后，根据系统提示选择对象，系统会自动将所选择的对象转换成面域。

3.1.2　面域的布尔运算

　　布尔运算是数学上的一种逻辑运算，在 AutoCAD 绘图中，能够极大地提高绘图的效率。

高手点拨：
　　布尔运算的对象只包括实体和共面的面域，对于普通的线条图形对象无法使用布尔运算。

　　通常的布尔运算包括并集、交集和差集 3 种，操作方法类似，下面一并介绍。

🔍【执行方式】

> ➤ 命令行：UNION、INTERSECT 或 SUBTRACT。
> ➤ 菜单栏：选择"修改"→"实体编辑"→"并集"（交集、差集）命令。
> ➤ 工具栏：单击"实体编辑"工具栏中的"并集"按钮 🔲（"交集"按钮 🔲、"差集"按钮 🔲），执行"并集（交集）"命令后，根据系统提示选择对象，系统会对所选择的面域做并集（交

集）计算。

➢ 功能区：单击"三维工具"选项卡"实体编辑"面板中的"并集"按钮、"交集"按钮、
"差集"按钮。

执行"差集"命令后，根据系统提示选择差集运算的主体对象，右击后选择差集运算的参照
体对象，系统会对所选择的面域做差集计算。运算逻辑是主体对象减去与参照体对象重叠的部分。
布尔运算的结果如图 3.1 所示。

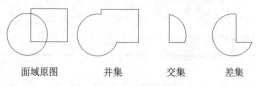

面域原图　　　　并集　　　　交集　　　　差集

图 3.1　布尔运算的结果

扫一扫，看视频

3.1.3　实例——绘制扳手

本实例利用二维绘图命令绘制扳手，并利用布尔运算
命令对其进行编辑，如图 3.2 所示。

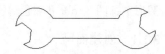

图 3.2　扳手

【操作步骤】

（1）单击"默认"选项卡"绘图"面板中的"矩形"按钮，
绘制矩形。两个角点的坐标为(50,50)、(100,40)，结果如图 3.3 所示。

（2）单击"默认"选项卡"绘图"面板中的"圆"按钮，绘制圆心坐标为(50,45)，半径为
10 的圆。同样以(100,45)为圆心、以 10 为半径绘制另一个圆，结果如图 3.4 所示。

图 3.3　绘制矩形　　　　　　　　　　　　　　图 3.4　绘制圆

（3）绘制正六边形。单击"默认"选项卡"绘图"面板中的"多边形"按钮，绘制正六边
形，命令行提示与操作如下：

```
命令：_POLYGON
输入侧面数 <4>: 6
指定正多边形的中心点或[边(E)]: 42.5,41.5
输入选项[内接于圆(I)/外切于圆(C)] <I>:
指定圆的半径: 5.8
```

同理，以(107.4,48.2)为正多边形中心、以 5.8 为半径绘制另一个正六边形，结果如图 3.5 所示。

（4）创建面域。单击"默认"选项卡"绘图"面板中的"面域"按钮，将所有图形分别
转换成面域。

```
命令：_REGION
选择对象：（选择矩形）
选择对象：（选择正多边形）
选择对象：（选择圆）
选择对象：
```

已提取 5 个环。
已创建 5 个面域。

（5）并集处理。单击"三维工具"选项卡"实体编辑"面板中的"并集"按钮 ，将矩形分别与两个圆进行并集处理，如图 3.6 所示。

图 3.5　绘制正多边形　　　　　　　　　图 3.6　并集处理

（6）差集处理。单击"三维工具"选项卡"实体编辑"面板中的"差集"按钮 ，以并集对象为主体对象，正多边形为参照体，进行差集处理，结果如图 3.2 所示。

3.2　图 案 填 充

当用户需要用一个重复的图案（pattern）填充一个区域时，可以使用 BHATCH 命令建立一个相关联的填充阴影对象，即所谓的图案填充。

3.2.1　基本概念

1．图案边界

当进行图案填充时，首先要确定填充图案的边界。定义边界的对象只能是直线、双向射线、单向射线、多线、样条曲线、圆弧、圆、椭圆、椭圆弧、面域等对象或用这些对象定义的块，而且作为边界的对象在当前屏幕上必须全部可见。

2．孤岛

在进行图案填充时，把位于总填充域内的封闭区域称为孤岛，如图 3.7 所示。在使用 BHATCH 命令进行填充时，AutoCAD 允许用户以点取点的方式确定填充边界，即在希望填充的区域内任取一点，AutoCAD 会自动确定出填充边界，同时确定该边界内的岛。如果用户是以点取对象的方式确定填充边界的，则必须确切地点取这些岛，有关知识将在下一小节中介绍。

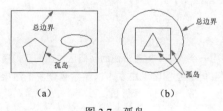

（a）　　　　　　　　　　　（b）

图 3.7　孤岛

3．填充方式

在进行图案填充时，需要控制填充的范围，AutoCAD 为用户设置了以下 3 种填充方式实现对填充范围的控制。

（1）普通方式：如图 3.8（a）所示，该方式从边界开始，由每条填充线或每个填充符号的两端向里画剖面符号，遇到内部对象与之相交时，填充线或符号断开，直到遇到下一次相交时再继续画剖面符号。采用这种方式时，要避免剖面线或符号与内部对象的相交次数为奇数。该方式为系统内部的默认方式。

（2）最外层方式：如图 3.8（b）所示，该方式从边界向里画剖面符号，只要在边界内部与对象相交，剖面符号就由此断开，而不再继续画。

（3）忽略方式：如图 3.9 所示，该方式忽略边界内的对象，所有内部结构都被剖面符号覆盖。

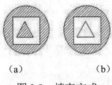

（a）　　　　　　　（b）

图 3.8　填充方式　　　　　　　图 3.9　忽略方式

3.2.2　图案填充的操作

在 AutoCAD 中，可以对图形进行图案填充，图案填充是在"图案填充和渐变色"对话框中进行的。

【执行方式】

➢ 命令行：BHATCH（快捷命令：H）。
➢ 菜单栏：选择菜单栏中的"绘图"→"图案填充"命令。
➢ 工具栏：单击"绘图"工具栏中的"图案填充"按钮 。
➢ 功能区：单击"默认"选项卡"绘图"面板中的"图案填充"按钮 。

执行上述命令后，系统打开如图 3.10 所示的"图案填充创建"选项卡，各参数的含义如下。

图 3.10　"图案填充创建"选项卡

【选项说明】

1."边界"面板

（1）拾取点：通过选择由一个或多个对象形成的封闭区域内的点，确定图案填充边界，如图 3.11 所示。指定内部点时，可以随时在绘图区域中右击以显示包含多个选项的快捷菜单。

（a）选择一点　　　　　　（b）填充区域　　　　　（c）填充结果

图 3.11　边界确定

（2）选择边界对象：指定基于选定对象的图案填充边界。使用该选项时，不会自动检测内部对象，必须选择选定边界内的对象，以按照当前孤岛检测样式填充这些对象，如图 3.12 所示。

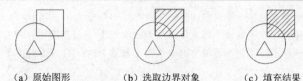

（a）原始图形　　　　　（b）选取边界对象　　　　　（c）填充结果

图 3.12　选择边界对象

（3）删除边界对象：从边界定义中删除之前添加的任何对象，如图 3.13 所示。

（4）重新创建边界：围绕选定的图案填充或填充对象创建多段线或面域，并使其与图案填充对象相关联（可选）。

（5）显示边界对象：选择构成选定关联图案填充对象的边界的对象，使用显示的夹点可修改图案填充边界。

（6）保留边界对象：指定如何处理图案填充边界对象。包括如下选项。

1）不保留边界：不创建独立的图案填充边界对象。

2）保留边界-多段线：创建封闭图案填充对象的多段线对象。

3）保留边界-面域：创建封闭图案填充对象的面域对象。

（7）选择新边界集：指定对象的有限集（称为边界集），以便通过创建图案填充时的拾取点进行计算。

（a）选取边界对象　　　　　（b）删除边界　　　　　（c）填充结果

图 3.13　删除"岛"后的边界

2."图案"面板

显示所有预定义和自定义图案的预览图像。

3."特性"面板

（1）图案填充类型：指定是使用纯色、渐变色、图案还是用户定义的填充。

（2）图案填充颜色：替代实体填充和填充图案的当前颜色。

（3）背景色：指定填充图案背景的颜色。

（4）图案填充透明度：设定新图案填充或填充的透明度，替代当前对象的透明度。

（5）图案填充角度：指定图案填充或填充的角度。

（6）填充图案比例：放大或缩小预定义或自定义填充图案。

（7）相对于图纸空间：（仅在布局中可用）相对于图纸空间单位缩放填充图案。使用此选项，可以很容易地做到以适合于布局的比例显示填充图案。

（8）交叉线：（仅当"图案填充类型"设定为"用户定义"时可用）将绘制第二组直线，与原始直线成 90° 角，从而构成交叉线。

（9）ISO 笔宽：（仅对于预定义的 ISO 图案可用）基于选定的笔宽缩放 ISO 图案。

4."原点"面板

（1）设定原点：直接指定新的图案填充原点。

（2）左下：将图案填充原点设定在图案填充边界矩形范围的左下角。

（3）使用当前原点：将图案填充原点设定在 HPORIGIN 系统变量中存储的默认位置。

（4）存储为默认原点：将新图案填充原点的值存储在 HPORIGIN 系统变量中。

5. "选项"面板

（1）关联：指定图案填充或填充为关联图案填充。关联的图案填充或填充在用户修改其边界对象时将会更新。

（2）注释性：指定图案填充为注释性。此特性会自动完成缩放注释过程，从而使注释能够以正确的大小在图纸上打印或显示。

（3）特性匹配。

1）使用当前原点：使用选定图案填充对象（除图案填充原点外）设定图案填充的特性。

2）使用源图案填充的原点：使用选定图案填充对象（包括图案填充原点）设定图案填充的特性。

（4）允许的间隙：设定将对象用作图案填充边界时可以忽略的最大间隙。默认值为 0，此值指定对象必须封闭区域而没有间隙。

（5）创建独立的图案填充：控制当指定了几个单独的闭合边界时，是创建单个图案填充对象，还是创建多个图案填充对象。

（6）孤岛检测。

1）普通孤岛检测：从外部边界向内填充。如果遇到内部孤岛，填充将关闭，直到遇到孤岛中的另一个孤岛。

2）外部孤岛检测：从外部边界向内填充。此选项仅填充指定的区域，不会影响内部孤岛。

3）忽略孤岛检测：忽略所有内部的对象，填充图案时将通过这些对象。

4）无孤岛检测：关闭以使用传统孤岛检测方法。

（7）绘图次序：为图案填充或填充指定绘图次序。选项包括不更改、后置、前置、置于边界之后和置于边界之前。

6. "关闭"面板

关闭"图案填充创建"：退出 HATCH 并关闭上下文选项卡。也可以按 Enter 键或 Esc 键退出 HATCH。

3.2.3 编辑填充的图案

在对图形对象以图案进行填充后，还可以对填充图案进行编辑操作，如更改填充图案的类型、比例等。

【执行方式】

➤ 命令行：HATCHEDIT。

➤ 菜单栏：选择菜单栏中的"修改"→"对象"→"图案填充"命令。

➤ 工具栏：单击"修改Ⅱ"工具栏中的"编辑图案填充"按钮 。

➤ 功能区：单击"默认"选项卡"修改"面板中的"编辑图案填充"按钮 。

➤ 快捷菜单：选中填充的图案右击，在打开的快捷菜单中选择"图案填充编辑"命令（图 3.14）或直接选择填充的图案。

图 3.14　快捷菜单

执行上述命令后，根据系统提示选取关联填充物体后，系统弹出如图 3.15 所示的"图案填充编辑"对话框。

在图 3.15 中,只有正常显示的选项才可以对其进行操作。该对话框中各项的含义与图 3.10 所示的"图案填充创建"选项卡中各项的含义相同。利用该对话框,可以对已弹出的图案进行一系列的编辑修改操作。

图 3.15　"图案填充编辑"选项卡

3.2.4　实例——绘制小屋

本实例利用所学二维绘图命令绘制如图 3.16 所示的小屋。

图 3.16　小屋

🖱【操作步骤】

（1）单击"默认"选项卡"绘图"面板中的"直线"按钮 ∕ 和"矩形"按钮 □,绘制房屋外框。矩形的两个角点坐标为(210,160)和(400,25);连续直线的端点坐标为(210,160)、(@80<45)、(@190<0)、(@135<-90)和(400,25)。使用同样的方法绘制另一条直线,坐标分别是(400,160)和(@80<45)。

（2）单击"默认"选项卡"绘图"面板中的"矩形"按钮 □,绘制窗户。其中,一个矩形的两个角点坐标为(230,125)和(275,90);另一个矩形的两个角点坐标为(335,125)和(380,90)。

（3）单击"默认"选项卡"绘图"面板中的"多段线"按钮 ⏝,绘制门。执行 PL 命令后,在命令行提示下依次输入(288,25)、(288,76)、A、A、-180、(322,76)、L、(@51<-90)。

（4）单击"默认"选项卡"绘图"面板中的"图案填充"按钮 ▨,进行填充。命令行提示与操作如下:

命令:BHATCH✓

拾取内部点或[选择对象(S)/放弃(U)/设置(T)]:正在选择所有对象...（❶单击"拾取点"按钮,如图 3.17 所示,❷设置填充图案为 GRASS,❸填充比例为1,用鼠标在屋顶内拾取一点,如图 3.18 所示的点 1）

正在选择所有可见对象...

正在分析所选数据...

正在分析内部孤岛...

拾取内部点或[选择对象(S)/放弃(U)/设置(T)]:

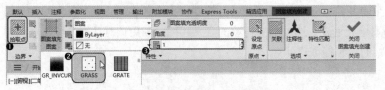

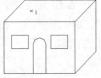

图 3.17 "图案填充创建"选项卡（1）　　　　图 3.18 绘制步骤（1）

（5）同理，单击"默认"选项卡"绘图"面板中的"图案填充"按钮▨，选择 ANGLE 图案为预定义图案，角度为 0，比例为 2，拾取如图 3.19 所示的 2、3 两个位置的点填充窗户。

（6）单击"默认"选项卡"绘图"面板中的"图案填充"按钮▨，选择 ANGLE 图案为预定义图案，角度为 0，比例为 0.25，拾取如图 3.20 所示的 4 位置的点填充小屋前面的砖墙。

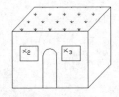

图 3.19 绘制步骤（2）　　　　　　图 3.20 绘制步骤（3）

（7）单击"默认"选项卡"绘图"面板中的"渐变色"按钮▨，打开"图案填充创建"选项卡，按照图 3.21 所示进行设置，拾取如图 3.22 所示的 5 位置的点填充小屋前面的砖墙。最终结果如图 3.16 所示。

图 3.21 "图案填充创建"选项卡（2）　　　　图 3.22 绘制步骤（4）

3.3 对 象 编 辑

对象编辑功能是 AutoCAD 中的一种特别功能，是指直接对对象本身的参数或图形要素进行编辑，包括夹点编辑、对象属性修改和特性匹配等。

3.3.1 夹点编辑

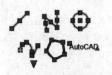

图 3.23 夹持点

利用夹点编辑功能可以快速、方便地编辑对象。AutoCAD 在图形对象上定义了一些特殊点，称为夹持点，利用夹持点可以灵活地控制对象，如图 3.23 所示。

要使用夹点编辑功能编辑对象必须先打开夹点编辑功能，打开的方法如下：

选择菜单栏中的"工具"→"选项"命令，在"选择集"选项卡的"夹点"选项组下面勾选"显示夹点"复选框。在该页面上还可以设置代表夹点的小方格的尺寸和颜色。

也可以通过 GRIPS 系统变量控制是否打开钳夹功能，1 代表打开，0 代表关闭。

打开了夹点编辑功能后，应该在编辑对象之前先选择对象。夹点表示对象的控制位置。

使用夹点编辑对象，要选择一个夹点作为基点，称为基准夹点。然后选择一种编辑操作：删除、移动、复制选择、拉伸和缩放。可以按空格键、Enter 键或键盘上的快捷键循环选择这些功能。

下面仅就其中的拉伸对象操作为例进行讲述，其他操作类似。

在图形上拾取一个夹点，该夹点马上改变颜色，此点即为夹点编辑的基准点。此时系统提示：

图 3.24　快捷菜单

** 拉伸 **

指定拉伸点或[基点(B)/复制(C)/放弃(U)/退出(X)]：

在上述拉伸编辑提示下输入"移动"命令或右击，在弹出的快捷菜单中选择"移动"命令，如图 3.24 所示。系统就会转换为"移动"操作，其他操作类似。

3.3.2　实例——编辑图形

本实例绘制如图 3.25（a）所示的图形，并利用夹点编辑功能编辑成如图 3.25（b）所示的图形。

（a）绘制图形　　　　　　　　　　　　　　（b）编辑图形

图 3.25　编辑前后的填充图案

🖰【操作步骤】

（1）单击"默认"选项卡"绘图"面板中的"直线"按钮 ╱ 和"圆心，半径"按钮 ⊙，绘制图形轮廓。

（2）单击"默认"选项卡"绘图"面板中的"图案填充"按钮▨，打开"图案填充创建"选项卡，❶在"图案填充类型"下拉列表框中选择"用户定义"选项，❷设置"角度"为45，❸"间距"为20，填充图形，如图 3.26 所示。结果如图 3.25（a）所示。

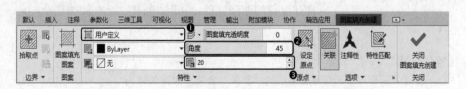

图 3.26　"图案填充创建"选项卡

（3）开启夹点编辑功能。在绘图区中右击，打开快捷菜单，选择"选项"命令，打开"选项"对话框。在"选择集"选项组中勾选"显示夹点"复选框，并进行其他设置。确认退出。

（4）夹点编辑。用鼠标分别点取如图 3.27 所示的图形中的左边界的两线段，这两线段上会显示出相应的特征点方框；再用鼠标点取图中最左边的特征点，该点则以醒目方式显示（图 3.28）。拖动鼠标，使光标移到图 3.28 中的相应位置，按 Esc 键确认，得到如图 3.29 所示的图形。

图 3.27　显示边界特征点

图 3.28　移动夹点到新位置

图 3.29　编辑后的图案

（5）用鼠标点取圆，圆上会出现相应的特征点，再用鼠标点取圆的圆心部位，则该特征点以醒目方式显示（图 3.30）。拖动鼠标，使光标位于另一点的位置，然后按 Esc 键确认，得到如图 3.31 所示的结果。

图 3.30　显示圆上特征点

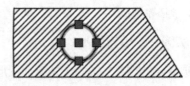

图 3.31　移动夹点到新位置

3.3.3　修改对象属性

🔧【执行方式】

➤ 命令行：DDMODIFY 或 PROPERTIES。
➤ 菜单栏：选择菜单栏中的"修改"→"特性"命令。
➤ 工具栏：单击"标准"工具栏中的"特性"按钮▦。
➤ 功能区：单击"视图"选项卡"选项板"面板中的"特性"按钮▦。

执行上述命令后，AutoCAD 打开"特性"选项板，如图 3.32 所示。利用它可以方便地设置或修改对象的各种属性。

不同的对象属性种类和值不同，修改属性值，对象会改变为新的属性。

图 3.32　"特性"选项板

3.3.4　实例——修改花朵颜色

打开已有的图形文件，利用"特性"命令修改花朵颜色，如图 3.33 所示。

扫一扫，看视频

🖱️【操作步骤】

（1）打开电子资料中的第 3 章绘制的"花朵"文件，如图 3.34 所示。

（2）选择枝叶后，枝叶上显示夹点标志。在一个夹点上右击，打开快捷菜单，选择其中的"特性"命令，如图 3.35 所示。系统打开"特性"选项板，在"颜色"下拉列表框中选择"绿"选项，如图 3.36 所示。

（3）使用同样的方法修改花朵颜色为红色，花蕊颜色为洋红色，最终结果如图 3.33 所示。

图 3.33　花朵	图 3.34　打开文件	图 3.35　右键快捷菜单	图 3.36　修改枝叶颜色

3.3.5　特性匹配

利用特性匹配功能可将目标对象属性与源对象的属性进行匹配，使目标对象变为与源对象相同。利用特性匹配功能可以方便快捷地修改对象属性，并保持不同对象的属性相同。

【执行方式】
- ➤ 命令行：MATCHPROP。
- ➤ 菜单栏：选择菜单栏中的"修改"→"特性匹配"命令。
- ➤ 工具栏：单击"标准"工具栏中的"特性匹配"按钮 。
- ➤ 功能区：单击"默认"选项卡"特性"面板中的"特性匹配"按钮 。

执行上述命令后，根据系统提示选择源对象和目标对象。

图 3.37（a）所示为两个不同属性的对象，以左边的圆为源对象，对右边的矩形进行属性匹配，结果如图 3.37（b）所示。

（a）原图　　　　　　　　　　　（b）结果

图 3.37　特性匹配

3.3.6　实例——特性匹配

本实例利用"特性匹配"命令修改对象的线型，如图 3.38 所示。

扫一扫，看视频

【操作步骤】

（1）打开随书电子资料中的文件：\源文件\第 3 章\特性匹配\特性匹配操作图.dwg。

（2）选择菜单栏中的"修改"→"特性匹配"命令。

（3）选择源对象（即要复制其特性的对象），如图 3.38（a）所示。

（4）选择目标对象（即要进行特性匹配的对象），如图 3.38（b）所示。完成特性匹配，如图 3.38（c）所示，此时实线圆变成了虚线圆。

（5）若在提示下输入 S，则弹出"特性设置"对话框。利用该对话框可以修改特性匹配的设置。

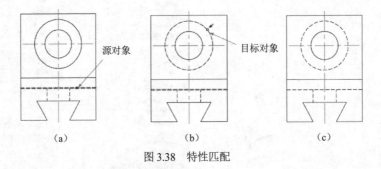

源对象

目标对象

（a）   （b）   （c）

图 3.38　特性匹配

3.4　新手问答

No.1：图案填充的操作技巧是什么？

当使用"图案填充"命令时，所使用图案的比例因子值均为 1，即为原本定义时的真实样式。然而，随着界限定义的改变，比例因子应做相应的改变，否则会使填充图案过密，或者过疏，因此在选择比例因子时可使用下列技巧进行操作。

（1）当处理较小区域的图案时，可以减小图案的比例因子值；相反地，当处理较大区域的图案填充时，可以增加图案的比例因子值。

（2）比例因子应恰当选择，而比例因子的恰当选择要视具体的图形界限的大小而定。

（3）当处理较大的填充区域时，要特别小心，如果选用的图案比例因子太小，则所产生的图案就像是使用 Solid 命令所得到的填充结果一样，这是因为在单位距离中有太多的线，不仅看起来不恰当，而且也增加了文件的长度。

（4）比例因子的取值应遵循"宁大不小"。

No.2：Hatch 图案填充时找不到范围怎么解决？

在使用 Hatch 图案填充时常常会遇到找不到线段封闭范围的情况，尤其是.dwg 文件本身比较大时，此时可以采用 Layiso（图层隔离）命令让欲填充的范围线所在的层"孤立"或"冻结"，再用 Hatch 图案填充，快速找到所需填充范围。

另外，填充图案的边界确定有一个边界集设置的问题（在高级栏下）。在默认情况下，Hatch 通过分析图形中所有闭合的对象来定义边界。对屏幕中的所有完全可见或局部可见的对象进行分析以定义边界，在复杂的图形中可能会耗费大量时间。要填充复杂图形的小区域，可以在图形中定义一个对象集，称作边界集。Hatch 不会分析边界集中未包含的对象。

3.5　上机实验

【练习1】利用布尔运算绘制如图 3.39 所示的三角铁。

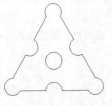

扫一扫，看视频

图 3.39　三角铁

1. 目的要求

本练习涉及的命令有"多边形""面域"和布尔运算。通过本练习，要求读者掌握面域、布尔运算的应用方法，同时复习绘图命令。

2. 操作提示

（1）利用"多边形"和"圆"命令绘制初步轮廓。

（2）利用"面域"命令将三角形以及其边上的 6 个圆转换成面域。

（3）利用"并集"命令将正三角形分别与 3 个角上的圆进行并集处理。

（4）利用"差集"命令，以三角形为主体对象，3 个边中间位置的圆为参照体，进行差集处理。

【练习 2】绘制如图 3.40 所示的滚花零件。

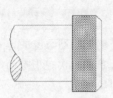

扫一扫，看视频

图 3.40　滚花零件

1．目的要求

本练习涉及的命令有"直线""圆弧"和"图案填充"。通过本练习，要求读者掌握图案填充的应用方法，同时复习绘图命令。

2．操作提示

（1）利用"直线"命令绘制零件主体部分。

（2）利用"圆弧"命令绘制零件断裂部分示意线。

（3）利用"图案填充"命令填充断面。

（4）绘制滚花表面。注意选择图案填充类型为用户定义，并单击"双向"按钮。

3.6　思考与练习

（1）同时填充多个区域，如果修改一个区域的填充图案而不影响其他区域，则（　　）。

A．将图案分解

B．在创建图案填充时选择"关联"

C．删除图案，重新对该区域进行填充

D．在创建图案填充时选择"创建独立的图案填充"

（2）使用夹点拉伸文字时，夹点原始坐标为(10,20)，拉伸距离为(@30,40)，则拉伸后的文字夹点坐标为（　　）。

A．(40,60)　　　　B．(10,20)　　　　C．(30,20)　　　　D．(10,60)

（3）创建如图 3.41 所示图形的面域，并填充图形。

（4）绘制如图 3.42 所示的图形，并填充图形。

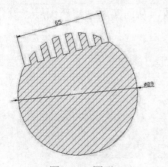

图 3.41　图形 1

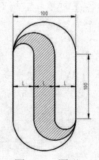

图 3.42　图形 2

第 4 章　辅助绘图工具

本章导读

为了快速准确地绘制图形，AutoCAD 提供了多种必要的辅助绘图工具，如图层、对象追踪工具、对象约束等。利用这些工具可以方便、准确地实现图形的绘制和编辑，不仅可以提高工作效率，而且还能更好地保证图形的质量。

4.1　设　置　图　层

图层的概念类似投影片，将不同属性的对象分别放置在不同的投影片（图层）上。例如，将图形的主要线段、中心线、尺寸标注等分别绘制在不同的图层上，每个图层可设定不同的线型、线条颜色，然后把不同的图层堆叠在一起成为一张完整的视图，这样可以使视图层次分明，方便图形对象的编辑与管理。一个完整的图形就是由它所包含的所有图层上的对象叠加在一起构成的，如图 4.1 所示。

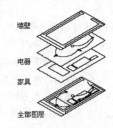

图 4.1　图层效果

4.1.1　利用对话框设置图层

AutoCAD 中提供了详细直观的"图层特性管理器"对话框，用户可以方便地通过对该对话框中的各选项及其二级对话框进行设置，从而实现创建新图层、设置图层颜色及线型的各种操作。

【执行方式】

➢ 命令行：LAYER（快捷命令：LA）。

➢ 菜单栏：选择菜单栏中的"格式"→"图层"命令。

➢ 工具栏：单击"图层"工具栏中的"图层特性管理器"按钮，如图 4.2 所示。

图 4.2　"图层"工具栏

➢ 功能区：单击"默认"选项卡"图层"面板中的"图层特性"按钮，或单击"视图"选项卡"选项板"面板中的"图层特性"按钮。

执行上述操作后，系统打开如图 4.3 所示的"图层特性管理器"对话框。

【选项说明】

（1）"新建特性过滤器"按钮：单击该按钮，可以打开"图层过滤器特性"对话框，如图 4.4 所示。从中可以基于一个或多个图层特性创建图层过滤器。

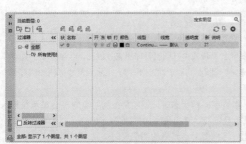

图 4.3 "图层特性管理器"对话框   图 4.4 "图层过滤器特性"对话框

（2）"新建组过滤器"按钮：单击该按钮，可以创建一个图层过滤器，其中包含用户选定并添加到该过滤器的图层。

（3）"图层状态管理器"按钮：单击该按钮，可以打开"图层状态管理器"对话框，如图 4.5 所示。从中可以将图层的当前特性设置保存到命名图层状态中，以后可以再恢复这些设置。

（4）"新建图层"按钮：单击该按钮，图层列表中出现一个新的图层名称，即"图层 1"，用户可使用此名称，也可更改名称。要想同时创建多个图层，可选中一个图层名称后输入多个名称，各名称之间以逗号分隔。图层的名称可以包含字母、数字、空格和特殊符号，AutoCAD 2024 支持长达 255 个字符的图层名称。新的图层继承了创建新图层时所选中的已有图层的所有特性（颜色、线型、开/关状态等），如果新建图层时没有图层被选中，则新图层具有默认设置。

图 4.5 "图层状态管理器"对话框

（5）"在所有视口中都被冻结的新图层视口"按钮：单击该按钮，将创建新图层，然后在所有现有布局视口中将其冻结。可以在"模型"空间或"布局"空间中访问此按钮。

（6）"删除图层"按钮：在图层列表中选中某一图层，单击该按钮，则删除该图层。

（7）"置为当前"按钮：在图层列表中选中某一图层，单击该按钮，则设置该图层为当前图层，并在"当前图层"列中显示其名称。当前层的名称存储在系统变量 CLAYER 中。此外，双击图层名也可将其设置为当前图层。

（8）"搜索图层"文本框：输入字符时，按名称快速过滤图层列表。关闭"图层特性管理器"时并不保存此过滤器。

（9）"反转过滤器"复选框：勾选该复选框，会显示所有不满足选定图层特性过滤器中条件的图层。

（10）图层列表区：显示已有的图层及其特性。要修改某一图层的某一特性，单击它所对应的图标即可。右击空白区域或利用快捷菜单可快速选中所有图层。列表区中各列的含义如下。

➤ 状态：指示项目的类型，有图层过滤器、正在使用的图层、空图层或当前图层四种。

➤ 名称：显示满足条件的图层名称。如果要对某图层修改，首先要选中该图层的名称。

➤ 状态转换图标：在"图层特性管理器"对话框的图层列表中有一列图标，单击这些图标，可以打开或关闭该图标所代表的功能，各图标功能说明见表 4.1。

表 4.1 图 标 功 能

图示	名　称	功 能 说 明
	打开 / 关闭	将图层设定为打开或关闭状态。当呈现关闭状态时，该图层上的所有对象将隐藏不显示，只有处于打开状态的图层会在绘图区上显示或由打印机打印出来。因此，绘制复杂的视图时，先将不编辑的图层暂时关闭，可降低图形的复杂性。如图 4.6 所示为尺寸标注图层打开和关闭的情形
	解冻 / 冻结	将图层设定为解冻或冻结状态。当呈现冻结状态时，该图层上的对象均不会显示在绘图区上，也不能由打印机打出，而且不会执行重生（REGEN）、缩放（EOOM）、平移（PAN）等命令的操作，因此若将视图中不编辑的图层暂时冻结，可加快执行绘图编辑的速度。而 💡 / 💡（打开 / 关闭）功能只是单纯地将对象隐藏，因此并不会加快执行速度
	解锁 / 锁定	将图层设定为解锁或锁定状态。被锁定的图层仍然显示在绘图区，但不能编辑修改被锁定的对象，只能绘制新的图形，这样可防止重要的图形被修改
	打印 / 不打印	设定该图层是否可以打印图形
	新视口冻结/视口解冻	仅在当前布局视口中冻结选定的图层。如果图层在图形中已冻结或关闭，则无法在当前视口中解冻该图层

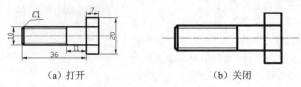

（a）打开　　　　　　　　　　　（b）关闭

图 4.6　打开或关闭尺寸标注图层

➤ 颜色：显示和改变图层的颜色。如果要改变某一图层的颜色，单击其对应的颜色图标，AutoCAD 系统会打开如图 4.7 所示的"选择颜色"对话框，用户可从中选择需要的颜色。

➤ 线型：显示和修改图层的线型。如果要修改某一图层的线型，单击该图层的"线型"项，系统会打开"选择线型"对话框，如图 4.8 所示，其中列出了当前可用的线型，用户可从中选择。

➤ 线宽：显示和修改图层的线宽。如果要修改某一图层的线宽，单击该图层的"线宽"项，打开"线宽"对话框，如图 4.9 所示，其中列出了 AutoCAD 设定的线宽，用户可从中进行选择。其中"线宽"列表

图 4.7　"选择颜色"对话框

框中显示可以选用的线宽值，用户可从中选择需要的线宽。"旧的"显示行显示前面赋予图层的线宽，当创建一个新图层时，采用默认线宽（其值为 0.01in，即 0.25mm），默认线宽的值由系统变量 LWDEFAULT 设置；"新的"显示行显示赋予图层的新线宽。

➤ 打印样式：打印图形时各项属性的设置。

高手点拨：

　　合理利用图层，可以事半功倍。在开始绘制图形时，就预先设置一些基本图层。每个图层锁定自己的专门用途，这样我们只需绘制一份图形文件，就可以组合出许多需要的图纸，需要修改时也可针对各个图层进行修改。

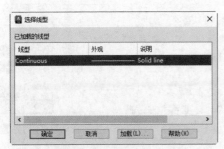

图 4.8 "选择线型"对话框

图 4.9 "线宽"对话框

4.1.2 利用功能区设置图层

AutoCAD 2024 提供了一个"特性"面板,如图 4.10 所示。用户可以利用面板上的图标快速查看和改变所选对象的图层、颜色、线型和线宽特性。"特性"面板上的图层颜色、线型、线宽和打印样式的控制增强了查看和编辑对象属性的命令。在绘图区选择任何对象,都将在面板上自动显示它所在图层、颜色、线型等属性。"特性"面板各部分的功能介绍如下。

图 4.10 "特性"面板

(1)"对象颜色"下拉列表框:单击右侧的向下箭头,用户可从打开的选项列表中选择一种颜色,使之成为当前颜色,如果选择"选择颜色"选项,系统则会打开"选择颜色"对话框以选择其他颜色。修改当前颜色后,无论在哪个图层上,绘图都采用这种颜色,但对各个图层的颜色没有影响。

(2)"线型"下拉列表框:单击右侧的向下箭头,用户可从打开的选项列表中选择一种线型,使之成为当前线型。修改当前线型后,无论在哪个图层上,绘图都采用这种线型,但对各个图层的线型设置没有影响。

(3)"线宽"下拉列表框:单击右侧的向下箭头,用户可从打开的选项列表中选择一种线宽,使之成为当前线宽。修改当前线宽后,无论在哪个图层上,绘图都采用这种线宽,但对各个图层线宽设置没有影响。

(4)"打印样式"下拉列表框:单击右侧的向下箭头,用户可从打开的选项列表中选择一种打印样式,使之成为当前打印样式。

4.2 设 置 颜 色

AutoCAD 绘制的图形对象都具有一定的颜色,为使绘制的图形清晰表达,可把同一类的图形对象用相同的颜色绘制,而使不同类的对象具有不同的颜色,以示区分,这样就需要适当地对颜色进行设置。AutoCAD 允许用户设置图层颜色,为新建的图形对象设置当前颜色,还可以改变已有图形对象的颜色。

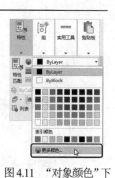

【执行方式】

➢ 命令行：COLOR（快捷命令：COL）。

➢ 菜单栏：选择菜单栏中的"格式"→"颜色"命令。

➢ 功能区：单击"默认"选项卡"特性"面板中的"对象颜色"下拉菜单中的"更多颜色"按钮 ，如图 4.11 所示。

【选项说明】

执行上述操作后，系统打开如图 4.7 所示的"选择颜色"对话框。

1. "索引颜色"选项卡

图 4.11　"对象颜色"下拉列表

单击此选项卡，可以在系统所提供的 255 种颜色索引表中选择所需要的颜色，如图 4.7 所示。

（1）"AutoCAD 颜色索引"列表框：依次列出了 255 种索引颜色，在此列表框中可以选择所需要的颜色。

（2）"颜色"文本框：所选择的颜色代号值显示在"颜色"文本框中，也可以直接在该文本框中输入自己设定的代号值来选择颜色。

（3）ByLayer 和 ByBlock 按钮：单击这两个按钮，颜色分别按图层和图块进行设置。这两个按钮只有在设定了图层颜色和图块颜色后才可以使用。

2. "真彩色"选项卡

单击此选项卡，可以选择需要的任意颜色，如图 4.12 所示。❶可以拖动调色板中的颜色指示光标和亮度滑块选择颜色及其亮度；❷也可以通过"色调""饱和度"和"亮度"的调节按钮来选择需要的颜色。所选颜色的红、绿、蓝值显示在下面的"RGB 颜色"文本框中；❸也可以直接在该文本框中输入自己设定的红、绿、蓝值来选择颜色。

在此选项卡中还有一个"颜色模式"下拉列表框，默认的颜色模式为 HSL 模式，即图 4.12 所示的模式。RGB 模式也是常用的一种颜色模式，如图 4.13 所示。

3. "配色系统"选项卡

单击此选项卡，可以从标准配色系统（如 Pantone）中选择预定义的颜色，如图 4.14 所示。❶在"配色系统"下拉列表框中选择需要的系统；❷然后拖动右边的滑块来选择具体的颜色，所选颜色编号显示在下面的"颜色"文本框中；❸也可以直接在该文本框中输入编号值来选择颜色。

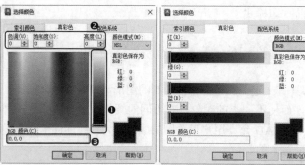

图 4.12　"真彩色"选项卡

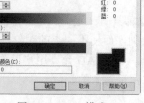

图 4.13　RGB 模式

图 4.14　"配色系统"选项卡

4.3　设 置 线 宽

【执行方式】

➢ 命令行：LWEIGHT。

➢ 菜单栏：选择菜单栏中的"格式"→"线宽"命令。

➢ 功能区：单击"默认"选项卡"特性"面板中的"线宽"下拉菜单中的"线宽设置"按钮。

【操作步骤】

命令行提示与操作如下：

命令：LWEIGHT✓

单击相应的菜单项或在命令行输入 LWEIGHT 命令后按 Enter 键，AutoCAD 会打开如图 4.15 所示的"线宽设置"对话框。

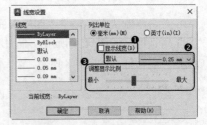

图 4.15　"线宽设置"对话框

【选项说明】

"线宽设置"对话框中各主要选项的功能如下。

（1）❶"显示线宽"复选框：确定是否按用户设置的线宽显示所绘图形（也可以通过单击状态栏中的 ☰（显示/隐藏线宽）按钮，实现是否使所绘图形按指定的线宽显示切换）。

（2）❷"默认"下拉列表框：设置默认绘图线宽。

（3）❸"调整显示比例"滑块：确定线宽的显示比例，通过对应的滑块调整即可。

高手点拨：

如果通过"线宽设置"对话框设置了某一具体线宽，那么在此之后所绘图形对象的线宽总是该线宽，与图层的线宽没有任何关系，但是建议读者将绘图线宽设为 ByLayer（随层）。

4.4　图层的线型

在《机械制图　图样画法　图线》（GB/T 4457.4—2002）中，对机械图样中使用的各种图线名称、线型、线宽以及在图样中的应用做了规定，见表 4.2。

表 4.2　图线的形式及应用

图线名称	线　型	线宽	主　要　用　途
粗实线	▬▬▬▬▬	b	可见轮廓线、可见过渡线
细实线	———	约 $b/3$	尺寸线、尺寸界线、剖面线、引出线、弯折线、牙底线、齿根线、辅助线等
细点画线	— - — - —	约 $b/3$	轴线、对称中心线、齿轮节线等
虚线	- - - - -	约 $b/3$	不可见轮廓线、不可见过渡线
波浪线	～～～～	约 $b/3$	断裂处的边界线、剖视与视图的分界线
双折线	—／\／——	约 $b/3$	断裂处的边界线

续表

图线名称	线 型	线宽	主 要 用 途
粗点画线	■—■—■—■	b	有特殊要求的线或面的表示线
双点画线	—— — — ——	约 $b/3$	相邻辅助零件的轮廓线、极限位置的轮廓线、假想投影的轮廓线

其中常用的图线有 4 种，即粗实线、细实线、虚线、细点画线。图线分为粗、细两种，粗线的宽度 b 应按图样的大小和图形的复杂程度，在 0.5～2mm 之间选择，细线的宽度约为 $b/3$。

4.4.1 在"图层特性管理器"对话框中设置线型

单击"默认"选项卡"图层"面板中的"图层特性"按钮，打开"图层特性管理器"对话框，如图 4.3 所示。在图层列表的"线型"列下单击线型名，系统打开"选择线型"对话框，如图 4.8 所示，对话框中选项的含义如下。

图 4.16 "加载或重载线型"对话框

（1）"已加载的线型"列表框：显示在当前绘图中加载的线型，可供用户选用，其右侧显示线型的形式。

（2）"加载"按钮：单击该按钮，打开"加载或重载线型"对话框，如图 4.16 所示，用户可通过此对话框加载线型并将其添加到"线型"列中。但要注意，加载的线型必须在线型库（LIN）文件中定义过。标准线型都保存在 acadiso.lin 文件中。

4.4.2 直接设置线型

【执行方式】

> 命令行：LINETYPE。
> 功能区：单击"默认"选项卡的"特性"面板中的"线型"下拉菜单中的"其他"按钮。

在命令行输入上述命令后按 Enter 键，系统打开"线型管理器"对话框，如图 4.17 所示，用户可在该对话框中设置线型。该对话框中的选项含义与前面介绍的选项含义相同，此处不再赘述。

图 4.17 "线型管理器"对话框

4.5 对 象 追 踪

对象追踪是指按指定角度或与其他对象建立指定关系绘制对象。可以结合对象捕捉功能进行自动追踪，也可以指定临时点进行临时追踪。利用自动追踪功能，可以对齐路径，有助于以精确的位置和角度创建对象。自动追踪包括 "对象捕捉追踪"和"极轴追踪"两种追踪方式。

4.5.1 对象捕捉追踪

"对象捕捉追踪"是指以捕捉到的特殊位置点为基点，按指定的极轴角或极轴角的倍数对齐要指定点的路径。

"对象捕捉追踪"必须配合"对象捕捉"功能一起使用，即同时单击状态栏中的"对象捕捉"按钮□和"对象捕捉追踪"按钮✓。

【执行方式】

- ➤ 命令行：DDOSNAP。
- ➤ 菜单栏：选择菜单栏中的"工具"→"绘图设置"命令。
- ➤ 工具栏：单击"对象捕捉"工具栏中的"对象捕捉设置"按钮∩。
- ➤ 状态栏：单击状态栏中的"对象捕捉"按钮□和"对象捕捉追踪"按钮✓。
- ➤ 快捷键：F11。
- ➤ 快捷菜单：选择快捷菜单中的"对象捕捉设置"命令。

执行上述操作后，或在"对象捕捉"按钮□与"对象捕捉追踪"按钮✓上右击，选择快捷菜单中的"设置"命令，系统打开"草图设置"对话框的"对象捕捉"选项卡，勾选"启用对象捕捉追踪"复选框，即可完成对象捕捉追踪的设置。

4.5.2 实例——绘制方头平键

本实例绘制如图 4.18 所示的方头平键。

扫一扫，看视频

【操作步骤】

（1）单击"默认"选项卡"绘图"面板中的"矩形"按钮 □ ，绘制主视图外形。命令行提示与操作如下：

```
命令：RECTANG ✓
指定第一个角点或[倒角(C)/标高(E)/圆角(F)/厚度(T)/宽度(W)]：（在屏幕适当位置指定一点）
指定另一个角点或[面积(A)/尺寸(D)/旋转(R)]：@100,11 ✓
```

结果如图 4.19 所示。

图 4.18 方头平键　　　　　图 4.19 绘制主视图外形

（2）同时单击状态栏中的"对象捕捉"按钮□和"对象捕捉追踪"按钮✓，启动对象捕捉追踪功能。单击"默认"选项卡"绘图"面板中的"直线"按钮 ╱，绘制主视图棱线。命令行提示与操作如下：

```
命令：LINE ✓
指定第一个点：FROM ✓（捕捉自某点）
基点：（捕捉矩形左上角点，如图 4.20 所示）<偏移>：@0,-2 ✓
指定下一点或[放弃(U)]：（鼠标右移，捕捉矩形右边上的垂足，如图 4.21 所示）
```

使用相同的方法以矩形左下角点为基点，向上偏移两个单位，利用基点捕捉绘制下边的另一条棱线，结果如图 4.22 所示。

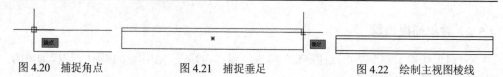

图 4.20　捕捉角点　　　　　　　图 4.21　捕捉垂足　　　　　　　图 4.22　绘制主视图棱线

（3）打开"草图设置"对话框中的"极轴追踪"选项卡，设置"增量角"为 90，"对象捕捉追踪设置"为"仅正交追踪"。

（4）单击"默认"选项卡"绘图"面板中的"矩形"按钮 ▭，绘制俯视图外形。命令行提示与操作如下：

命令：RECTANG↙

指定第一个角点或[倒角(C)/标高(E)/圆角(F)/厚度(T)/宽度(W)]:（捕捉上面绘制的矩形左下角点，系统显示追踪线，沿追踪线向下在适当位置指定一点，如图 4.23 所示）

指定另一个角点或[面积(A)/尺寸(D)/旋转(R)]: @100,18↙

结果如图 4.24 所示。

（5）单击"默认"选项卡"绘图"面板中的"直线"按钮 ╱，结合基点捕捉功能绘制俯视图棱线，偏移距离为 2，结果如图 4.25 所示。

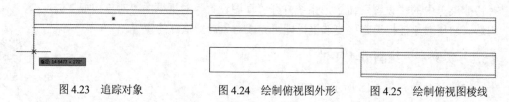

图 4.23　追踪对象　　　　　　图 4.24　绘制俯视图外形　　　　图 4.25　绘制俯视图棱线

（6）单击"默认"选项卡"绘图"面板中的"构造线"按钮 ⟍，绘制左视图构造线。首先指定适当一点绘制-45° 构造线，继续绘制构造线，命令行提示与操作如下：

命令：XLINE↙

指定点或[水平(H)/垂直(V)/角度(A)/二等分(B)/偏移(O)]:（捕捉俯视图右上角点，在水平追踪线上指定一点，如图 4.26 所示）

指定通过点:（打开状态栏中的"正交"开关，指定水平方向一点为斜线与第四条水平线的交点）

使用同样的方法绘制另一条水平构造线。再捕捉两条水平构造线与斜构造线的交点为指定点绘制两条竖直构造线，如图 4.27 所示。

图 4.26　绘制左视图构造线　　　　　图 4.27　完成左视图构造线的绘制

（7）单击"默认"选项卡"绘图"面板中的"矩形"按钮 ▭，绘制左视图。命令行提示与操作如下：

命令：_RECTANG↙

指定第一个角点或[倒角(C)/标高(E)/圆角(F)/厚度(T)/宽度(W)]: C↙

指定矩形的第一个倒角距离 <0.0000>: 2

指定矩形的第一个倒角距离 <0.0000>: 2

指定第一个角点或[倒角(C)/标高(E)/圆角(F)/厚度(T)/宽度(W)]:(捕捉主视图矩形上边延长线与第一条竖直构造线的交点,如图4.28所示)

指定另一个角点或[面积(A)/尺寸(D)/旋转(R)]: (捕捉主视图矩形下边延长线与第二条竖直构造线的交点)

结果如图 4.29 所示。

(8)选取图中的构造线,按 Delete 键,删除构造线,最终结果如图 4.18 所示。

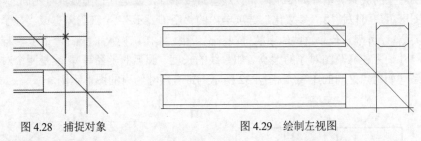

图 4.28　捕捉对象　　　　　　　　图 4.29　绘制左视图

4.5.3　极轴追踪设置

"极轴追踪"是指按指定的极轴角或极轴角的倍数对齐要指定点的路径。

"极轴追踪"必须配合"对象捕捉"功能一起使用,即同时单击状态栏中的"极轴追踪"按钮和"对象捕捉"按钮。

【执行方式】

➢ 命令行:DDOSNAP。
➢ 菜单栏:选择菜单栏中的"工具"→"绘图设置"命令。
➢ 工具栏:单击"对象捕捉"工具栏中的"对象捕捉设置"按钮。
➢ 状态栏:单击状态栏中的"对象捕捉"按钮和"极轴追踪"按钮。
➢ 快捷键:F10。
➢ 快捷菜单:在快捷菜单中选择"对象捕捉设置"命令。

执行上述操作或在"极轴追踪"按钮上右击,选择快捷菜单中的"设置"命令,
❶系统打开如图 4.30 所示的"草图设置"对话框中的"极轴追踪"选项卡。

【选项说明】

(1)❷"启用极轴追踪"复选框:勾选该复选框,即可启用极轴追踪功能。

(2)❸"极轴角设置"选项组:设置极轴角的值,可以在"增量角"下拉列表框中选择一种角度值,也可以勾选"附加角"复选框。单击"新建"按钮设置任意附加角,系统在进行极轴追踪时,同时追踪增量角和附加角,可以设置多个附加角。

(3)❹"对象捕捉追踪设置"和"极轴角测量"选项组:按界面提示设置相应单选选项。利用自动追踪功能可以完成三视图的绘制。

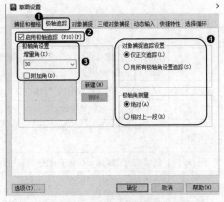

图 4.30　"极轴追踪"选项卡

4.6 对象约束

约束能够精确地控制草图中的对象。草图约束有几何约束和尺寸约束两种类型。

几何约束建立草图对象的几何特性（如要求某一直线具有固定长度），或是两个或更多草图对象的关系类型（如要求两条直线垂直或平行，或是几个圆弧具有相同的半径）。在绘图区用户可以使用"参数化"选项卡内的"全部显示""全部隐藏"或"显示"来显示有关信息，并显示代表这些约束的直观标记，图 4.31 所示为水平标记 ⚏ 和共线标记 ⟋。

尺寸约束建立草图对象的大小（如直线的长度、圆弧的半径等），或是两个对象之间的关系（如两点之间的距离）。图 4.32 所示为带有尺寸约束的图形示例。

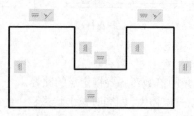

图 4.31　"几何约束"示意图

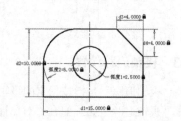

图 4.32　"尺寸约束"示意图

4.6.1　建立几何约束

利用几何约束工具可以指定草图对象必须遵守的条件，或是草图对象之间必须维持的关系。"参数化"选项卡中的"几何约束"面板及工具栏如图 4.33 所示，其主要几何约束选项功能见表 4.3。

图 4.33　"几何约束"面板及工具栏

表 4.3　主要几何约束选项功能

约束模式	功　　能
重合 ∟	约束两个点使其重合，或约束一个点使其位于曲线（或曲线的延长线）上。可以使对象上的约束点与某个对象重合，也可以使其与另一对象上的约束点重合
共线 ⟋	使两条或多条直线段沿同一直线方向，使它们共线
同心 ◎	将两个圆弧、圆或椭圆约束到同一个中心点，结果与将重合约束应用于曲线的中心点所产生的效果相同
固定 🔒	将几何约束应用于一对对象时，选择对象的顺序以及选择每个对象的点可能会影响对象彼此间的放置方式
平行 ∥	使选定的直线位于彼此平行的位置，平行约束在两个对象之间应用
垂直 ＜	使选定的直线位于彼此垂直的位置，垂直约束在两个对象之间应用
水平 ⚏	使直线或点位于与当前坐标系 X 轴平行的位置，默认选择类型为对象
竖直 ‖	使直线或点位于与当前坐标系 Y 轴平行的位置

续表

约束模式	功　能
相切 ⌒	将两条曲线约束为保持彼此相切或其延长线保持彼此相切，相切约束在两个对象之间应用
平滑 ⤬	将样条曲线约束为连续，并与其他样条曲线、直线、圆弧或多段线保持连续性
对称 ⫩	使选定对象受对称约束，相对于选定直线对称
相等 ＝	将选定圆弧和圆的尺寸重新调整为半径相同，或将选定直线的尺寸重新调整为长度相同

在绘图过程中可指定二维对象或对象上点之间的几何约束。在编辑受约束的几何图形时，将保留约束，因此，通过使用几何约束，可以在图形中包括设计要求。

4.6.2 设置几何约束

在使用 AutoCAD 进行绘图时，可以控制约束栏的显示，利用"约束设置"对话框可以控制约束栏中显示或隐藏的几何约束类型。单独或全局显示（或隐藏）几何约束和约束栏，可执行以下操作。

➢ 显示（或隐藏）所有的几何约束。
➢ 显示（或隐藏）指定类型的几何约束。
➢ 显示（或隐藏）所有与选定对象相关的几何约束。

【执行方式】

➢ 命令行：CONSTRAINTSETTINGS（快捷命令：CSETTINGS）。
➢ 菜单栏：选择菜单栏中的"参数"→"约束设置"命令。
➢ 功能区：单击"参数化"选项卡"几何"面板中的"约束设置，几何"按钮 ⬎ 。
➢ 工具栏：单击"参数化"工具栏中的"约束设置"按钮 ⟨ 。

执行上述操作后，系统打开"约束设置"对话框，❶单击"几何"选项卡，如图 4.34 所示，利用此对话框可以控制约束栏中约束类型的显示。

图 4.34　"约束设置"对话框

【选项说明】

（1）❷"约束栏显示设置"选项组：此选项组控制图形编辑器中是否为对象显示约束栏或约束点标记。例如，可以为水平约束和竖直约束隐藏约束栏的显示。

（2）❸"全部选择"按钮：选择全部几何约束类型。

（3）❹"全部清除"按钮：清除所有选定的几何约束类型。

（4）❺"仅为处于当前平面中的对象显示约束栏"复选框：勾选此复选框，仅为当前平面上受几何约束的对象显示约束栏。

（5）❻"约束栏透明度"选项组：设置图形中约束栏的透明度。

（6）❼"将约束应用于选定对象后显示约束栏"复选框：手动应用约束或使用 AUTOCONSTRAIN 命令时，显示相关约束栏。

4.6.3 实例——绘制同心相切圆

本实例绘制如图 4.35 所示的同心相切圆。

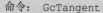

【操作步骤】

（1）单击"默认"选项卡"绘图"面板中的"圆"按钮 ⊙，以适当半径绘制 4 个圆，绘制结果如图 4.36 所示。

（2）单击"参数化"选项卡"几何"面板中的"相切"按钮 ◇，命令行提示与操作如下：

图 4.35　同心相切圆

```
命令：_GcTangent
选择第一个对象：（选择圆 1）
选择第二个对象：（选择圆 2）
```

系统自动将圆 2 向左移动与圆 1 相切，结果如图 4.37 所示。

（3）单击"参数化"选项卡"几何"面板中的"同心"按钮 ◎，命令行提示与操作如下：

```
命令：_GcConcentric
选择第一个对象：（选择圆 1）
选择第二个对象：（选择圆 3）
```

系统自动建立圆 1 与圆 3 同心的几何关系，结果如图 4.38 所示。

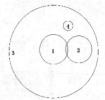

图 4.36　绘制圆

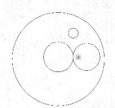

图 4.37　建立圆 1 与圆 2
的相切关系

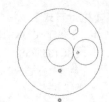

图 4.38　建立圆 1 与圆 3 的
同心关系

（4）采用同样的方法，使圆 3 与圆 2 建立相切几何约束，结果如图 4.39 所示。

（5）采用同样的方法，使圆 1 与圆 4 建立相切几何约束，结果如图 4.40 所示。

（6）采用同样的方法，使圆 4 与圆 2 建立相切几何约束，结果如图 4.41 所示。

（7）采用同样的方法，使圆 3 与圆 4 建立相切几何约束，最终结果如图 4.35 所示。

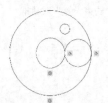

图 4.39　建立圆 3 与圆 2
的相切关系

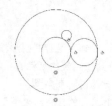

图 4.40　建立圆 1 与圆 4
的相切关系

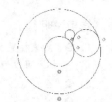

图 4.41　建立圆 4 与圆 2
的相切关系

4.6.4　建立尺寸约束

建立尺寸约束可以限制图形几何对象的大小，也就是与在草图上标注尺寸相似，同样设置尺寸标注线，与此同时也会建立相应的表达式，不同的是，可以在后续的编辑工作中实现尺寸的参数化驱动。"标注"面板及工具栏（其面板在"二维草图与注释"工作空间"参数化"选项卡的"标注"面板中）如图 4.42 所示。

在生成尺寸约束时，用户可以选择草图曲线、边、基准平面或基准轴上的点，以生成水平、竖直、平行、垂直和角度尺寸。

生成尺寸约束时，系统会生成一个表达式，其名称和值显示在一个文本框中，如图 4.43 所示，用户可以在其中编辑该表达式的名和值。

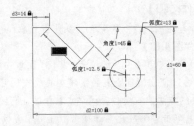

图 4.42　"标注"面板　　　　　　　　图 4.43　编辑尺寸约束示意图

生成尺寸约束时，只要选中了几何体，其尺寸及其延伸线和箭头就会全部显示出来。将尺寸拖动到位，然后单击，就完成了尺寸约束的添加。完成尺寸约束的添加后，用户还可以随时更改尺寸约束，只需在绘图区选中该值后双击，就可以使用生成过程中所采用的方式编辑其名称、值或位置。

4.6.5　设置尺寸约束

在使用 AutoCAD 进行绘图时，使用"约束设置"对话框中的"标注"选项卡可以控制显示标注约束时的系统配置，标注约束控制设计的大小和比例。尺寸约束的具体内容如下。

➢ 对象之间或对象上点之间的距离。
➢ 对象之间或对象上点之间的角度。

【执行方式】
➢ 命令行：CONSTRAINTSETTINGS（快捷命令：CSETTINGS）。
➢ 菜单栏：选择菜单栏中的"参数"→"约束设置"命令。
➢ 功能区：单击"参数化"选项卡中的"约束设置，标注"按钮 ⬏。
➢ 工具栏：单击"参数化"工具栏中的"约束设置"按钮 ⎗。

执行上述操作后，系统打开"约束设置"对话框，❶单击"标注"选项卡，如图 4.44 所示。利用此对话框可以控制约束栏中约束类型的显示。

【选项说明】
（1）❷"标注约束格式"选项组：该选项组内可以设置标注名称格式和锁定图标的显示。
（2）❸"标注名称格式"下拉列表框：为应用标

图 4.44　"标注"选项卡

注约束时显示的文字指定格式。将名称格式设置为显示名称、值、名称和表达式，如宽度=长度/2。

（3）❹"为注释性约束显示锁定图标"复选框：针对已应用注释性约束的对象显示锁定图标。

（4）❺"为选定对象显示隐藏的动态约束"复选框：显示选定时已设置为隐藏的动态约束。

4.6.6　实例——利用尺寸驱动更改方头平键尺寸

本实例绘制如图 4.45 所示的方头平键。

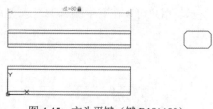

【操作步骤】

（1）打开"源文件/第 4 章/方头平键轮廓（键 B18×100）"，如图 4.18 所示。

（2）单击"参数化"选项卡"几何"面板中的"共线"按钮 ，使左端各竖直直线建立共线的几何约束。采用同样的方法使右端各直线建立共线的几何约束。

图 4.45　方头平键（键 B18×80）

（3）单击"参数化"选项卡"几何"面板中的"相等"按钮 ，使最上端水平线与下端各条水平线建立相等的几何约束。

（4）单击"参数化"选项卡"几何"面板中的"竖直"按钮 ，对俯视图中右端竖直线添加竖直几何约束。

（5）单击"参数化"选项卡"标注"面板中的"线性"按钮的下拉列表中的"水平"按钮 ，更改水平尺寸，命令行提示与操作如下：

```
命令：_DcHorizontal
指定第一个约束点或[对象(O)] <对象>：（选择最上端直线的左端）
指定第二个约束点：（选择最上端直线的右端）
指定尺寸线位置：（在合适位置单击）
标注文字 = 100：80
```

（6）系统自动将长度调整为 80，最终结果如图 4.45 所示。

4.7　综合演练——绘制泵轴

本实例利用"直线"命令绘制泵轴轮廓，利用上面所学的对象约束，通过几何约束和尺寸约束完成泵轴的绘制，如图 4.46 所示。

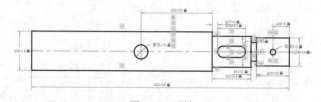

图 4.46　泵轴

【操作步骤】

1. 图层设置

（1）单击"默认"选项卡"图层"面板中的"图层特性"按钮 ，打开"图层特性管理器"对话框。

（2）单击"新建图层"按钮 ，创建一个新图层，将该图层命名为"中心线"。

（3）❶单击"中心线"图层对应的"颜色"列，打开"选择颜色"对话框，如图 4.47 所示。
❷选择红色为该图层颜色，❸单击"确定"按钮，返回"图层特性管理器"对话框。

（4）单击"中心线"图层对应的"线型"列，打开"选择线型"对话框，如图 4.48 所示。

图 4.47　"选择颜色"对话框

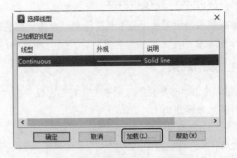

图 4.48　"选择线型"对话框

（5）在"选择线型"对话框中单击"加载"按钮，系统打开"加载或重载线型"对话框，
❶选择 CENTER 线型，如图 4.49 所示，❷单击"确定"按钮。在"选择线型"对话框中选择 CENTER
（点画线）为该图层线型，单击"确定"按钮，返回"图层特性管理器"对话框。

（6）单击"中心线"图层对应的"线宽"列，打开"线宽"对话框，如图 4.50 所示。❶选择
0.09mm 线宽，❷单击"确定"按钮。

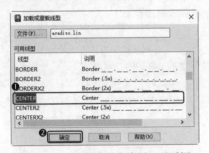

图 4.49　"加载或重载线型"对话框

图 4.50　"线宽"对话框

（7）采用相同的方法再创建两个新图层，分别命名为"轮廓线"和"尺寸线"。"轮廓线"图
层的颜色设置为白色，线型为 Continuous（实线），线宽为 0.30mm；"尺寸线"图层的颜色设置为
蓝色，线型为 Continuous，线宽为 0.09mm。设置完成后，使 3 个图层均处于打开、解冻和解锁状
态，各项设置如图 4.51 所示。

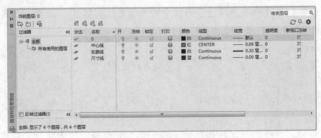

图 4.51　新建图层的各项设置

2．绘制中心线

将当前图层设置为"中心线"图层，单击"默认"选项卡"绘图"面板中的"直线"按钮 ／，绘制泵轴的水平中心线。

3．绘制泵轴的外轮廓线

将当前图层设置为"轮廓线"图层。单击"默认"选项卡"绘图"面板中的"直线"按钮 ／，绘制如图 4.52 所示的泵轴外轮廓线，尺寸无须精确。

4．添加约束

（1）单击"参数化"选项卡"几何"面板中的"固定"按钮 🔒，添加水平中心线的固定约束，命令行提示与操作如下：

命令：_GcFix
选择点或[对象(O)] <对象>：（选取水平中心线）

结果如图 4.53 所示。

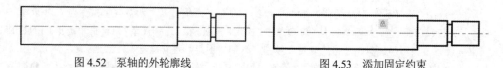

图 4.52　泵轴的外轮廓线　　　　　　　　图 4.53　添加固定约束

（2）单击"参数化"选项卡"几何"面板中的"重合"按钮 ⊥，选取左端竖直线的上端点和最上端水平直线的左端点添加重合约束。命令行提示与操作如下：

命令：_GcCoincident
选择第一个点或[对象(O)/自动约束(A)] <对象>：（选取左端竖直线的上端点）
选择第二个点或[对象(O)] <对象>：（选取最上端水平直线的左端点）

采用相同的方法添加各个端点之间的重合约束，结果如图 4.54 所示。

（3）单击"参数化"选项卡"几何"面板中的"共线"按钮 ✕，添加轴肩竖直线的共线约束，结果如图 4.55 所示。

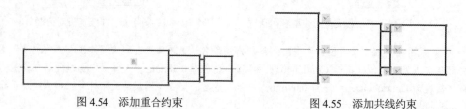

图 4.54　添加重合约束　　　　　　　　图 4.55　添加共线约束

（4）单击"参数化"选项卡"标注"面板中的"竖直"按钮 🔒，选择左侧第一条竖直线的两端点进行尺寸约束，命令行提示与操作如下：

命令：_DcVertical
指定第一个约束点或[对象(O)] <对象>：（选取竖直线的上端点）
指定第二个约束点：（选取竖直线的下端点）
指定尺寸线位置：（指定尺寸线的位置）
标注文字 = 19

更改尺寸值为 14，直线的长度根据尺寸进行变化。采用相同的方法对其他线段添加竖直尺寸约束，结果如图 4.56 所示。

（5）单击"参数化"选项卡"标注"面板中的"水平"按钮，对泵轴外轮廓尺寸进行约束设置，命令行提示与操作如下：

```
命令：_DcHorizontal
指定第一个约束点或[对象(O)] <对象>：（指定第一个约束点）
指定第二个约束点：（指定第二个约束点）
指定尺寸线位置：（指定尺寸线的位置）
标注文字 = 12.56
```

更改尺寸值为 12，直线的长度根据尺寸进行变化。采用相同的方法对其他线段添加水平尺寸约束，结果如图 4.57 所示。

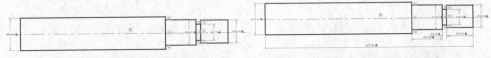

图 4.56　添加竖直尺寸约束　　　　　　图 4.57　添加水平尺寸约束

（6）单击"参数化"选项卡"几何"面板中的"对称"按钮，添加上下两条水平直线相对于水平中心线的对称约束关系，命令行提示与操作如下：

```
命令：_GcSymmetric
选择第一个对象或[两点(2P)] <两点>：（选取右侧上端水平直线）
选择第二个对象：（选取右侧下端水平直线）
选择对称直线：（选取水平中心线）
```

采用相同的方法添加其他三个轴段相对于水平中心线的对称约束关系，结果如图 4.58 所示。

5．绘制泵轴的键槽

（1）将"轮廓线"图层设置为当前图层。单击"默认"选项卡"绘图"面板中的"直线"按钮，在第二轴段内适当位置绘制两条水平直线。

（2）单击"默认"选项卡"绘图"面板中的"圆弧"按钮，在直线的两端绘制圆弧，结果如图 4.59 所示。

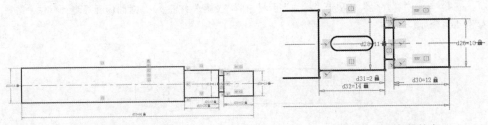

图 4.58　添加对称约束　　　　　　图 4.59　绘制键槽轮廓

（3）单击"参数化"选项卡"几何"面板中的"重合"按钮，分别添加直线端点与圆弧端点的重合约束关系。

（4）单击"参数化"选项卡"几何"面板中的"对称"按钮，添加键槽上下两条水平直线相对于水平中心线的对称约束关系。

（5）单击"参数化"选项卡"几何"面板中的"相切"按钮，添加直线与圆弧之间的相切约束关系，结果如图 4.60 所示。

（6）单击"参数化"选项卡"标注"面板中的"线性"按钮，对键槽进行线性尺寸约束。

（7）单击"参数化"选项卡"标注"面板中的"半径"按钮，更改半径尺寸为2，结果如图 4.61 所示。

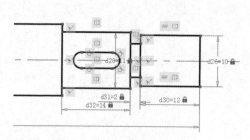

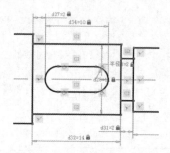

图 4.60　添加键槽的几何约束　　　　图 4.61　添加键槽的尺寸约束

6. 绘制孔

（1）将当前图层设置为"中心线"图层，单击"默认"选项卡"绘图"面板中的"直线"按钮，在第一轴段和最后一轴段的适当位置绘制竖直中心线。

（2）单击"参数化"选项卡"标注"面板中的"线性"按钮，对竖直中心线进行线性尺寸约束，结果如图 4.62 所示。

（3）将当前图层设置为"轮廓线"图层，单击"默认"选项卡"绘图"面板中的"圆"按钮，在竖直中心线和水平中心线的交点处绘制圆，结果如图 4.63 所示。

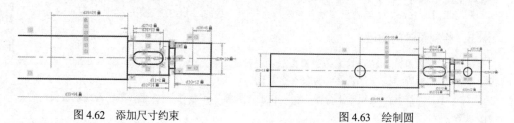

图 4.62　添加尺寸约束　　　　　　　　图 4.63　绘制圆

（4）单击"参数化"选项卡"标注"面板中的"直径"按钮，对圆的直径进行标注，结果如图 4.64 所示。

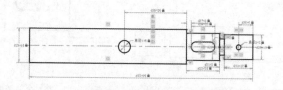

图 4.64　标注直径尺寸

新手注意：

　　图层的使用技巧：在画图时，所有图元的各种属性都尽量跟层走。不要出现"这根线是 WA 层的，颜色却是黄色，线型又变成了点画线"的情况。尽量保持图元的属性和图层属性一致，也就是说，尽可能使图元属性都是 ByLayer。在需要修改某一属性时，可以统一修改当前图层属性。这样有助于图面的清晰、准确和提高效率。

新手注意：

在进行几何约束和尺寸约束时，注意约束顺序，如果约束出错，可以根据需求适当添加几何约束。

4.8 新手问答

No.1：如何删除顽固图层？

方法 1：将无用的图层关闭，然后全选，复制粘贴至一个新的文件中，那些无用的图层就不会被粘贴过来。如果曾经在这个不要的图层中定义过块，又在另一图层中插入了这个块，那么这个不要的图层是不能用这种方法删除的。

方法 2：打开一个 CAD 文件，把要删除的图层先关闭，在图面上只留下需要的可见图形，选择"文件"→"另存为"命令，确定文件名，在文件类型栏选择.dxf 格式，在该对话框的右上角单击"工具"下拉菜单，从中选择"选项"命令，打开"另存为选项"对话框。选择"DXF 选项"选项卡，再勾选"选择对象"复选框，单击"确定"按钮，接着单击"保存"按钮，即可选择保存对象。把可见或要用的图形选上就可以确定保

存了，完成后退出这个刚保存的文件，再打开来看，就会发现不想要的图层不见了。

方法 3：使用命令 LAYTRANS，将需要删除的图层映射为 0 层即可。这个方法可以删除具有实体对象或被其他块嵌套定义的图层。

No.2：设置图层时应注意什么？

在绘图时，所有图元的各种属性都尽量跟层走。尽量保持图元的属性和图层的一致，也就是说，尽可能使图元属性都是 ByLayer。

No.3：如何将直线改变为点画线线型？

单击所绘的直线，在"特性"面板中单击"线形控制"，在打开的下拉列表中选择"点画线"，所选择的直线将改变线型。若还未加载此种线型，则选择"其他"选项，加载此种点画线线型。

4.9 上机实验

【练习 1】利用图层命令绘制如图 4.65 所示的螺母。

扫一扫，看视频

图 4.65 螺母

1. 目的要求

本练习要绘制的图形虽然简单，但与前面所绘图形有一个明显的不同，就是图中不止一种图线。通过本练习，要求读者掌握设置图层的方法与步骤。

2. 操作提示

（1）设置两个新图层。

（2）绘制中心线。

（3）绘制螺母轮廓线。

【练习 2】利用对象追踪功能，在如图 4.66（a）所示的图形基础上绘制一条特殊位置的直线，如图 4.66（b）所示。

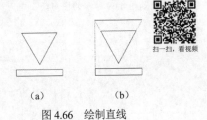

扫一扫，看视频

（a） （b）

图 4.66 绘制直线

1. 目的要求

本练习要绘制的图形比较简单，但是要准确找到直线的两个端点必须启用"对象捕捉"和"对象捕捉追踪"工具。通过本练习，读者可以体会到对象捕捉和对象捕捉追踪功能的方便与快捷作用。

2. 操作提示

（1）启用对象捕捉追踪与对象捕捉功能。

（2）在三角形左边延长线上捕捉一点作为直线起点。

（3）结合对象捕捉追踪与对象捕捉功能在三角形右边延长线上捕捉一点作为直线终点。

4.10　思考与练习

（1）有一根直线原来在 0 层，颜色为 ByLayer，如果通过偏移，则（　　）。

    A. 该直线一定会仍在 0 层上，颜色不变

    B. 该直线可能在其他层上，颜色不变

    C. 该直线可能在其他层上，颜色与所在层一致

    D. 偏移只是相当于复制

（2）如果某图层的对象不能被编辑，但能在屏幕上可见，且能捕捉该对象的特殊点和标注尺寸，该图层的状态为（　　）。

    A. 冻结　　　　　　B. 锁定　　　　　　C. 隐藏　　　　　　D. 块

（3）对某图层进行锁定后，则（　　）。

    A. 图层中的对象不可编辑，但可以添加对象

    B. 图层中的对象不可编辑，也不可以添加对象

    C. 图层中的对象可编辑，也可以添加对象

    D. 图层中的对象可编辑，但不可以添加对象

（4）不可以通过"图层过滤器特性"对话框过滤的特性是（　　）。

    A. 图层名、颜色、线型、线宽和打印样式

    B. 打开还是关闭图层

    C. 新建还是删除图层

    D. 图层是 ByLayer 还是 ByBlock

（5）下列关于被固定约束的圆心的圆，说法错误的是（　　）。

    A. 可以移动圆　　　B. 可以放大圆　　　C. 可以偏移圆　　　D. 可以复制圆

（6）绘制如图 4.67 所示的图形，请问极轴追踪的极轴角该如何设置？（　　）。

    A. 增量角15°，附加角80°　　　　　B. 增量角15°，附加角35°

    C. 增量角30°，附加角35°　　　　　D. 增量角15°，附加角30°

（7）绘制如图 4.68 所示的图形。

（8）绘制如图 4.69 所示的图形。

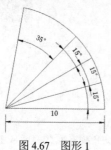
图 4.67　图形 1

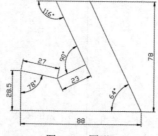
图 4.68　图形 2

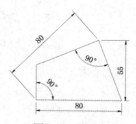
图 4.69　图形 3

第5章 二维编辑命令

本章导读

　　二维图形编辑操作配合绘图命令的使用可以进一步完成复杂图形的绘制工作，并可以使用户合理地安排和组织图形，保证作图准确，减少重复操作。对编辑命令的熟练掌握和使用有助于提高设计和绘图的效率。

5.1　选　择　对　象

　　AutoCAD 2024 提供以下几种方法选择对象。

　　（1）先选择一个编辑命令，然后选择对象，按 Enter 键结束操作。

　　（2）使用 SELECT 命令。在命令行输入 SELECT，按 Enter 键后根据提示选择对象，再按 Enter 键结束操作。

　　（3）利用定点设备选择对象，然后调用编辑命令。

　　（4）定义对象组。无论使用哪种方法，AutoCAD 2024 都将提示用户选择对象，并且光标的形状由十字光标变为拾取框。下面结合 SELECT 命令说明选择对象的方法。

　　SELECT 命令可以单独使用，也可以在执行其他编辑命令时被自动调用。在命令行输入 SELECT，按 Enter 键，命令行提示如下：

　　选择对象：等待用户以某种方式选择对象作为回答

　　AutoCAD 2024 提供多种选择方式，可以输入?查看这些选择方式。输入?后，命令行出现如下提示：

　　需要点或窗口(W)/上一个(L)/窗交(C)/框(BOX)/全部(ALL)/栏选(F)/圈围(WP)/圈交(CP)/编组(G)/添加(A)/删除(R)/多个(M)/前一个(P)/放弃(U)/自动(AU)/单个(SI)/子对象(SU)/对象(O)

　　选择对象：

　　其中，部分选项含义如下。

　　（1）点：表示直接通过点取的方式选择对象。利用鼠标或键盘移动拾取框，使其框住要选择的对象，然后单击，被选中的对象就会高亮显示。

　　（2）窗口(W)：用由两个对角顶点确定的矩形窗口选择位于其范围内部的所有图形，与边界相交的对象不会被选中。指定对角顶点时应该按照从左向右的顺序，执行结果如图 5.1 所示。

　　（3）上一个(L)：在"选择对象"提示下输入 L，按 Enter 键，系统自动选择最后绘出的一个对象。

　　（4）窗交(C)：该方式与"窗口"方式类似，其区别在于它不但选中矩形窗口内部的对象，也选中与矩形窗口边界相交的对象，执行结果如图 5.2 所示。

（a）图中上部高亮区为选择框　（b）选择后的图形　　（a）图中上部矩形框为选择框　（b）选择后的图形

　　　图 5.1　"窗口"对象选择方式　　　　　　　　图 5.2　"窗交"对象选择方式

　　（5）框(BOX)：使用框时，系统根据用户在绘图区指定的两个对角点的位置而自动引用"窗口"或"窗交"选择方式。若从左向右指定对角点，为"窗口"方式；反之，为"窗交"方式。

　　（6）全部(ALL)：选择绘图区中的所有对象。

　　（7）栏选(F)：用户临时绘制一些直线，这些直线不必构成封闭图形，凡是与这些直线相交的对象均被选中，执行结果如图 5.3 所示。

　　（8）圈围(WP)：使用一个不规则的多边形来选择对象。根据提示，用户依次输入构成多边形所有顶点的坐标，直到最后按 Enter 键结束操作，系统将自动连接第一个顶点与最后一个顶点，形成封闭的多边形。凡是被多边形围住的对象均被选中（不包括边界），执行结果如图 5.4 所示。

　（a）图中虚线为选择栏　　（b）选择后的图形　　（a）图中多边形为选择框　（b）选择后的图形

　　　图 5.3　"栏选"对象选择方式　　　　　　　　图 5.4　"圈围"对象选择方式

　　（9）圈交(CP)：类似于"圈围"方式，在提示后输入 CP，按 Enter 键，后续操作与"圈围"方式相同。区别在于，执行此命令后与多边形边界相交的对象也被选中。

　　其他几个选项的含义与上面选项含义类似，这里不再赘述。

高手点拨：

　　若矩形框从左向右定义，即第一个选择的对角点为左侧的对角点，矩形框内部的对象被选中，框外部及与矩形框边界相交的对象不会被选中；若矩形框从右向左定义，矩形框内部及与矩形框边界相交的对象都会被选中。

5.2　删除及恢复类命令

　　删除及恢复类命令主要用于删除图形某部分或对已被删除的部分进行恢复。包括删除、恢复、重做、清除等命令。

5.2.1　删除命令

　　如果所绘制的图形不符合要求或不小心绘错了图形，可以使用删除命令 ERASE 将其删除。

【执行方式】

- 命令行：ERASE（快捷命令：E）。
- 菜单栏：选择菜单栏中的"修改"→"删除"命令。
- 工具栏：单击"修改"工具栏中的"删除"按钮 。
- 快捷菜单：选择要删除的对象，在绘图区右击，选择快捷菜单中的"删除"命令。
- 功能区：单击"默认"选项卡"修改"面板中的"删除"按钮 。

可以选择对象后再调用删除命令，也可以调用删除命令后再选择对象。选择对象时可以使用前面介绍的对象选择的各种方法。

当选择多个对象时，多个对象都会被删除；若选择的对象属于某个对象组，则该对象组中的所有对象都会被删除。

> **高手点拨：**
>
> 　　在绘图过程中，如果出现了绘制错误或绘制了不满意的图形，需要删除时，可以单击"标准"工具栏中的"放弃"按钮 ，也可以按 Delete 键，命令行提示_.erase。删除命令可以一次删除一个或多个图形，如果删除错误，可以利用"放弃"按钮 进行补救。

5.2.2　恢复命令

若不小心误删了图形，可以使用恢复命令 OOPS，恢复误删的对象。

【执行方式】

- 命令行：OOPS 或 U。
- 工具栏：单击快速访问工具栏中的"放弃"按钮 。
- 快捷键：Ctrl+Z。

5.3　复制类命令

本节详细介绍 AutoCAD 2024 中的复制类命令，利用这些编辑功能可以方便地编辑绘制的图形。

5.3.1　复制命令

【执行方式】

- 命令行：COPY（快捷命令：CO）。
- 菜单栏：选择菜单栏中的"修改"→"复制"命令。
- 工具栏：单击"修改"工具栏中的"复制"按钮 。
- 快捷菜单：选中要复制的对象，右击，选择快捷菜单中的"复制选择"命令。
- 功能区：单击"默认"选项卡"修改"面板中的"复制"按钮 （图 5.5）。

图 5.5　"修改"面板

【操作步骤】

命令行提示与操作如下：

命令：COPY✓

选择对象：（选择要复制的对象）

用前面介绍的对象选择方法选择一个或多个对象，按 Enter 键结束选择，命令行提示与操作如下：

当前设置：复制模式 = 多个

指定基点或[位移(D)/模式(O)] <位移>：指定基点或位移

【选项说明】

（1）指定基点：指定一个坐标点后，AutoCAD 系统会将该点作为复制对象的基点，命令行提示"指定第二个点或[阵列(A)] <使用第一个点作为位移>："。在指定第二个点后，系统将根据这两点确定的位移矢量将选择的对象复制到第二点处。如果此时直接按 Enter 键，即选择默认的"使用第一个点作为位移"，则第一个点被当作相对于 X、Y、Z 的位移。例如，如果指定基点为(2,3)，并在下一个提示下按 Enter 键，则该对象从它当前的位置开始在 X 方向上移动 2 个单位，在 Y 方向上移动 3 个单位。复制完成后，命令行提示"指定第二个点或[阵列(A)/退出(E)/放弃(U)]<退出>："。这时，可以不断指定新的第二点，从而实现多重复制。

（2）位移(D)：直接输入位移值，表示以选择对象时的拾取点为基准，以拾取点坐标为移动方向，按纵横比移动指定位移后确定的点为基点。例如，选择对象时拾取点坐标为(2,3)，输入位移为5，则表示以点(2,3)为基准，沿纵横比为 3:2 的方向移动 5 个单位所确定的点为基点。

（3）模式(O)：控制是否自动重复该命令，该设置由COPYMODE系统变量控制。

5.3.2 实例——绘制洗手间水盆

本实例绘制如图 5.6 所示的洗手间水盆。

【操作步骤】

（1）单击"默认"选项卡"绘图"面板中的"矩形"按钮 ▢ 和"直线"按钮 ╱，绘制洗手台，如图 5.7 所示。

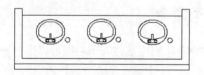

图 5.6　洗手间水盆

图 5.7　绘制洗手台

（2）单击"默认"选项卡"修改"面板中的"复制"按钮 ⅏，复制图形，命令行提示与操作如下：

命令：_COPY

选择对象：（框选洗手盆）

选择对象：✓

当前设置：复制模式 = 多个

指定基点或[位移(D)/模式(O)] <位移>：（在洗手盆位置任意指定一点）

指定第二个点或[阵列(A)] <使用第一个点作为位移>：（指定第二个洗手盆的位置）

指定第二个点或[阵列(A)/退出(E)/放弃(U)]：（指定第三个洗手盆的位置）

指定第二个点或[阵列(A)/退出(E)/放弃(U)]：✓

结果如图 5.6 所示。

5.3.3　镜像命令

镜像命令是指把选择的对象以一条镜像线为轴作对称复制。镜像操作完成后，可以保留源对象，也可以将其删除。

【执行方式】

- ➤ 命令行：MIRROR（快捷命令：MI）。
- ➤ 菜单栏：选择菜单栏中的"修改"→"镜像"命令。
- ➤ 工具栏：单击"修改"工具栏中的"镜像"按钮△。
- ➤ 功能区：单击"默认"选项卡"修改"面板中的"镜像"按钮△。

【操作步骤】

命令行提示与操作如下：

```
命令：MIRROR↙
选择对象：选择要镜像的对象
指定镜像线的第一点：指定镜像线的第一个点
指定镜像线的第二点：指定镜像线的第二个点
要删除源对象吗？[是(Y)/否(N)] <否>：确定是否删除源对象
```

选择的两点确定一条镜像线，被选择的对象以该直线为对称轴进行镜像。包含该线的镜像平面与用户坐标系统的 XY 平面垂直，即镜像操作在与用户坐标系统的 XY 平面平行的平面上。

5.3.4　实例——绘制办公桌

本实例绘制如图 5.8 所示的办公桌。

扫一扫，看视频

【操作步骤】

（1）单击"默认"选项卡"绘图"面板中的"矩形"按钮 ☐，在合适的位置绘制矩形，如图 5.9 所示。

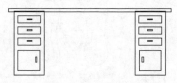

图 5.8　办公桌　　　　　　　　　　　　图 5.9　绘制矩形

（2）单击"默认"选项卡"修改"面板中的"镜像"按钮△，将左边的一系列矩形以桌面矩形的顶边中点和底边中点的连线为对称轴进行镜像，命令行提示与操作如下：

```
命令：_MIRROR
选择对象：（选取左边的一系列矩形）↙
选择对象：↙
指定镜像线的第一点：（选择桌面矩形的底边中点）↙
指定镜像线的第二点：（选择桌面矩形的顶边中点）↙
要删除源对象吗？[是(Y)/否(N)] <否>：↙
```

结果如图 5.8 所示。

5.3.5 偏移命令

偏移命令是指保持选择对象的形状、在不同的位置以不同尺寸大小新建一个对象。

【执行方式】

➢ 命令行：OFFSET（快捷命令：O）。
➢ 菜单栏：选择菜单栏中的"修改"→"偏移"命令。
➢ 工具栏：单击"修改"工具栏中的"偏移"按钮 ⊂。
➢ 功能区：单击"默认"选项卡"修改"面板中的"偏移"按钮 ⊂。

【操作步骤】

命令行提示与操作如下：

命令：OFFSET✓
当前设置：删除源=否 图层=源 OFFSETGAPTYPE=0
指定偏移距离或[通过(T)/删除(E)/图层(L)]<通过>：指定偏移距离值
选择要偏移的对象，或[退出(E)/放弃(U)]<退出>：
选择要偏移的对象，按Enter键结束操作
指定要偏移的那一侧上的点，或[退出(E)/多个(M)/放弃(U)]<退出>：指定偏移方向
选择要偏移的对象，或[退出(E)/放弃(U)]<退出>：✓

【选项说明】

（1）指定偏移距离：输入一个距离值，或按 Enter 键使用当前的距离值，系统把该距离值作为偏移的距离，如图5.10（a）所示。

（2）通过(T)：指定偏移的通过点，选择该选项后，命令行提示与操作如下：

选择要偏移的对象，或[退出(E)/放弃(U)]<退出>：选择要偏移的对象，按Enter键结束操作
指定通过点或[退出(E)/多个(M)/放弃(U)]<退出>：指定偏移对象的一个通过点

执行上述操作后，系统会根据指定的通过点绘制出偏移对象，如图5.10（b）所示。

偏移距离 选择要偏移的对象 指定偏移方向 选中的对象 执行结果   要偏移的对象 指定通过点 执行结果

（a）指定偏移距离　　　　　　　　　　　　　（b）通过点

图 5.10　偏移选项说明（1）

（3）删除(E)：偏移源对象后将其删除，如图5.11（a）所示，选择该项后命令行提示如下：

要在偏移后删除源对象吗？[是(Y)/否(N)]<否>：

（4）图层(L)：确定将偏移对象创建在当前图层上还是源对象所在的图层上，这样就可以在不同图层上偏移对象，选择该项后，命令行提示如下：

输入偏移对象的图层选项[当前(C)/源(S)]<源>：

如果偏移对象的图层选择为当前层，则偏移对象的图层特性与当前图层相同，如图5.11（b）所示。

（5）多个(M)：使用当前偏移距离重复进行偏移操作，并接收附加的通过点，执行结果如图5.12所示。

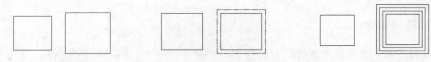

(a) 删除源对象　　　(b) 偏移对象的图层为当前层

图 5.11　偏移选项说明（2）　　　　　　　图 5.12　偏移选项说明（3）

高手点拨：

　　在 AutoCAD 中，可以使用"偏移"命令对指定的直线、圆弧、圆等对象作定距离偏移复制操作。在实际应用中，常利用"偏移"命令的特性创建平行线或等距离分布图形，效果与"矩形阵列"相同。默认情况下，需要先指定偏移距离，再选择要偏移复制的对象，然后指定偏移方向，以复制出需要的对象。

扫一扫，看视频

5.3.6　实例——绘制门

　　本实例绘制如图 5.13 所示的门。

【操作步骤】

　　（1）单击"默认"选项卡"绘图"面板中的"矩形"按钮 ▭，以第一角点为(0,0)，第二角点为(@900,2400)绘制矩形。绘制结果如图 5.14 所示。

　　（2）单击"默认"选项卡"修改"面板中的"偏移"按钮 ⊆，将上一步绘制的矩形向内偏移 60，命令行提示与操作如下：

```
命令：_OFFSET
当前设置：删除源=否　图层=源　OFFSETGAPTYPE=0
指定偏移距离或[通过(T)/删除(E)/图层(L)]<通过>：　60
选择要偏移的对象，或[退出(E)/放弃(U)]<退出>：（选择上一步绘制的矩形）
指定要偏移的那一侧上的点，或[退出(E)/多个(M)/放弃(U)]<退出>：（向内偏移）
选择要偏移的对象，或[退出(E)/放弃(U)]<退出>：　*取消*
```

　　结果如图 5.15 所示。

　　（3）单击"默认"选项卡"修改"面板中的"直线"按钮 ╱，绘制坐标点为(60,2000)、(@780,0)的直线。绘制结果如图 5.16 所示。

　　（4）单击"默认"选项卡"修改"面板中的"偏移"按钮 ⊆，将上一步绘制的直线向下偏移 60。结果如图 5.17 所示。

　　（5）单击"默认"选项卡"修改"面板中的"矩形"按钮 ▭，绘制角点坐标为(200,1500)、(700,1800)的矩形。绘制结果如图 5.13 所示。

图 5.13　门　　图 5.14　绘制矩形　图 5.15　偏移操作（1）　图 5.16　绘制直线　图 5.17　偏移操作（2）

5.3.7 阵列命令

阵列是指多重复制所选择的对象并将这些副本按矩形、路径或环形排列。将副本按矩形排列称为建立矩形阵列，将副本按路径排列称为建立路径阵列，将副本按环形排列称为建立极阵列。

AutoCAD 提供 ARRAY 命令创建阵列，使用该命令可以创建矩形阵列、环形阵列和旋转的矩形阵列。

【执行方式】

- 命令行：ARRAY（快捷命令：AR）。
- 菜单栏：选择菜单栏中的"修改"→"阵列"命令。
- 工具栏：单击"修改"工具栏中的"矩形阵列"按钮▦/"路径阵列"按钮/"环形阵列"按钮。
- 功能区：单击"默认"选项卡"修改"面板中的"矩形阵列"按钮▦/"路径阵列"按钮/"环形阵列"按钮（图 5.18）。

图 5.18　"修改"面板

【操作步骤】

命令行提示与操作如下：

命令：ARRAY✓
选择对象：使用对象选择方法
输入阵列类型 [矩形 (R) /路径 (PA) /极轴 (PO)] <矩形>：PA✓
类型=路径　关联=是
选择路径曲线：使用一种对象选择方法
选择夹点以编辑阵列或 [关联 (AS) /方法 (M) /基点 (B) /切向 (T) /项目 (I) /行 (R) /层 (L) /对齐项目 (A) /Z 方向 (Z) /退出 (X)] <退出>：I
指定沿路径的项目之间的距离或 [表达式 (E)] <1293.769>：指定距离
最大项目数 = 5
指定项目数或 [填写完整路径 (F) /表达式 (E)] <5>：输入数目
选择夹点以编辑阵列或 [关联 (AS) /方法 (M) /基点 (B) /切向 (T) /项目 (I) /行 (R) /层 (L) /对齐项目 (A) /Z 方向 (Z) /退出 (X)] <退出>：

【选项说明】

（1）矩形(R)：将选定对象的副本分布到行数、列数和层数的任意组合。选择该选项后出现如下提示。

选择夹点以编辑阵列或 [关联 (AS) /基点 (B) /计数 (COU) /间距 (S) /列数 (COL) /行数 (R) /层数 (L) /退出 (X)]
<退出>：通过夹点调整阵列间距、列数、行数和层数；也可以分别选择各选项输入数值

（2）路径(PA)：沿路径或部分路径均匀分布选定对象的副本。选择该选项后出现如下提示。

选择路径曲线：选择一条曲线作为阵列路径
选择夹点以编辑阵列或 [关联 (AS) /方法 (M) /基点 (B) /切向 (T) /项目 (I) /行 (R) /层 (L) /对齐项目 (A) /Z 方向 (Z) /退出 (X)] <退出>：通过夹点，调整阵行数和层数；也可以分别选择各选项输入数值

（3）极轴(PO)：在绕中心点或旋转轴的环形阵列中均匀分布对象副本。选择该选项后出现如下提示。

指定阵列的中心点或[基点(B)/旋转轴(A)]:选择中心点、基点或旋转轴

选择夹点以编辑阵列或[关联(AS)/基点(B)/项目(I)/项目间角度(A)/填充角度(F)/行(ROW)/层(L)/旋转项目(ROT)/退出(X)]<退出>:通过夹点调整角度、填充角度;也可以分别选择各选项输入数值

高手点拨:

　　阵列在平面作图时有三种方式,可以在矩形、路径或环形(圆形)阵列中创建对象的副本。对于矩形阵列,可以控制行和列的数目以及它们之间的距离;对于路径阵列,可以沿整个路径或部分路径平均分布对象副本;对于环形阵列,可以控制对象副本的数目并决定是否旋转副本。

5.3.8　实例——绘制紫荆花

本实例绘制如图 5.19 所示的紫荆花。

【操作步骤】

（1）单击"默认"选项卡"绘图"面板中的"多段线"按钮 和"圆弧"按钮，绘制花瓣外框，绘制结果如图 5.20 所示。

图 5.19　紫荆花　　　　　　图 5.20　花瓣外框

（2）单击"默认"选项卡"修改"面板中的"环形阵列"按钮，命令行提示与操作如下:

```
命令:ARRAYPOLAR✓
选择对象:(选择上面绘制的图形)
类型 = 极轴  关联 = 是
指定阵列的中心点或[基点(B)/旋转轴(A)]:(指定中心点)
选择夹点以编辑阵列或[关联(AS)/基点(B)/项目(I)/项目间角度(A)/填充角度(F)/行(ROW)/
层(L)/旋转项目(ROT)/退出(X)]<退出>:I
输入阵列中的项目数或[表达式(E)]<4>:5✓
选择夹点以编辑阵列或[关联(AS)/基点(B)/项目(I)/项目间角度(A)/填充角度(F)/行(ROW)/
层(L)/旋转项目(ROT)/退出(X)]<退出>:<捕捉 关> F
指定填充角度(+=逆时针、-=顺时针)或[表达式(EX)]<360>:✓
选择夹点以编辑阵列或[关联(AS)/基点(B)/项目(I)/项目间角度(A)/填充角度(F)/行(ROW)/
层(L)/旋转项目(ROT)/退出(X)]<退出>:✓
```

最终绘制的紫荆花图案如图 5.19 所示。

5.4　改变位置类命令

　　改变位置类命令是指按照指定要求改变当前图形或图形中某部分的位置。主要包括移动、旋转和缩放命令。

5.4.1 移动命令

【执行方式】

- ➤ 命令行：MOVE（快捷命令：M）。
- ➤ 菜单栏：选择菜单栏中的"修改"→"移动"命令。
- ➤ 工具栏：单击"修改"工具栏中的"移动"按钮✛。
- ➤ 快捷菜单：选择要复制的对象，在绘图区右击，选择快捷菜单中的"移动"命令。
- ➤ 功能区：单击"默认"选项卡"修改"面板中的"移动"按钮✛。

【操作步骤】

命令行提示与操作如下：

命令：MOVE✓
选择对象：选择要移动的对象，按 Enter 键结束选择
指定基点或[位移(D)]<位移>：指定基点或位移
指定第二个点或 <使用第一个点作为位移>：
"移动"命令选项功能与"复制"命令类似。

5.4.2 旋转命令

【执行方式】

- ➤ 命令行：ROTATE（快捷命令：RO）。
- ➤ 菜单栏：选择菜单栏中的"修改"→"旋转"命令。
- ➤ 工具栏：单击"修改"工具栏中的"旋转"按钮↻。
- ➤ 快捷菜单：选择要旋转的对象，在绘图区右击，选择快捷菜单中的"旋转"命令。
- ➤ 功能区：单击"默认"选项卡"修改"面板中的"旋转"按钮↻。

【操作步骤】

命令行提示与操作如下：

命令：ROTATE✓
UCS 当前的正角方向：ANGDIR=逆时针 ANGBASE=0
选择对象：选择要旋转的对象
指定基点：指定旋转基点，在对象内部指定一个坐标点
指定旋转角度，或[复制(C)/参照(R)]<0>：指定旋转角度或其他选项

【选项说明】

（1）复制(C)：选择该选项，则在旋转对象的同时，保留源对象，如图 5.21 所示。
（2）参照(R)：采用参照方式旋转对象时，命令行提示与操作如下：

指定参照角 <0>：指定要参照的角度，默认值为 0
指定新角度或[点(P)] <0>：输入旋转后的角度值
操作完成后，对象被旋转至指定的角度位置。

高手点拨：

可以用拖动鼠标的方法旋转对象。选择对象并指定基点后，从基点到当前光标位置会出现一条连线，拖动鼠标，选择的对象会动态地随着该连线与水平方向夹角的变化而旋转，按 Enter 键确认旋转操作，如图 5.22 所示。

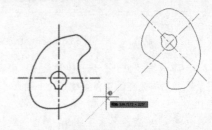

扫一扫，看视频

（a）旋转前　　　　　　　　（b）旋转后　　　　　　图 5.22　拖动鼠标旋转对象

图 5.21　复制旋转

5.4.3　实例——绘制电极探头符号

本实例主要利用"直线"和"移动"等命令绘制探头的一部分，然后进行旋转复制绘制另一半，最后添加填充，如图 5.23 所示。

【操作步骤】

（1）单击"默认"选项卡"绘图"面板中的"直线"按钮 ／，分别绘制直线 1{(0,0), (33,0)}、直线 2{(10,0), (10,-4)}、直线 3{(10,-4), (21,0)}，这 3 条直线构成一个直角三角形，如图 5.24 所示。

图 5.23　电极探头符号　　　　　　　　图 5.24　绘制三角形

（2）单击"默认"选项卡"绘图"面板中的"直线"按钮 ／，开启"对象捕捉"和"正交"功能，捕捉直线 1 的左端点，以其为起点，向上绘制长度为 12mm 的直线 4，如图 5.25 所示。

（3）单击"默认"选项卡"修改"面板中的"移动"按钮 ✛，将直线 4 向右平移 3.5mm，命令行提示与操作如下：

命令：_MOVE
选择对象：（拾取要移动的图形）
选择对象：
指定基点或 [位移(D)] <位移>：（捕捉直线 4 下端点）
指定第二个点或 <使用第一个点作为位移>：（打开正交模式，鼠标向右移动，输入 3.5）

（4）新建一个名为"虚线层"的图层，线型为虚线。选中直线 4，单击"图层"面板中的下拉按钮 ▾，在弹出的下拉列表中选择"虚线层"选项，将其图层属性设置为"虚线层"，更改后的效果如图 5.26 所示。

（5）单击"默认"选项卡"修改"面板中的"镜像"按钮 ⚠，选择直线 4 为镜像对象，以直线 1 为镜像线进行镜像操作，得到直线 5，如图 5.27 所示。

（6）单击"默认"选项卡"修改"面板中的"偏移"按钮 ⊂，将直线 4 和直线 5 向右偏移 24mm，如图 5.28 所示。

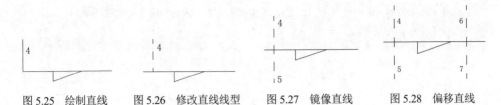

图 5.25　绘制直线　　图 5.26　修改直线线型　　图 5.27　镜像直线　　图 5.28　偏移直线

（7）单击"默认"选项卡"绘图"面板中的"直线"按钮 ╱，在"对象捕捉"绘图方式下，用鼠标分别捕捉直线 4 和直线 6 的上端点，绘制直线 8。采用相同的方法绘制直线 9，得到两条水平直线。

（8）选中直线 8 和直线 9，单击"默认"选项卡"图层"面板中的"图层"下拉按钮 ▾，在弹出的下拉列表中选择"虚线层"选项，将其图层属性设置为"虚线层"，如图 5.29 所示。

（9）返回实线层，单击"默认"选项卡"绘图"面板中的"直线"按钮 ╱，开启"对象捕捉"和"正交"功能，捕捉直线 1 的右端点，以其为起点向下绘制一条长度为 20mm 的竖直直线，如图 5.30 所示。

（10）单击"默认"选项卡"修改"面板中的"旋转"按钮 ↻，旋转图形，命令行提示与操作如下：

```
命令：_ROTATE
UCS 当前的正角方向：ANGDIR=逆时针　ANGBASE=0
选择对象：（用矩形框选直线 8 以左的图形作为旋转对象）
选择对象：选择 O 点作为旋转基点
指定基点：
指定旋转角度，或[复制(C)/参照(R)]<45>:C
指定旋转角度，或[复制(C)/参照(R)]<45>:180
```

旋转结果如图 5.31 所示。

（11）单击"默认"选项卡"绘图"面板中的"圆"按钮 ⊙，捕捉 O 点作为圆心，绘制一个半径为 1.5mm 的圆。

（12）单击"默认"选项卡"绘图"面板中的"图案填充"按钮 ▨，弹出"图案填充创建"选项卡，选择 SOLID 图案，其他选项保持系统默认设置。选择第（11）步中绘制的圆作为填充边界，填充结果如图 5.23 所示。至此，电极探头符号绘制完成。

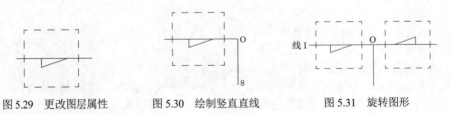

图 5.29　更改图层属性　　图 5.30　绘制竖直直线　　图 5.31　旋转图形

5.4.4　缩放命令

【执行方式】

➢ 命令行：SCALE（快捷命令：SC）。

> 菜单栏：选择菜单栏中的"修改"→"缩放"命令。
> 工具栏：单击"修改"工具栏中的"缩放"按钮 □。
> 功能区：单击"默认"选项卡"修改"面板中的"缩放"按钮 □。
> 快捷菜单：选择要缩放的对象，在绘图区右击，选择快捷菜单中的"缩放"命令。

【操作步骤】

命令行提示与操作如下：

命令：SCALE✓
选择对象：选择要缩放的对象
指定基点：指定缩放基点
指定比例因子或[复制(C)/参照(R)]：

【选项说明】

（1）采用参照方向缩放对象时，命令行提示与操作如下：

指定参照长度 <1>：指定参照长度值
指定新的长度或[点(P)]<1.0000>：指定新长度值

若新长度值大于参照长度值，则放大对象；否则，缩小对象。操作完毕，系统以指定的基点按指定的比例因子缩放对象。如果选择"点(P)"选项，则选择两点来定义新的长度。

（2）可以使用拖动鼠标的方法缩放对象。选择对象并指定基点后，从基点到当前光标位置会出现一条连线，线段的长度即为比例大小。拖动鼠标，选择的对象会动态地随着该连线长度的变化而缩放，按 Enter 键确认缩放操作。

（3）选择"复制(C)"选项时，可以复制缩放对象，即缩放对象时，保留源对象，如图 5.32 所示。

（a）缩放前　　（b）缩放后
图 5.32　复制缩放

5.5　改变几何特性类命令

改变几何特性类命令在对指定对象进行编辑后，使编辑对象的几何特性发生改变。包括修剪、延伸、拉伸、拉长、圆角、倒角、打断于点、分解等命令。

5.5.1　修剪命令

【执行方式】

> 命令行：TRIM（快捷命令：TR）。
> 菜单栏：选择菜单栏中的"修改"→"修剪"命令。
> 工具栏：单击"修改"工具栏中的"修剪"按钮 ✂。
> 功能区：单击"默认"选项卡"修改"面板中的"修剪"按钮 ✂。

【操作步骤】

命令行提示与操作如下：

命令：TRIM✓
当前设置：投影=UCS,边=无,模式=标准
选择剪切边…

选择对象或[模式(O)]<全部选择>:选择用作修剪边界的对象，按 Enter 键结束对象选择

选择要修剪的对象，或按住 Shift 键选择要延伸的对象或[剪切边(T)/栏选(F)/窗交(C)/模式(O)/投影(P)/边(E)/删除(R)]:

⭐ 【选项说明】

（1）在选择对象时，如果按住 Shift 键，系统就会自动将"修剪"命令转换成"延伸"命令，"延伸"命令将在下一小节介绍。

（2）选择"栏选(F)"选项时，系统以栏选的方式选择被修剪的对象，如图 5.33 所示。

（3）选择"窗交(C)"选项时，系统以窗交的方式选择被修剪的对象，如图 5.34 所示。

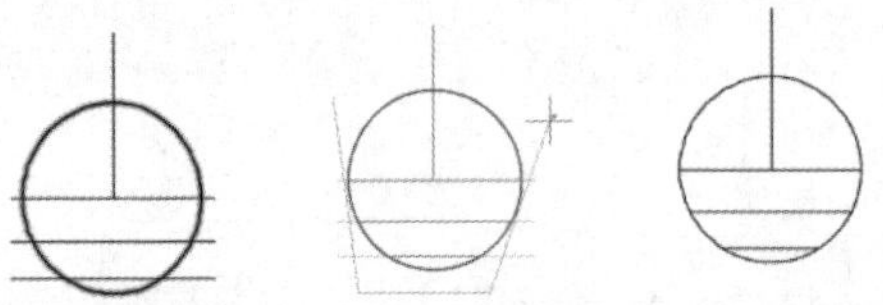

(a) 选定剪切边　(b) 使用栏选选定　(c) 结果　　　(a) 使用窗交选　(b) 选定要修剪　(c) 结果
　　　　　　　　　的修剪对象　　　　　　　　　定剪切边　　　的对象

　　图 5.33　"栏选"修剪对象　　　　　　　图 5.34　"窗交"修剪对象

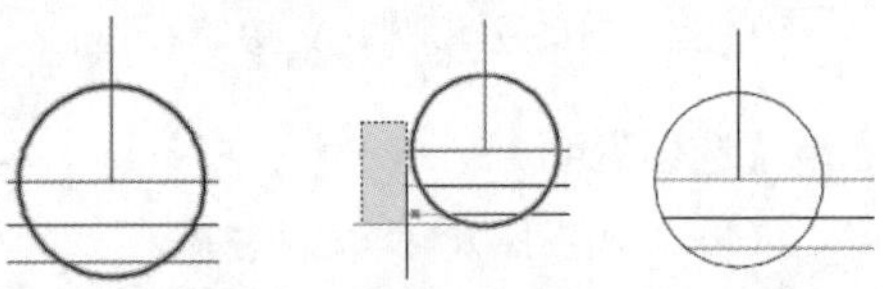

（4）选择"边(E)"选项时，可以选择对象的修剪方式。

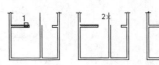

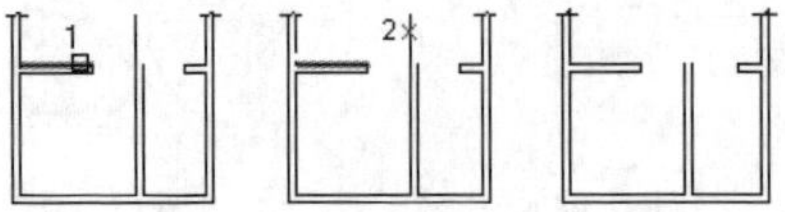

(a) 选择剪　(b) 选择要修剪　(c) 修剪后
　切边　　　的对象　　　　的结果

图 5.35　"延伸"修剪对象

➤ 延伸(E)：延伸边界进行修剪。在此方式下，如果剪切边没有与要修剪的对象相交，系统会延伸剪切边直至与对象相交，然后再修剪，如图 5.35 所示。

➤ 不延伸(N)：不延伸边界修剪对象，只修剪与剪切边相交的对象。

（5）被选择的对象可以互为边界和被修剪对象，此时系统会在选择的对象中自动判断边界。

高手点拨：

在使用"修剪"命令选择修剪对象时，通常是逐个选择的，有时显得效率低。要比较快地实现修剪过程，可以先输入修剪命令 TR 或 TRIM，然后按 Space 或 Enter 键，命令行中就会提示选择修剪的对象，这时可以不选择对象，继续按 Space 或 Enter 键，系统默认选择全部，这样即可快速高效地完成修剪过程。

扫一扫，看视频

5.5.2　实例——绘制榆叶梅

本实例绘制榆叶梅，如图 5.36 所示。

🖱 【操作步骤】

（1）单击"默认"选项卡"绘图"面板中的"圆"按钮⊘和"圆弧"按钮⌒，尺寸适当选取，如图 5.37 所示。

（2）单击"默认"选项卡"修改"面板中的"修剪"按钮✂，修剪大圆，命令行提示与操作如下：

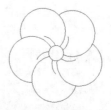

图 5.36　榆叶梅

命令：_TRIM
当前设置：投影=UCS,边=无,模式=标准
选择剪切边...
选择对象或[模式(O)] <全部选择>：（选取小圆）
选择对象：
选择要修剪的对象，或按住 Shift 键选择要延伸的对象或[剪切边(T)/栏选(F)/窗交(C)/模式(O)/投影(P)/边(E)/删除(R)]：（选择大圆在小圆里面的部分）
选择要修剪的对象，或按住 Shift 键选择要延伸的对象或[剪切边(T)/栏选(F)/窗交(C)/模式(O)/投影(P)/边(E)/删除(R)/放弃(U)]：

结果如图 5.38 所示。

（3）单击"默认"选项卡"修改"面板中的"环形阵列"按钮 ，阵列修剪后的图形，命令行提示与操作如下：

命令：_ARRAYPOLAR
选择对象：（选择两段圆弧）
选择对象：
类型 = 极轴　关联 = 否
指定阵列的中心点或[基点(B)/旋转轴(A)]：（捕捉小圆圆心，结果如图 5.39 所示）
选择夹点以编辑阵列或[关联(AS)/基点(B)/项目(I)/项目间角度(A)/填充角度(F)/行(ROW)/层(L)/旋转项目(ROT)/退出(X)] <退出>：I
输入阵列中的项目数或[表达式(E)] <6>：5
选择夹点以编辑阵列或[关联(AS)/基点(B)/项目(I)/项目间角度(A)/填充角度(F)/行(ROW)/层(L)/旋转项目(ROT)/退出(X)] <退出>：

结果如图 5.40 所示。

 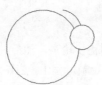

图 5.37　初步图形　　　图 5.38　修剪大圆　　　图 5.39　阵列中间过程　　　图 5.40　阵列结果

（4）单击"默认"选项卡"修改"面板中的"修剪"按钮 ，将多余的圆弧修剪掉，最终结果如图 5.36 所示。

5.5.3　延伸命令

延伸命令是指延伸对象直到另一个对象的边界线，如图 5.41 所示。

【执行方式】
➢ 命令行：EXTEND（快捷命令：EX）。
➢ 菜单栏：选择菜单栏中的"修改"→"延伸"命令。
➢ 工具栏：单击"修改"工具栏中的"延伸"按钮 。
➢ 功能区：单击"默认"选项卡"修改"面板中的"延伸"按钮 。

（a）选择边界　　（b）选择要延伸的对象　　（c）执行结果

图 5.41　延伸对象（1）

🖱 【操作步骤】

命令行提示与操作如下：

> 命令：EXTEND✓
> 当前设置：投影=UCS，边=无，模式=标准
> 选择边界边...
> 选择对象或[模式(O)] <全部选择>:选择边界对象

此时可以选择对象来定义边界，若直接按 Enter 键，则选择所有对象作为可能的边界对象。

系统规定可以用作边界对象的对象有：直线段、射线、双向无限长线、圆弧、圆、椭圆、二维/三维多义线、样条曲线、文本、浮动的视口、区域。如果选择二维多段线作为边界对象，系统会忽略其宽度而把对象延伸至多义线的中心线。

选择边界对象后，命令行提示如下：

> 选择要延伸的对象，或按住 Shift 键选择要修剪的对象或[边界边(B)/栏选(F)/窗交(C)/模式(O)/投影(P)/边(E)]:

⭐ 【选项说明】

（1）如果要延伸的对象是适配样条的多段线，则延伸后会在多段线的控制框上增加新节点；如果要延伸的对象是锥形的多段线，系统会修正延伸端的宽度，使多段线从起始端平滑地延伸至新终止端；如果延伸操作导致终止端宽度可能为负值，则取宽度值为 0，操作提示如图 5.42 所示。

（2）选择对象时，如果按住 Shift 键，系统就会自动将"延伸"命令转换成"修剪"命令。

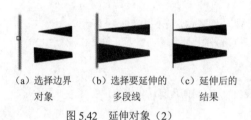

(a) 选择边界　　(b) 选择要延伸的　　(c) 延伸后的
　　对象　　　　　多段线　　　　　结果

图 5.42　延伸对象（2）

5.5.4　实例——绘制动断按钮

扫一扫，看视频

本实例利用"直线"和"偏移"命令绘制初步轮廓，然后利用"修剪"和"删除"命令对图形进行细化处理，如图 5.43 所示。在绘制过程中，应熟练掌握延伸命令的运用。

🖱 【操作步骤】

（1）设置两个图层，实线层和虚线层，线型分别设置为 Continuous 和 ACAD_ISO02W100。其他属性保持默认设置。

（2）将实线层设置为当前层。单击"默认"选项卡"绘图"面板中的"直线"按钮 ╱，绘制初步图形，如图 5.44 所示。

（3）单击"默认"选项卡"绘图"面板中的"直线"按钮 ╱，分别以图 5.44 中 a 点和 b 点为起点，竖直向下绘制长为 3.5mm 的直线，结果如图 5.45 所示。

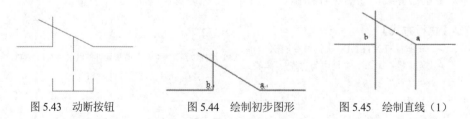

图 5.43　动断按钮　　　　图 5.44　绘制初步图形　　　　图 5.45　绘制直线（1）

（4）单击"默认"选项卡"绘图"面板中的"直线"按钮 ╱，以图 5.45 中的 a 点为起点、b

点为终点，绘制直线 ab，结果如图 5.46 所示。

（5）单击"默认"选项卡"绘图"面板中的"直线"按钮 ╱，捕捉直线 ab 的中点，以其为起点，竖直向下绘制长度为 3.5mm 的直线，并将其所在图层更改为"虚线层"，如图 5.47 所示。

（6）单击"默认"选项卡"修改"面板中的"偏移"按钮 ⊆，以直线 ab 为起始边，绘制两条水平直线，偏移长度分别为 2.5 mm 和 3.5 mm，如图 5.48 所示。

（7）单击"默认"选项卡"修改"面板中的"修剪"按钮 ✂ 和"删除"按钮 ✎，对图形进行修剪，并删除掉直线 ab，结果如图 5.49 所示。

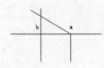 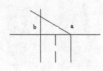 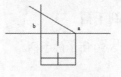 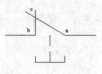

图 5.46　绘制直线（2）　　图 5.47　绘制虚线　　图 5.48　偏移线段　　图 5.49　修剪图形

（8）单击"默认"选项卡"修改"面板中的"延伸"按钮 ⟶|，选择虚线作为延伸的对象，将其延伸到斜线 ac 上，动断按钮即可绘制完成，命令行提示与操作如下：

```
命令：_EXTEND
当前设置：投影=UCS,边=无,模式=标准
选择边界边...
选择对象或[模式(O)]<全部选择>：（选取 ac 斜边）
选择对象：✓
选择要延伸的对象，或按住 Shift 键选择要修剪的对象或[边界边(B)/栏选(F)/窗交(C)/模式
(O)/投影(P)/边(E)]：（选取虚线）
选择要延伸的对象，或按住 Shift 键选择要修剪的对象或[边界边(B)/栏选(F)/窗交(C)/模式
(O)/投影(P)/边(E)/放弃(U)]：✓
```

最终结果如图 5.43 所示。

5.5.5　拉伸命令

拉伸命令是指拖动选择的对象，并使对象的形状发生改变。拉伸对象时应指定拉伸的基点和移至点。利用一些辅助工具，如捕捉、夹点编辑功能及相对坐标等，可以提高拉伸的精度。

🔍【执行方式】
- ➤ 命令行：STRETCH（快捷命令：S）。
- ➤ 菜单栏：选择菜单栏中的"修改"→"拉伸"命令。
- ➤ 工具栏：单击"修改"工具栏中的"拉伸"按钮 △。
- ➤ 功能区：单击"默认"选项卡"修改"面板中的"拉伸"按钮 △。

✏️【操作步骤】
命令行提示与操作如下：

```
命令：STRETCH✓
以交叉窗口或交叉多边形选择要拉伸的对象...
选择对象：C✓
指定第一个角点：
```

此时，若指定第二个点，系统将根据这两点确定矢量拉伸的对象；若直接按 Enter 键，系统会把第一个点作为 X 和 Y 轴的分量值。

拉伸命令将使完全包含在交叉窗口内的对象不被拉伸，而部分包含在交叉窗口内的对象则会被拉伸。

扫一扫，看视频

5.5.6 实例——绘制手柄

本实例绘制如图 5.50 所示的手柄。

图 5.50 手柄

🖱【操作步骤】

（1）单击"默认"选项卡"图层"面板中的"图层特性管理器"按钮，弹出"图层特性管理器"对话框，新建两个图层。

1）第一图层命名为"轮廓线"，线宽属性为 0.3mm，其余属性默认。

2）第二图层命名为"中心线"，颜色设为红色，线型加载为 CENTER，其余属性默认。

（2）将"中心线"层设置为当前层。单击"默认"选项卡"绘图"面板中的"直线"按钮╱，绘制坐标分别为(150, 150)、(@120, 0)的直线。

（3）将"轮廓线"层设置为当前层。单击"默认"选项卡"绘图"面板中的"圆"按钮⊘，以(160, 150)为圆心，绘制半径为 10 的圆。重复"圆"命令，以(235, 150)为圆心，绘制半径为 15 的圆。再绘制半径为 50 的圆与前两个圆相切，结果如图 5.51 所示。

（4）单击"默认"选项卡"绘图"面板中的"直线"按钮╱，绘制坐标为(250, 150)、(@10<90)、(@15<180)的两条直线。重复"直线"命令，绘制坐标为(235, 165)、(235, 150)的直线，结果如图 5.52 所示。

（5）单击"默认"选项卡"修改"面板中的"修剪"按钮✂，进行修剪处理，结果如图 5.53 所示。

（6）单击"默认"选项卡"绘图"面板中的"圆"按钮⊘，绘制半径为 12 并与圆弧 1 和圆弧 2 相切的圆，结果如图 5.54 所示。

   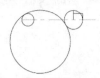      

图 5.51 绘制圆   图 5.52 绘制直线   图 5.53 修剪处理（1）   图 5.54 绘制相切圆

（7）单击"默认"选项卡"修改"面板中的"修剪"按钮✂，将多余的圆弧进行修剪，结果如图 5.55 所示。

（8）单击"默认"选项卡"修改"面板中的"镜像"按钮◢◣，以水平中心线为两镜像点对图形进行镜像处理，结果如图 5.56 所示。

（9）单击"默认"选项卡"修改"面板中的"修剪"按钮✂，进行修剪处理，结果如图 5.57 所示。

（10）将"中心线"层设置为当前层。单击"默认"选项卡"绘图"面板中的"直线"按钮╱，在把手接头处的中间位置绘制适当长度的竖直线段，作为定位销孔的中心线，如图 5.58 所示。

图 5.55　修剪处理（2）

图 5.56　镜像处理

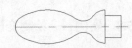

图 5.57　把手初步图形

（11）将"轮廓线"层设置为当前层。单击"默认"选项卡"绘图"面板中的"圆"按钮⊙，以中心线交点为圆心绘制适当半径的圆作为销孔，如图 5.59 所示。

（12）单击"默认"选项卡"修改"面板中的"拉伸"按钮，向右拉伸接头长度 5，命令行提示与操作如下：

命令：STRETCH✓
以交叉窗口或交叉多边形选择要拉伸的对象...
选择对象：C✓
指定第一个角点：（框选手柄接头部分，如图 5.60 所示）
指定对角点：找到 6 个
选择对象：✓
指定基点或[位移(D)]<位移>:100,100✓
指定第二个点或 <使用第一个点作为位移>：105,100✓

结果如图 5.50 所示。

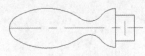

图 5.58　销孔中心线

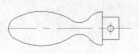

图 5.59　销孔

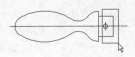

图 5.60　指定拉伸对象

5.5.7　拉长命令

【执行方式】

> 命令行：LENGTHEN（快捷命令：LEN）。
> 菜单栏：选择菜单栏中的"修改"→"拉长"命令。
> 功能区：单击"默认"选项卡"修改"面板中的"拉长"按钮。

【操作步骤】

命令行提示与操作如下：

命令：LENGTHEN✓
选择要测量的对象或[增量(DE)/百分比(P)/总计(T)/动态(DY)] <增量(DE)>：de✓（选择拉长或缩短的方式为增量方式）
输入长度增量或[角度(A)]<10.0000>：10
选择要修改的对象或[放弃(U)]:
选择要修改的对象或[放弃(U)]:

【选项说明】

（1）增量(DE)：用指定增加量的方法改变对象的长度或角度。
（2）百分比(P)：用指定占总长度百分比的方法改变圆弧或直线段的长度。
（3）总计(T)：用指定新总长度或总角度值的方法改变对象的长度或角度。
（4）动态(DY)：在此模式下，可以使用拖动鼠标的方法来动态地改变对象的长度或角度。

5.5.8 实例——绘制变压器绕组

本实例利用"圆""复制""直线""拉长""平移""镜像"和"修剪"等命令绘制变压器绕组，如图 5.61 所示。

图 5.61 变压器绕组

【操作步骤】

（1）单击"默认"选项卡"绘图"面板中的"圆"按钮⊙，在屏幕中的适当位置绘制一个半径为 4 的圆。

（2）单击"默认"选项卡"修改"面板中的"复制"按钮，选择上一步绘制的圆，捕捉圆的上象限点为基点，捕捉圆的下象限点，完成第二个圆的复制，连续选择最下方圆的下象限点，向下平移复制 4 个圆，最后按 Enter 键，结束复制操作，结果如图 5.62 所示。

（3）单击"默认"选项卡"绘图"面板中的"直线"按钮／，在"对象捕捉"绘图方式下，用鼠标左键分别捕捉最上端和最下端两个圆的圆心，绘制竖直直线 AB，如图 5.63 所示。

（4）单击"默认"选项卡"修改"面板中的"拉长"按钮／，将直线 AB 拉长，命令行提示与操作如下：

```
命令：_LENGTHEN
选择要测量的对象或[增量(DE)/百分比(P)/总计(T)/动态(DY)] <总计(T)>：DE
输入长度增量或[角度(A)] <10.0000>：4
选择要修改的对象或[放弃(U)]：（选择直线 AB）
选择要修改的对象或[放弃(U)]：
```

拉长的直线如图 5.64 所示。

（5）单击"默认"选项卡"修改"面板中的"修剪"按钮，以竖直直线为修剪边，对圆进行修剪，修剪结果如图 5.65 所示。

（6）单击"默认"选项卡"修改"面板中的"移动"按钮✛，将直线向右平移 7，结果如图 5.66 所示。

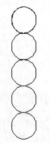 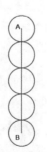  

图 5.62 复制圆　　图 5.63 绘制竖直直线　　图 5.64 拉长直线　　图 5.65 修剪图形

（7）单击"默认"选项卡"修改"面板中的"镜像"按钮，选择 5 段半圆弧作为镜像对象，以竖直直线作为镜像线，进行镜像操作，得到竖直直线右边的一组半圆弧，如图 5.67 所示。

（8）单击"默认"选项卡"修改"面板中的"删除"按钮，删除竖直直线，结果如图 5.68 所示。

（9）单击"默认"选项卡"绘图"面板中的"直线"按钮／，在"对象捕捉"和"正交"绘图方式下，捕捉 C 点为起点，向左绘制一条长度为 12 的水平直线；重复上面的操作，以 D 为起点，向左绘制长度为 12 的水平直线；分别以 E 点和 F 点为起点，向右绘制长度为 12 的水平直线，作为变压器的输入输出连接线，如图 5.69 所示。

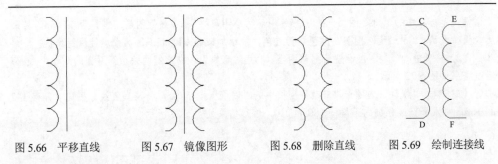

图 5.66　平移直线　　　图 5.67　镜像图形　　　图 5.68　删除直线　　　图 5.69　绘制连接线

5.5.9　圆角命令

圆角命令是指用一条指定半径的圆弧平滑连接两个对象。可以平滑连接一对直线段、非圆弧的多段线段、样条曲线、双向无限长线、射线、圆、圆弧和椭圆，并且可以在任何时候平滑连接多义线的每个节点。

🔍【执行方式】

> ➢ 命令行：FILLET（快捷命令：F）。
> ➢ 菜单栏：选择菜单栏中的"修改"→"圆角"命令。
> ➢ 工具栏：单击"修改"工具栏中的"圆角"按钮✓。
> ➢ 功能区：单击"默认"选项卡"修改"面板中的"圆角"按钮✓。

【操作步骤】

命令行提示与操作如下：

```
命令：FILLET✓
当前设置：模式 = 修剪，半径 = 0.0000
选择第一个对象或[放弃(U)/多段线(P)/半径(R)/修剪(T)/多个(M)]：(选择第一个对象或其他选项)
选择第二个对象，或按住 Shift 键选择对象以应用角点或[半径(R)]：(选择第二个对象)
```

【选项说明】

（1）多段线(P)：在一条二维多段线两段直线段的节点处插入圆弧。选择多段线后系统会根据指定的圆弧半径把多段线各顶点用圆弧平滑连接起来。

（2）修剪(T)：决定在平滑连接两条边时，是否修剪这两条边，如图 5.70 所示。

（3）多个(M)：同时对多个对象进行圆角编辑，而不必重新起用命令。

（4）按住 Shift 键并选择两条直线，可以快速创建零距离倒角或零半径圆角。

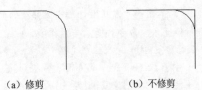

(a) 修剪　　　　　　　　　　(b) 不修剪

图 5.70　圆角连接

5.5.10　实例——绘制吊钩

本实例绘制如图 5.71 所示的吊钩。

扫一扫，看视频

🖱【操作步骤】

（1）单击"默认"选项卡"图层"面板中的"图层特性"按钮🗂️，打开"图层特性管理器"

对话框，单击其中的"新建图层"按钮❖，新建两个图层："轮廓线"图层，线宽为 0.3mm，其余属性保持默认；"中心线"图层，颜色设为红色，线型加载为 CENTER，其余属性保持默认。

（2）将"中心线"图层设置为当前图层。利用"直线"命令绘制两条相互垂直的定位中心线，绘制结果如图 5.72 所示。

（3）单击"默认"选项卡"修改"面板中的"偏移"按钮⊜，将竖直直线分别向右偏移 142 和 160，将水平直线分别向下偏移 180 和 210，偏移结果如图 5.73 所示。

图 5.71 吊钩   图 5.72 绘制定位中心线   图 5.73 偏移处理（1）

（4）将图层切换到"轮廓线"图层，单击"默认"选项卡"绘图"面板中的"圆"按钮⊙，以点 1 为圆心分别绘制半径为 120 和 40 的同心圆，再以点 2 为圆心绘制半径为 96 的圆，以点 3 为圆心绘制半径为 80 的圆，以点 4 为圆心绘制半径为 42 的圆，绘制结果如图 5.74 所示。

（5）单击"默认"选项卡"修改"面板中的"偏移"按钮⊜，将线段 5 分别向左和向右偏移 22.5 和 30，将线段 6 向上偏移 80，将偏移后的直线切换到"轮廓线"图层，偏移结果如图 5.75 所示。

（6）单击"默认"选项卡"修改"面板中的"修剪"按钮✂，修剪直线，结果如图 5.76 所示。

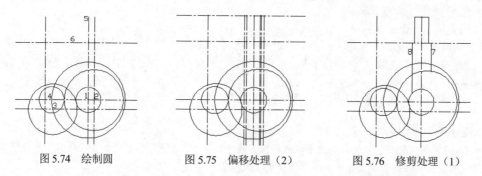

图 5.74 绘制圆   图 5.75 偏移处理（2）   图 5.76 修剪处理（1）

（7）单击"默认"选项卡"修改"面板中的"圆角"按钮⌒，选择线段 7 和半径为 80 的圆进行倒圆角，命令行提示与操作如下：

```
命令：_FILLET
当前设置：模式 = 不修剪，半径 = 0.0000
选择第一个对象或[放弃(U)/多段线(P)/半径(R)/修剪(T)/多个(M)]：t↙
输入修剪模式选项[修剪(T)/不修剪(N)]<不修剪>：t↙
选择第一个对象或[放弃(U)/多段线(P)/半径(R)/
修剪(T)/多个(M)]：r↙
指定圆角半径 <0.0000>：80↙
选择第一个对象或[放弃(U)/多段线(P)/半径(R)/修剪(T)/多个(M)]：（选择线段 7）
选择第二个对象或按住 Shift 键选择对象以应用角点或[半径(R)]：（选择半径为 80 的圆）
```

重复上述命令选择线段 8 和半径为 40 的圆，进行倒圆角，半径为 120，结果如图 5.77 所示。

（8）单击"默认"选项卡"绘图"面板中的"圆"按钮，选用"相切，相切，相切"的方法绘制圆。以半径为 42 的圆为第一点，半径为 96 的圆为第二点，半径为 80 的圆为第三点，绘制结果如图 5.78 所示。

（9）单击"默认"选项卡"修改"面板中的"修剪"按钮，对多余线段进行修剪，结果如图 5.79 所示。

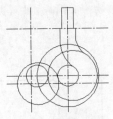 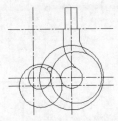 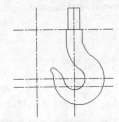

图 5.77　圆角处理　　　　图 5.78　三点画圆　　　　图 5.79　修剪处理（2）

（10）单击"默认"选项卡"修改"面板中的"删除"按钮，删除多余线段，最终绘制结果如图 5.71 所示。

5.5.11　倒角命令

倒角命令即斜角命令，是用斜线连接两个不平行的线型对象。可以用斜线连接直线段、双向无限长线、射线和多义线。

系统采用两种方法确定连接两个对象的斜线：一种指定两个斜线距离；另一种指定斜线角度和一个斜线距离。下面分别介绍这两种方法的使用。

1．指定两个斜线距离

斜线距离是指从被连接对象与斜线的交点到被连接的两对象交点之间的距离，如图 5.80 所示。

2．指定斜线角度和一个斜线距离

采用这种方法连接对象时，需要输入两个参数：斜线与一个对象的斜线距离和斜线与该对象的夹角，如图 5.81 所示。

 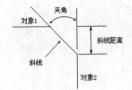

图 5.80　斜线距离　　　　　　　图 5.81　斜线距离与夹角

【执行方式】
- 命令行：CHAMFER（快捷命令：CHA）。
- 菜单栏：选择菜单栏中的"修改"→"倒角"命令。
- 工具栏：单击"修改"工具栏中的"倒角"按钮。
- 功能区：单击"默认"选项卡"修改"面板中的"倒角"按钮。

【操作步骤】

命令行提示与操作如下：

命令：CHAMFER✓
（"不修剪"模式）当前倒角距离 1 = 0.0000，距离 2 = 0.0000
选择第一条直线或[放弃(U)/多段线(P)/距离(D)/角度(A)/修剪(T)/方式(E)/多个(M)]：（选择第一条直线或别的选项）
选择第二条直线，或按住 Shift 键选择直线以应用角点或[距离(D)/角度(A)/方法(M)]：（选择第二条直线）

【选项说明】

（1）多段线(P)：对多段线的各个交叉点倒斜角。为了得到最好的连接效果，一般设置斜线是相等的值，系统根据指定的斜线距离把多段线的每个交叉点都作斜线连接，连接的斜线成为多段线新的构成部分，如图 5.82 所示。

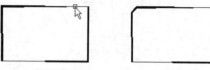

(a) 选择多段线　　(b) 倒斜角结果

图 5.82　斜线连接多段线

（2）距离(D)：选择倒角的两个斜线距离。这两个斜线距离可以相同，也可以不相同，若二者均为 0，则系统不绘制连接的斜线，而是把两个对象延伸至相交并修剪超出的部分。

（3）角度(A)：选择第一条直线的斜线距离和第一条直线的倒角角度。

（4）修剪(T)：与圆角连接命令 FILLET 相同，该选项决定连接对象后是否剪切源对象。

（5）方式(E)：决定采用"距离"方式还是"角度"方式进行倒斜角。

（6）多个(M)：同时对多个对象进行倒斜角编辑。

扫一扫，看视频

5.5.12　实例——绘制轴

本实例绘制如图 5.83 所示的轴。

【操作步骤】

（1）单击"默认"选项卡"图层"面板中的"图层特性"按钮，打开"图层特性管理器"对话框，单击其中的"新建图层"按钮，新建两个图层："轮廓线"图层，线宽属性为 0.3mm，其余属性保持默认设置；"中心线"图层，颜色设为红色，线型加载为 CENTER，其余属性保持默认设置。

（2）将"中心线"图层设置为当前图层，单击"默认"选项卡"绘图"面板中的"直线"按钮，绘制水平中心线。将"轮廓线"图层设置为当前图层，单击"默认"选项卡"绘图"面板中的"直线"按钮，绘制定位直线，绘制结果如图 5.84 所示。

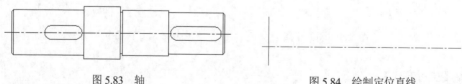

图 5.83　轴　　　　　　　　　　　　　　图 5.84　绘制定位直线

（3）单击"默认"选项卡"修改"面板中的"偏移"按钮，将水平中心线分别向上偏移 35、30、26.5、25，将竖直线分别向右偏移 2.5、108、163、166、235、315.5、318。然后选择偏移形成的 4 条水平点画线，将其所在图层修改为"轮廓线"图层，将其线型转换成实线，结果如图 5.85 所示。

（4）单击"默认"选项卡"修改"面板中的"修剪"按钮✂，修剪多余的线段，结果如图 5.86 所示。

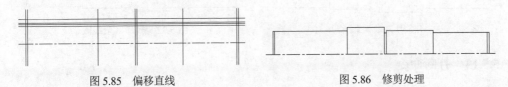

图 5.85 偏移直线   图 5.86 修剪处理

（5）单击"默认"选项卡"修改"面板中的"倒角"按钮／，将轴的左端倒角，命令行提示与操作如下：

命令：_CHAMFER
（"修剪"模式）当前倒角距离 1 = 0.0000，距离 2 = 0.0000
选择第一条直线或[放弃(U)/多段线(P)/距离(D)/角度(A)/修剪(T)/方式(E)/多个(M)]：D✓
指定第一个倒角距离 <0.0000>：2.5✓
指定第二个倒角距离 <2.5000>：✓
选择第一条直线或[放弃(U)/多段线(P)/距离(D)/角度(A)/修剪(T)/方式(E)/多个(M)]：（选择最左端的竖直线）
选择第二条直线，或按住 Shift 键选择直线以应用角点或[距离(D)/角度(A)/方法(M)]：（选择与之相交的水平线）

重复上述命令，将右端进行倒角处理，结果如图 5.87 所示。

（6）单击"默认"选项卡"修改"面板中的"镜像"按钮◢◣，将轴的上半部分以中心线为对称轴进行镜像，结果如图 5.88 所示。

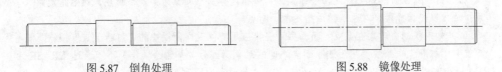

图 5.87 倒角处理   图 5.88 镜像处理

（7）单击"默认"选项卡"修改"面板中的"偏移"按钮⊂，将线段 1 分别向左偏移 12 和 49，将线段 2 分别向右偏移 12 和 69。结果如图 5.89 所示。

（8）单击"默认"选项卡"绘图"面板中的"圆"按钮⊙，选择偏移后的线段与水平中心线的交点为圆心，绘制 4 个半径为 9 的圆，绘制结果如图 5.90 所示。

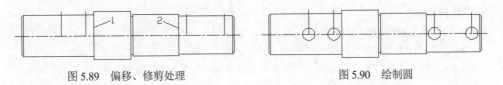

图 5.89 偏移、修剪处理   图 5.90 绘制圆

（9）单击"默认"选项卡"绘图"面板中的"直线"按钮／，绘制 4 条与圆相切的直线，绘制结果如图 5.91 所示。

（10）单击"默认"选项卡"修改"面板中的"删除"按钮✎，将步骤（7）中偏移得到的线段删除，结果如图 5.92 所示。

（11）单击"默认"选项卡"修改"面板中的"修剪"按钮✂，对多余的线进行修剪，最终结果如图 5.83 所示。

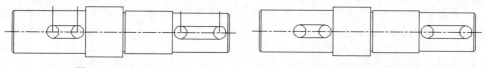

图 5.91　绘制直线　　　　　　　　　　　　图 5.92　删除多余线段

5.5.13　打断命令

【执行方式】

- ➢ 命令行：BREAK（快捷命令：BR）。
- ➢ 菜单栏：选择菜单栏中的"修改"→"打断"命令。
- ➢ 工具栏：单击"修改"工具栏中的"打断"按钮。
- ➢ 功能区：单击"默认"选项卡"修改"面板中的"打断"按钮。

【操作步骤】

命令行提示与操作如下：

命令：BREAK✓
选择对象：选择要打断的对象
指定第二个打断点或[第一点(F)]：指定第二个断开点或输入 F✓

【选项说明】

（1）如果选择"第一点(F)"，AutoCAD 2024 将丢弃前面的第一个选择点，重新提示用户指定两个断开点。

（2）打断对象时，需要确定两个断点。可以将选择对象处作为第一个断点，然后指定第二个断点；还可以先选择整个对象，然后指定两个断点。

（3）如果仅想将对象在某点打断，则可直接应用"修改"面板中的"打断于点"按钮。

（4）"打断"命令主要用于删除断点之间的对象，因为某些删除操作是不能通过 ERASE 和 TRIM 命令完成的。例如，圆的中心线和对称中心线过长时可利用打断操作进行删除。

5.5.14　打断于点命令

打断于点命令是指在对象上指定一点，从而把对象在此点拆分成两部分，此命令与"打断"命令类似。

【执行方式】

- ➢ 命令行：BREAK（快捷命令：BR）。
- ➢ 工具栏：单击"修改"工具栏中的"打断于点"按钮。
- ➢ 功能区：单击"默认"选项卡"修改"面板中的"打断于点"按钮。

【操作步骤】

命令行提示与操作如下：

命令：_BREAKATPOINT
选择对象:选择要打断的对象
指定打断点:选择打断点

5.5.15 实例——绘制吸顶灯

本实例利用"直线"命令绘制辅助线，然后利用"圆"命令绘制同心圆，最后利用 _{扫一扫，看视频}"打断"命令将多余的辅助线打断，如图 5.93 所示。

【操作步骤】

（1）新建两个图层。图层 1，颜色为蓝色，其余属性保持默认；图层 2，颜色为黑色，其余属性保持默认。

（2）将图层 1 设置为当前图层，单击"默认"选项卡"绘图"面板中的"直线"按钮 ╱，绘制两条相交的直线，坐标点分别为{(50,100)，(100,100)}和{(75,75)，(75,125)}，如图 5.94 所示。

（3）将图层 2 设置为当前图层，单击"默认"选项卡"绘图"面板中的"圆"按钮 ⊙，以(75,100)为圆心，绘制半径为 15 和 10 的两个同心圆，如图 5.95 所示。

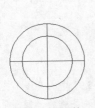

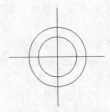

图 5.93 吸顶灯　　　　　图 5.94 绘制相交直线　　　　　图 5.95 绘制同心圆

（4）单击"默认"选项卡"修改"面板中的"打断"按钮 ▯，将超出圆外的直线修剪掉，命令行提示与操作如下：

> 命令：_BREAK
> 选择对象：（选择竖直直线）
> 指定第二个打断点或[第一点(F)]：F
> 指定第一个打断点：（选择竖直直线的上端点）
> 指定第二个打断点：（选择竖直直线与大圆上面的相交点）

使用同样的方法将其他 3 段超出圆外的直线修剪掉，结果如图 5.93 所示。

5.5.16 分解命令

【执行方式】

➢ 命令行：EXPLODE（快捷命令：X）。
➢ 菜单栏：选择菜单栏中的"修改"→"分解"命令。
➢ 工具栏：单击"修改"工具栏中的"分解"按钮 ▱。
➢ 功能区：单击"默认"选项卡"修改"面板中的"分解"按钮 ▱。

【操作步骤】

命令行提示与操作如下：

> 命令：EXPLODE✓
> 选择对象：选择要分解的对象

选择一个对象后，该对象会被分解，系统继续提示该行信息，允许分解多个对象。

高手点拨：

分解命令是将一个合成图形分解为其部件的工具。例如，一个矩形被分解后就会变成 4 条直线，且一个有宽度的直线被分解后就会失去其宽度属性。

扫一扫，看视频

5.5.17　实例——绘制热继电器

本实例利用"矩形""分解""偏移""打断""直线"和"修剪"等命令绘制热继电器，如图 5.96 所示。

【操作步骤】

（1）单击"默认"选项卡"绘图"面板中的"矩形"按钮 □，绘制一个长为 5、宽为 10 的矩形，效果如图 5.97 所示。

（2）单击"默认"选项卡"修改"面板中的"分解"按钮 ，将矩形进行分解，命令行提示与操作如下：

```
命令：_EXPLODE
选择对象：（选取矩形）
选择对象：
```

（3）单击"默认"选项卡"修改"面板中的"偏移"按钮 ，将图 5.97 中的直线 1 向下偏移，偏移距离为 3；重复偏移命令，将直线 1 再向下偏移 5，然后将直线 2 向右偏移，偏移距离分别为 1.5 和 3.5，结果如图 5.98 所示。

（4）单击"默认"选项卡"修改"面板中的"修剪"按钮 ，修剪多余的线段。

（5）单击"默认"选项卡"修改"面板中的"打断"按钮 ，打断直线，命令行提示与操作如下：

```
命令：_BREAK
选择对象：（选择与直线 2 和直线 4 相交的中间的水平直线）
指定第二个打断点或[第一点(F)]：F
指定第一个打断点：（捕捉交点）
指定第二个打断点：（在适当位置单击）
```

结果如图 5.99 所示。

（6）单击"默认"选项卡"绘图"面板中的"直线"按钮 ，在"对象捕捉"和"正交"绘图方式下捕捉如图 5.99 所示的直线 2 的中点，以其为起点，向左绘制长度为 5 的水平直线；使用相同的方法捕捉直线 4 的中点，以其为起点，向右绘制长度为 5 的水平直线，完成热继电器的绘制，结果如图 5.96 所示。

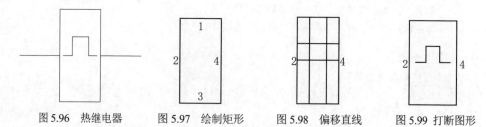

图 5.96　热继电器　　图 5.97　绘制矩形　　图 5.98　偏移直线　　图 5.99　打断图形

5.6 综合演练——绘制齿轮交换架

本实例绘制的齿轮交换架如图 5.100 所示。在本例中，综合运用了本章所学的一些编辑命令，绘制的大体顺序是先设置绘图环境，即新建图层；接着利用"直线""偏移"命令绘制大体框架，从而确定齿轮交换架的大体尺寸和位置；然后利用"圆""圆弧"命令绘制轮廓，利用"修剪"命令修剪多余部分；最后利用"拉长"命令整理图形。

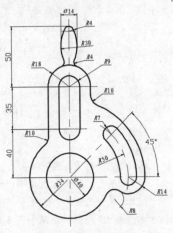

图 5.100 齿轮交换架

🖱【操作步骤】

1. 设置绘图环境

（1）选择菜单栏中的"格式"→"图形界限"命令，设置图幅为 297×210。

（2）选择菜单栏中的"格式"→"图层"命令，创建图层 CSX 及 XDHX。其中 CSX 线型为实线，线宽为 0.30mm，其他选项保持默认；XDHX 线型为 CENTER，线宽为 0.09mm，颜色为红色，其他选项保持默认。

2. 将 XDHX 图层设置为当前图层，绘制定位线

（1）单击"默认"选项卡"绘图"面板中的"直线"按钮 ╱，绘制对称中心线，直线端点坐标为{(80, 70)，(210, 70)}。

（2）单击"默认"选项卡"绘图"面板中的"直线"按钮 ╱，绘制另外两条中心线段，端点分别为{(140, 210)，(140, 12)}和{(中心线的交点)，(@70<45)}。

（3）单击"默认"选项卡"修改"面板中的"偏移"按钮 ⊆，将水平中心线分别向上偏移 40、35、50、4，依次以偏移形成的水平对称中心线为偏移对象。

（4）单击"默认"选项卡"绘图"面板中的"圆"按钮 ⊙，以下部中心线的交点为圆心绘制半径为 50 的中心线圆。

（5）单击"默认"选项卡"修改"面板中的"修剪"按钮 ✂，修剪中心线圆，结果如图 5.101 所示。

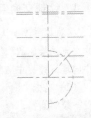

图 5.101 修剪后的图形

3. 将 CSX 图层设置为当前图层，绘制交换架中部

（1）单击"默认"选项卡"绘图"面板中的"圆"按钮 ⊙，以下部中心线的交点为圆心，绘制半径为 20 和 34 的同心圆。

（2）单击"默认"选项卡"修改"面板中的"偏移"按钮 ⊆，将竖直中心线分别向两侧偏移 9 和 18。

（3）单击"默认"选项卡"绘图"面板中的"直线"按钮 ╱，分别捕捉竖直中心线与水平中心线的交点绘制四条竖直线。

（4）单击"默认"选项卡"修改"面板中的"删除"按钮 🖋，删除偏移在 XDHX 图层中的竖直对称中心线，结果如图 5.102 所示。

（5）单击"默认"选项卡"绘图"面板中的"圆弧"按钮 ╱，捕捉交点与中心点，在竖直直线上方绘制 R18 圆弧，命令行提示与操作如下：

命令:ARC↙

指定圆弧的起点或[圆心(C)]：C↙

指定圆弧的圆心：（捕捉中心线的交点）

指定圆弧的起点：（捕捉左侧中心线的交点）

指定圆弧的端点(按住 Ctrl 键以切换方向)或[角度(A)/弦长(L)]：A↙

指定夹角(按住 Ctrl 键以切换方向)：-180↙

（6）单击"默认"选项卡"修改"面板中的"圆角"按钮 ⌐，在最左侧竖直偏移直线和半径为 34 的圆上添加 R10 圆角，命令行提示与操作如下：

命令:FILLET↙

当前设置：模式 = 修剪，半径 = 10.0000

选择第一个对象或[放弃(U)/多段线(P)/半径(R)/修剪(T)/多个(M)]：（选择最左侧的竖直直线的下部）

选择第二个对象，或按住 Shift 键选择要应用角点的对象：（选择半径为 34 的圆）

（7）单击"默认"选项卡"修改"面板中的"修剪"按钮 ✂，修剪 R34 圆。

（8）单击"默认"选项卡"绘图"面板中的"圆弧"按钮 ⌒，捕捉交点与中心点，在竖直直线上方绘制 R9 圆弧，结果如图 5.103 所示。

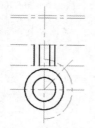
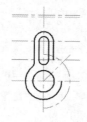

图 5.102　绘制中间的竖直线　　　　图 5.103　交换架中部图形

4. 绘制交换架右部

（1）单击"默认"选项卡"绘图"面板中的"圆"按钮 ⊙，捕捉中心线圆弧 R50 与水平中心线的交点，绘制 R7 圆。

同理，捕捉中心线圆弧 R50 与倾斜中心线的交点为圆心，绘制 R7 圆。

（2）单击"默认"选项卡"绘图"面板中的"圆弧"按钮 ⌒，捕捉圆弧 R34、R50 的圆心为圆心，绘制圆弧，命令行提示与操作如下：

命令:ARC↙（绘制 R43 圆弧）

指定圆弧的起点或[圆心(C)]：C↙

指定圆弧的圆心：（捕捉 R34 圆弧的圆心）

指定圆弧的起点：（捕捉下部 R7 圆与水平对称中心线的左交点）

指定圆弧的端点(按住 Ctrl 键以切换方向)或[角度(A)/弦长(L)]：（捕捉上部 R7 圆与倾斜对称中心线的左交点）

命令：ARC↙（绘制 R57 圆弧）

指定圆弧的起点或[圆心(C)]：C↙

指定圆弧的圆心：（捕捉 R34 圆弧的圆心）

指定圆弧的起点：（捕捉下部 R7 圆与水平对称中心线的右交点）

指定圆弧的端点(按住 Ctrl 键以切换方向)或[角度(A)/弦长(L)]：（捕捉上部 R7 圆与倾斜对称中心线的右交点）

（3）单击"默认"选项卡"修改"面板中的"修剪"按钮 ✂，修剪上下两个 R7 圆。

（4）单击"默认"选项卡"绘图"面板中的"圆"按钮 ⊙，以 R34 圆弧的圆心为圆心，绘制 R64 圆。

（5）单击"默认"选项卡"修改"面板中的"圆角"按钮 ⌒，绘制上部 R10 圆角。

（6）单击"默认"选项卡"修改"面板中的"修剪"按钮 ✂，修剪 R64 圆。

（7）单击"默认"选项卡"绘图"面板中的"圆弧"按钮 ⌒，绘制右下方圆弧，命令行提示与操作如下：

```
命令:ARC✔（绘制下部 R14 圆弧）
指定圆弧的起点或[圆心(C)]: C✔
指定圆弧的圆心:（捕捉下部 R7 圆的圆心）
指定圆弧的起点:（捕捉 R64 圆与水平对称中心线的交点）
指定圆弧的端点(按住 Ctrl 键以切换方向)或[角度(A)/弦长(L)]: A✔
指定夹角: -180
```

（8）单击"默认"选项卡"修改"面板中的"圆角"按钮 ⌒，绘制下部 R8 圆角，结果如图 5.104 所示。

5. 绘制交换架上部

（1）单击"默认"选项卡"修改"面板中的"偏移"按钮 ⊑，将竖直对称中心线向右偏移 22。

（2）将 0 层设置为当前图层。单击"默认"选项卡"绘图"面板中的"圆"按钮 ⊙，以第二条水平中心线与竖直中心线的交点为圆心，绘制 R26 辅助圆。

（3）将 CSX 层设置为当前图层。单击"默认"选项卡"绘图"面板中的"圆"按钮 ⊙，以 R26 圆与偏移的竖直中心线的交点为圆心，绘制 R30 圆，结果如图 5.105 所示。

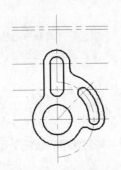

图 5.104　交换架右部图形

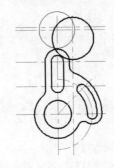

图 5.105　绘制 R30 圆

（4）单击"默认"选项卡"修改"面板中的"删除"按钮 ✐，分别选择偏移形成的竖直中心线及 R26 圆。

（5）单击"默认"选项卡"修改"面板中的"修剪"按钮 ✂，修剪 R30 圆。

（6）单击"默认"选项卡"修改"面板中的"镜像"按钮 ◭，以竖直中心线为镜像轴，镜像所绘制的 R30 圆弧，结果如图 5.106 所示。

（7）单击"默认"选项卡"修改"面板中的"圆角"按钮 ⌒，对镜像的 R30 圆弧进行倒圆角，命令行提示与操作如下：

```
命令:_FILLET
当前设置：模式 = 修剪，半径 = 8.0000
选择第一个对象或[放弃(U)/多段线(P)/半径(R)/修剪(T)/多个(M)]: R
```

指定圆角半径 <8.0000>: 4
选择第一个对象或[放弃(U)/多段线(P)/半径(R)/修剪(T)/多个(M)]: M（绘制最上部 R4 圆弧）
选择第一个对象或[放弃(U)/多段线(P)/半径(R)/修剪(T)/多个(M)]:（选择左侧 R30 圆弧的上部）
选择第二个对象，或按住 Shift 键选择对象以应用角点或[半径(R)]:（选择右侧 R30 圆弧的上部）
选择第一个对象或[放弃(U)/多段线(P)/半径(R)/修剪(T)/多个(M)]: T（更改修剪模式）
输入修剪模式选项[修剪(T)/不修剪(N)]<修剪>: N（选择修剪模式为不修剪）
选择第一个对象或[放弃(U)/多段线(P)/半径(R)/修剪(T)/多个(M)]:（选择左侧 R30 圆弧的下端）
选择第二个对象，或按住 Shift 键选择对象以应用角点或[半径(R)]:（选择 R18 圆弧的左侧）
选择第一个对象或[放弃(U)/多段线(P)/半径(R)/修剪(T)/多个(M)]:（选择右侧 R30 圆弧的下端）
选择第二个对象，或按住 Shift 键选择对象以应用角点或[半径(R)]:（选择 R18 圆弧的右侧）
选择第一个对象或[放弃(U)/多段线(P)/半径(R)/修剪(T)/多个(M)]:

（8）单击"默认"选项卡"修改"面板中的"修剪"按钮 ✂，修剪 R30 圆，结果如图 5.107 所示。

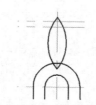

图 5.106 镜像 R30 圆弧

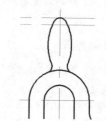

图 5.107 交换架上部图形

6. 整理并保存图形

（1）单击"默认"选项卡"修改"面板中的"拉长"按钮 ✍，调整中心线长度。
（2）单击"默认"选项卡"修改"面板中的"删除"按钮 ✍，选择最上边的两条水平中心线，删除多余的中心线，最终结果如图 5.100 所示。

5.7 新手问答

No.1：镜像命令的操作技巧。

镜像命令对于创建对称的图样而言非常有用，可以快速地绘制半个对象，然后将其镜像，而不必绘制整个对象。

默认情况下，镜像文字、属性及属性定义时，它们在镜像后所得图像中不会反转或倒置。文字的对齐和对正方式在镜像图样前后保持一致。如果制图确实要反转文字，可将 MIRRTEXT 系统变量设置为 1，默认值为 0。

No.2：如何使用 BREAK 命令在一点打断对象？

执行 BREAK 命令，在提示输入第二点时，可以输入@再按 Enter 键，这样即可在第一点打断选定对象。

No.3：如何使用"修剪"命令同时修剪多条线段？

假设竖直线与四条平行线相交，现在要剪切掉竖直线右侧的部分。执行 TRIM 命令，当命令行中显示"选择对象"时，选择直线并按 Enter 键，然后输入 F 并按 Enter 键，最后在竖直线右侧绘制一条直线并按 Enter 键，即可完成修剪。

No.4：怎样把多条直线合并为一条？

方法 1：在命令行中输入 GROUP 命令，选择直线。

方法 2：执行"合并"命令，选择直线。

方法 3：在命令行中输入 PEDIT 命令，选择直线。

方法 4：执行"创建块"命令，选择直线。

No.5：OFFSET（偏移）命令的操作技巧是什么？

可将对象根据平移方向，偏移一个指定的距离，创建一个与源对象相同或类似的新对象，其可操作的图元包括直线、圆、圆弧、多义线、椭圆、构造线、样条曲线等（类似于"复制"），当偏移一个圆时，它还可以创建同心圆。当偏移一条闭合的多义线时，也可以建立一个与源对象形状相同的闭合图形，可见 OFFSET 命令的应用相当灵活，因此 OFFSET 命令无疑成了 AutoCAD 修改命令中使用频率最高的一条命令。

在使用 OFFSET 命令时，用户可以通过两种方式创建新线段：一种是输入平行线间的距离，这也是我们最常使用的方式；另一种是指定新平行线通过的点，输入提示参数 T 后，捕捉某个点作为新平行线的通过点，这样即可在不便知道平行线距离时不输入平行线之间的距离，而且还不易出错（也可以通过复制操作来实现）。

No.6：在使用复制对象时，误选了某个不该选择的图元怎么办？

在使用复制对象时，可能会误选某个不该选择的图元，此时需要删除该误选操作。可以在"选择对象"提示下输入 R（删除），并使用任意选择选项将对象从选择集中删除。如果使用"删除"选项并想重新为选择集添加该对象，请输入 A（添加）。

通过按住 Shift 键，并再次单击对象进行选择，或者按住 Shift 键然后单击并拖动窗口或交叉进行选择，也可以从当前选择集中删除对象，且可以在选择集中重复添加和删除对象。该操作在进行图元修改编辑操作时极为有用。

No.7："修剪"命令的操作技巧是什么？

在使用"修剪"命令时，通常在选择修剪对象时，是逐个单击选择的，有时显得效率不高，要比较快地实现修剪的过程，可以这样操作：执行修剪命令 TR 或 TRIM，当命令行提示"选择修剪对象"时，不选择对象，继续按 Enter 键或空格键，系统默认选择全部对象，这样可以很快地完成修剪的过程，没用过的读者不妨一试。

5.8 上 机 实 验

【练习 1】绘制如图 5.108 所示的三角铁零件图形。

扫一扫，看视频

图 5.108 三角铁零件

1. 目的要求

本练习设计的图形是一个常见的机械零件。在绘制的过程中，除了要用到"直线""圆"等基本绘图命令外，还要用到"旋转""复制"和"修剪"等编辑命令。本练习的目的是通过上机实验，帮助读者掌握"旋转""复制"和"修剪"等编辑命令的用法。

2. 操作提示

（1）绘制水平直线。

（2）旋转复制直线。

（3）绘制圆。

（4）复制圆。

（5）修剪图形。

（6）保存图形。

【练习 2】绘制如图 5.109 所示的塔形三角形。

扫一扫，看视频

图 5.109 塔形三角形

1. 目的要求

本练习绘制的图形比较简单，但是要使里面的 3 条图线的端点恰好在大三角形的 3 条边的中点上。利用"偏移""分解"和"修剪"命令，通过本练习，读者将熟悉编辑命令的操作方法。

2．操作提示

（1）绘制正三角形。

（2）分解三角形。

（3）分别沿三角形边线的垂直方向偏移边线。

（4）修剪三角形外部边线。

【练习 3】绘制如图 5.110 所示的轴承座零件。

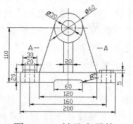

扫一扫，看视频

图 5.110　轴承座零件

1．目的要求

本练习绘制的图形比较常见，属于对称图形。利用"直线""圆"命令绘制基本尺寸，再利用"偏移"和"修剪"命令，完成左侧图形的绘制，最后利用"镜像"命令，完成图形的绘制。通过本练习，读者将体会到"镜像"编辑命令的便利之处。

2．操作提示

（1）利用"图层"命令设置 3 个图层。

（2）利用"直线"命令绘制中心线。

（3）利用"直线"命令和"圆"命令绘制部分轮廓线。

（4）利用"圆角"命令进行圆角处理。

（5）利用"直线"命令绘制螺孔线。

（6）利用"镜像"命令对左端局部结构进行镜像。

5.9　思考与练习

（1）执行矩形阵列命令并选择对象后，默认创建（　　）图形。

A．2 行 3 列　　　　　B．3 行 2 列　　　　　C．3 行 4 列　　　　　D．4 行 3 列

（2）已有一个绘制好的圆，绘制一组同心圆可以通过（　　）命令实现。

A．STRETCH（伸展）　B．OFFSET（偏移）　C．EXTEND（延伸）　D．MOVE（移动）

（3）关于偏移，以下说法错误的是（　　）。

A．偏移值为 30

B．偏移值为 -30

C．偏移圆弧时，既可以创建更大的圆弧，也可以创建更小的圆弧

D．可以偏移的对象类型包括样条曲线

（4）如果对图 5.111 中的正方形沿两个点打断，打断之后的长度为（　　）。

A．150　　　　　B．100　　　　　C．150 或 50　　　　　D．随机

（5）以下关于分解命令（EXPLODE）的描述，正确的是（　　）。

A．对象分解后，颜色、线型和线宽不会改变

B．图案分解后，图案与边界的关联性仍然存在

C．多行文字分解后将变为单行文字

D．构造线分解后可得到两条射线

（6）对两条平行的直线进行倒圆角（FILLET），圆角半径设置为 20，其结果是（　　）。

A．不能倒圆角　　　　　　　　　B．按半径 20 倒圆角

C．系统提示错误　　　　　　　　D．倒出半圆，其直径等于直线间的距离

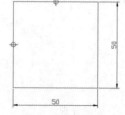

图 5.111　正方形

（7）使用 COPY 命令复制一个圆，指定基点为(0,0)，再提示指定第二个点时按 Enter 键，以第一个点作为位移，则下面说法正确的是（　　）。

A．没有复制图形　　　　　　　　B．复制的图形圆心与(0,0)重合

　　C．复制的图形与原图形重合　　　　　D．在任意位置复制圆

（8）对一个多段线对象中的所有角点进行圆角，可以使用"圆角"命令中的（　　）命令选项。

　　A．多段线(P)　　　　　B．修剪(T)　　　C．多个(U)　　　　　D．半径(R)

（9）绘制如图 5.112 所示的图形。

（10）绘制如图 5.113 所示的图形。

图 5.112　图形 1　　　　　　　　　　　图 5.113　图形 2

第 6 章　文字与表格

本章导读

　　文字注释是绘制图形过程中很重要的内容，进行各种设计时，不仅要绘制出图形，还要在图形中标注一些注释性的文字，如技术要求、注释说明等，对图形对象加以解释。AutoCAD 提供了多种在图形中输入文字的方法，本章会详细介绍文本的注释和编辑功能。图表在 AutoCAD 图形中也有大量的应用，如明细表、参数表和标题栏等。

6.1　文　本　样　式

　　所有 AutoCAD 图形中的文字都有与其相对应的文本样式。当输入文字对象时，AutoCAD 使用当前设置的文本样式。文本样式是用于控制文字基本形状的一组设置。AutoCAD 提供了"文字样式"对话框，通过该对话框可以方便直观地设置需要的文本样式，或是对已有样式进行修改。

【执行方式】

> ➤ 命令行：STYLE 或 DDSTYLE（快捷命令：ST）。
> ➤ 菜单栏：选择菜单栏中的"格式"→"文字样式"命令。
> ➤ 工具栏：单击"文字"工具栏中的"文字样式"按钮 **A**。
> ➤ 功能区：单击"默认"选项卡"注释"面板中的"文字样式"按钮 **A**（图 6.1），或单击"注释"选项卡"文字"面板中的"文字样式"下拉菜单中的"管理文字样式"按钮（图 6.2），或单击"注释"选项卡"文字"面板中的"对话框启动器"按钮 **↘**。

图 6.1　"注释"面板

图 6.2　"文字"面板

　　执行上述命令后，系统打开"文字样式"对话框，如图 6.3 所示。通过这个对话框可以方便直观地定制需要的文本样式，或对已有样式进行修改。

【选项说明】

　　（1）"样式"列表框：列出所有已设定的文字样式名或对已有样式名进行相关操作。单击"新建"按钮，系统打开如图 6.4 所示的"新建文字样式"对话框。在该对话框中可以为新建的文字样式输入名称。在"样式"列表框中选中要更改名称的文本样式，右击，选择快捷菜单中的"重命名"命令，如图 6.5 所示，可以为所选文本样式输入新的名称。

（2）"字体"选项组：用于确定字体样式。文字的字体确定字符的形状，在 AutoCAD 中，除了它固有的 SHX 形状字体文件外，还可以使用 TrueType 字体（如宋体、楷体、Italley 等）。同一种字体可以设置不同的效果，从而被多种文本样式使用，图 6.6 所示为同一种字体（宋体）的不同样式。

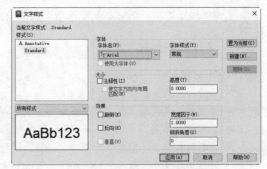

图 6.3　"文字样式"对话框

图 6.4　"新建文字样式"对话框

图 6.5　快捷菜单

图 6.6　同一种字体的不同样式

（3）"大小"选项组：用于确定文本样式使用的字体文件、字体风格及字高。"高度"文本框用于设置创建文字时的固定字高，在使用 TEXT 命令输入文字时，AutoCAD 不再提示输入字高参数。如果在此文本框中设置字高为 0，系统会在每一次创建文字时提示输入字高，所以，如果不想固定字高，可以把"高度"文本框中的数值设置为 0。

（4）"效果"选项组。

➢ "颠倒"复选框：勾选该复选框，表示将文本文字倒置标注，如图 6.7（a）所示。
➢ "反向"复选框：确定是否将文本文字反向标注，标注效果如图 6.7（b）所示。
➢ "垂直"复选框：确定文本是水平标注还是垂直标注。勾选该复选框时为垂直标注，否则为水平标注，垂直标注如图 6.8 所示。

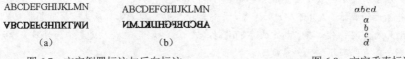

图 6.7　文字倒置标注与反向标注　　　　　　图 6.8　文字垂直标注

➢ "宽度因子"文本框：设置宽度系数，确定文本字符的宽高比。当比例系数为 1 时，表示将按字体文件中定义的宽高比标注文字。当此系数小于 1 时，字会变窄，反之变宽。如图 6.4 所示，是在不同比例系数下标注的文本文字。
➢ "倾斜角度"文本框：用于确定文字的倾斜角度。角度为 0 时不倾斜，为正数时向右倾斜，为负数时向左倾斜，效果如图 6.6 所示。

（5）"应用"按钮：确认对文字样式的设置。当创建新的文字样式或对现有文字样式的某些特征进行修改后，都需要单击此按钮，系统才会确认所做的改动。

6.2　文　本　标　注

在绘制图形的过程中，文字传递了很多设计信息，它可能是一个很复杂的说明，也可能是一个简短的文字信息。当需要文字标注的文本不太长时，可以利用 TEXT 命令创建单行文本；当需要标注很长、很复杂的文字信息时，可以利用 MTEXT 命令创建多行文本。

6.2.1　单行文本标注

【执行方式】

➢ 命令行：TEXT（快捷命令：T）。
➢ 菜单栏：选择菜单栏中的"绘图"→"文字"→"单行文字"命令。
➢ 工具栏：单击"文字"工具栏中的"单行文字"按钮 A。
➢ 功能区：单击"默认"选项卡"注释"面板中的"单行文字"按钮 A，或单击"注释"选项卡"文字"面板中的"单行文字"按钮 A。

【操作步骤】

命令行提示与操作如下：

命令：TEXT✓
当前文字样式:"Standard"　文字高度：0.2000　注释性：否　对正：左
指定文字的起点或[对正(J)/样式(S)]:

【选项说明】

（1）指定文字的起点：在此提示下，直接在绘图区选择一点作为输入文本的起始点，命令行提示与操作如下：

指定高度 <0.2000>：确定文字高度
指定文字的旋转角度 <0>：确定文本行的倾斜角度

执行上述命令后，即可在指定位置输入文本文字，输入后按 Enter 键，文本文字另起一行，可继续输入文字，待全部输入完后按两次 Enter 键，退出 TEXT 命令。可见，TEXT 命令也可创建多行文本，只是这种多行文本每一行是一个对象，不能对多行文本同时进行操作。

> **高手点拨：**
> 只有当前文本样式中设置的字符高度为 0，在使用 TEXT 命令时，系统才出现要求用户确定字符高度的提示。AutoCAD 允许将文本行倾斜排列，图 6.9 所示为倾斜角度分别是 0°、45°和-45°时的排列效果。在"指定文字的旋转角度<0>"提示下输入文本行的倾斜角度或在绘图区绘制一条直线来指定倾斜角度。

（2）对正(J)：在"指定文字的起点或[对正(J)/样式(S)]"提示下输入 J，用于确定文本的对齐方式，对齐方式决定文本的哪部分与所选插入点对齐。执行此选项，命令行提示如下：

输入选项[左(L)/居中(C)/右(R)/对齐(A)/中间(M)/布满(F)/左上(TL)/中上(TC)/右上(TR)/左中(ML)/正中(MC)/右中(MR)/左下(BL)/中下(BC)/右下(BR)]:

在此提示下选择一个选项作为文本的对齐方式。当文本文字水平排列时，AutoCAD 为标注文本的文字定义了如图 6.10 所示的底线、基线、中线和顶线，各种对齐方式如图 6.11 所示，图中大写字母对应上述提示中各命令。下面以"对齐"方式为例进行简要说明。

图 6.9　文本行倾斜排列的效果

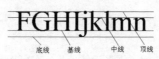

图 6.10　文本行的底线、基线、中线和顶线

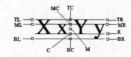

图 6.11　文本的对齐方式

选择"对齐（A）"选项，要求用户指定文本行基线的起始点与终止点的位置，命令行提示与操作如下：

指定文字基线的第一个端点：指定文本行基线的起点位置
指定文字基线的第二个端点：指定文本行基线的终点位置
输入文字：输入文本文字✓
输入文字：✓

执行结果：输入的文本文字均匀地分布在指定的两点之间，如果两点间的连线不水平，则文本行倾斜放置，倾斜角度由两点间的连线与 X 轴的夹角确定；字高、字宽根据两点间的距离、字符的多少以及文本样式中设置的宽度系数自动确定。指定了两点之后，每行输入的字符越多，字宽和字高越小。其他选项与"对齐"功能类似，此处不再赘述。

实际绘图时，有时需要标注一些特殊字符，如直径符号、上划线、下划线、温度符号等，由于这些符号不能直接从键盘上输入，AutoCAD 提供了一些控制码，用于实现这些需求。控制码用两个百分号（%%）加一个字符构成，常用的控制码及功能见表 6.1。

表 6.1　AutoCAD 常用的控制码及功能

控制码	标注的特殊字符	控制码	标注的特殊字符
%%O	上划线	\u+0278	电相位
%%U	下划线	\u+E101	流线
%%D	"度"符号（°）	\u+2261	标识
%%P	正负符号（±）	\u+E102	界碑线
%%C	直径符号（ϕ）	\u+2260	不相等号（≠）
%%%	百分号（%）	\u+2126	欧姆（Ω）
\u+2248	约等于号（≈）	\u+03A9	欧米加（Ω）
\u+2220	角度（∠）	\u+214A	低界线
\u+E100	边界线	\u+2082	下标 2
\u+2104	中心线	\u+00B2	上标 2
\u+0394	差值		

其中，%%O 和 %%U 分别是上划线和下划线的开关，第一次出现此符号开始画上划线和下划线，第二次出现此符号，上划线和下划线终止。例如，输入"I want to %%U go to Beijing%%U."，则得到如图 6.12（a）所示的文本行；输入"50%%D+%%C75%%P12"，则得到如图 6.12（b）所示的文本行。

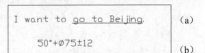

图 6.12　文本行

利用 TEXT 命令可以创建一个或若干个单行文本，即此命令可以标注多行文本。在"输入文字"提示下输入一行文本文字后按 Enter 键，命令行继续提示"输入文字"，用户可输入第二行文本文字，以此类推，直到文本文字全部输入完毕，再在此提示下按两次 Enter 键，结束文本文字输入命令。每一次按 Enter 键就结束一个单行文本的输入，每一个单行文本是一个对象，可以单独修改其文本样式、字高、旋转角度、对齐方式等。

利用 TEXT 命令创建文本时，在命令行输入的文字同时显示在绘图区，而且在创建过程中可以随时改变文本的位置，只要移动光标到新的位置后单击，则当前行结束，随后输入的文字在新的文本位置出现，通过这种方法可以把多行文本标注到绘图区的不同位置。

6.2.2　多行文本标注

🔍【执行方式】

➢ 命令行：MTEXT（快捷命令：MT）。
➢ 菜单栏：选择菜单栏中的"绘图"→"文字"→"多行文字"命令。

> ➢ 工具栏：单击"绘图"工具栏中的"多行文字"按钮 A，或单击"文字"工具栏中的"多行文字"按钮 A。
> ➢ 功能区：单击"默认"选项卡"注释"面板中的"多行文字"按钮 A，或单击"注释"选项卡"文字"面板中的"多行文字"按钮 A。

【操作步骤】

命令行提示与操作如下：

命令:MTEXT↙
当前文字样式:"Standard" 文字高度:2.5 注释性:否
指定第一角点：指定矩形框的第一个角点
指定对角点或[高度(H)/对正(J)/行距(L)/旋转(R)/样式(S)/宽度(W)/栏(C)]:

【选项说明】

（1）指定对角点：直接在屏幕上选取一个点作为矩形框的第二个角点，AutoCAD 以这两个点为对角点形成一个矩形区域，其宽度作为将来要标注的多行文本的宽度，而且第一个点作为第一行文本顶线的起点。响应后 AutoCAD 打开如图 6.13 所示的"文字编辑器"选项卡和"多行文字编辑器"，可利用此编辑器输入多行文本并对其格式进行设置。关于该对话框中各项的含义及编辑器功能，稍后再详细介绍。

（2）高度(H)：指定用于多行文字字符的文字高度。执行此选项后，AutoCAD 提示如下：

指定高度 <2.5>:

（3）对正(J)：确定所标注文本的对齐方式。执行此选项后，命令行提示如下：

输入对正方式[左上(TL)/中上(TC)/右上(TR)/左中(ML)/正中(MC)/右中(MR)/左下(BL)/中下(BC)/右下(BR)]<左上(TL)>:

这些对齐方式与 TEXT 命令中的各对齐方式相同，此处不再重复介绍。选取一种对齐方式后按 Enter 键，AutoCAD 回到上一级提示。

（4）行距(L)：确定多行文本的行间距，这里所说的行间距是指相邻两文本行的基线之间的垂直距离。执行此选项后，命令行提示如下：

输入行距类型[至少(A)/精确(E)]<至少(A)>:

在此提示下有两种方式确定行间距："至少"方式和"精确"方式。在"至少"方式下，AutoCAD 根据每行文本中最大的字符自动调整行间距；在"精确"方式下，AutoCAD 给多行文本赋予一个固定的行间距。可以直接输入一个确切的间距值，也可以输入 nx 的形式，其中，n 是一个具体数，表示行间距设置为单行文本高度的 n 倍，而单行文本高度是本行文本高度的 1.66 倍。

（5）旋转(R)：确定文本行的倾斜角度。执行此选项后，命令行提示如下：

指定旋转角度<0>:输入倾斜角度
指定对角点或[高度(H)/对正(J)/行距(L)/旋转(R)/样式(S)/宽度(W)/栏(C)]:

（6）样式(S)：确定当前的文本样式。

（7）宽度(W)：指定多行文本的宽度。可将在屏幕上选取的一点与前面确定的第一个角点组成的矩形框的宽作为多行文本的宽度。也可以输入一个数值，精确设置多行文本的宽度。

在创建多行文本时，只要给定了文本行的起始点和宽度后，AutoCAD 就会打开如图 6.13 所示的"文字编辑器"选项卡和"多行文字编辑器"，该编辑器包含一个"文字

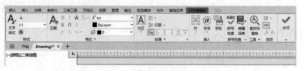

图 6.13 "文字编辑器"选项卡

格式"对话框和一个右键快捷菜单。用户可以在编辑器中输入和编辑多行文本，包括设置字高、文本样式以及倾斜角度等。

（8）栏(C)：根据栏宽、栏间距宽度和栏高组成矩形框，会打开如图 6.13 所示的"文字编辑器"选项卡和"多行文字编辑器"。

（9）"文字编辑器"选项卡：用于控制文本文字的显示特性。可以在输入文本文字前设置文本的特性，也可以改变已输入的文本文字特性。要改变已有文本文字显示特性，首先应选择要修改的文本，选择文本的方式有以下 3 种。

➢ 将光标定位到文本文字开始处，按住鼠标左键，拖到文本末尾。

➢ 双击某个文字，则该文字被选中。

➢ 单击 3 次，则选中全部内容。

下面介绍选项卡中部分选项的功能。

➢ "堆叠"按钮：即层叠/非层叠文本按钮，用于层叠所选的文本，也就是创建分数形式。当文本中某处出现"/""^"或"#"这 3 种层叠符号之一时可层叠文本，方法是选中需层叠的文字，然后单击此按钮，则符号左边的文字作为分子，右边的文字作为分母。AutoCAD 提供了 3 种分数形式，如果选中"abcd/efgh"后单击此按钮，则得到如图 6.14（a）所示的分数形式；如果选中"abcd^efgh"后单击此按钮，则得到如图 6.14（b）所示的形式，此形式多用于标注极限偏差；如果选中"abcd # efgh"后单击此按钮，则创建斜排的分数形式，如图 6.14（c）所示。如果选中已经层叠的文本对象后单击此按钮，则恢复到非层叠形式。

> **高手点拨：**
>
> 　　倾斜角度与斜体效果是两个不同的概念，前者可以设置任意倾斜角度，后者是在任意倾斜角度的基础上设置斜体效果，如图 6.15 所示。其中，第一行倾斜角度为 0°，非斜体；第二行倾斜角度为 6°，斜体；第三行倾斜角度为 12°。

➢ "符号"按钮 **@**：用于输入各种符号。单击该按钮，系统打开符号列表，如图 6.16 所示，可以从中选择符号输入到文本中。

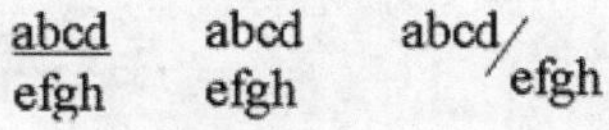

abcd　　abcd　　abcd／efgh
efgh　　efgh

（a）（b）（c）

图 6.14　文本层叠

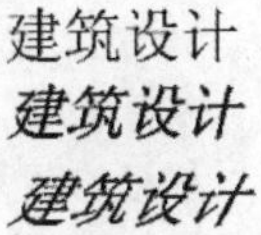

建筑设计
建筑设计
建筑设计

图 6.15　倾斜角度与斜体效果　　　　　图 6.16　符号列表

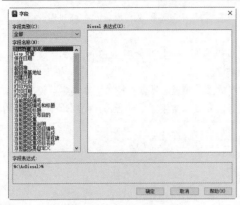

图 6.17　"字段"对话框

> ➤ "插入字段"按钮▦A：插入一些常用或预设字段。单击该按钮，系统打开"字段"对话框，如图 6.17 所示，用户可以从中选择字段插入到标注文本中。
> ➤ "追踪"按钮 ab：增大或减小选定字符之间的空隙。
> ➤ "多行文字对正"按钮 A：显示"多行文字对正"菜单，并且有 9 个对齐选项可用。
> ➤ "清除格式"下拉列表：删除选定字符的字符格式，或删除选定段落的段落格式，或删除选定段落中的所有格式。

扫一扫，看视频

6.2.3　实例——绘制内视符号

本实例首先利用"圆"命令绘制圆，接着利用"多边形"命令绘制多边形，再利用"直线"命令绘制竖直直线，然后利用"图案填充"命令填充图案，最后利用"多行文字"命令填写文字，如图 6.18 所示。

图 6.18　内视符号

【操作步骤】

（1）单击"默认"选项卡"绘图"面板中的"圆"按钮⊘，绘制一个半径为 1000 的圆。

（2）单击"默认"选项卡"绘图"面板中的"多边形"按钮⬠，绘制一个正四边形，捕捉刚才绘制的圆的圆心作为正多边形所内接的圆的圆心，如图 6.19 所示，完成正多边形的绘制。

（3）单击"默认"选项卡"绘图"面板中的"直线"按钮╱，绘制一条连接正四边形上下两顶点的直线，如图 6.20 所示。

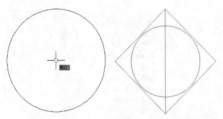

图 6.19　捕捉圆心　　图 6.20　绘制正四边形　　图 6.21　"图案填充创建"选项卡
　　　　　　　　　　　　和直线

（4）单击"默认"选项卡"绘图"面板中的"图案填充"按钮▦，打开"图案填充创建"选项卡，如图 6.21 所示，设置填充图案样式为 SOLID，填充正四边形与圆之间所夹的区域，如图 6.22 所示。

（5）选择菜单栏中的"格式"→"文字样式"命令，打开"文字样式"对话框，如图 6.23 所示。❶设置"字体名"为"宋体"，❷"高度"为 900（高度可以根据前面所绘制的图形大小而变化），其他设置不变，❸单击"置为当前"按钮，关闭"文字样式"对话框。

图 6.22 填充图案　　　　　　　图 6.23 "文字样式"对话框

（6）单击"默认"选项卡"注释"面板中的"多行文字"按钮A，打开"多行文字编辑器"，如图 6.24 所示。用鼠标适当框选要添加文字标注的位置，输入字母 A，单击"关闭"按钮，完成字母 A 的添加，如图 6.25 所示。

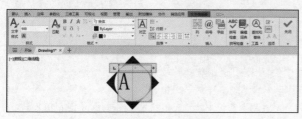

图 6.24 多行文字编辑器　　　　　　　图 6.25 添加文字

（7）采用同样的方法添加字母 B。最终结果如图 6.18 所示。

6.3 文 本 编 辑

🔍 【执行方式】
  ➢ 命令行：DDEDIT（快捷命令：ED）。
  ➢ 菜单栏：选择菜单栏中的"修改"→"对象"→"文字"→"编辑"命令。
  ➢ 工具栏：单击"文字"工具栏中的"编辑"按钮A。
  ➢ 快捷菜单："编辑多行文字"或"编辑"命令。

✒ 【操作步骤】
命令行提示与操作如下：

```
命令：DDEDIT↙
TEXTEDIT
当前设置：编辑模式 = Multiple
选择注释对象或[放弃(U)/模式(M)]
```

要求选择想要修改的文本，同时光标变为拾取框。用拾取框选择对象，如果选择的文本是用 TEXT 命令创建的单行文本，则深显该文本，可对其进行修改；如果选择的文本是用 MTEXT 命令创建的多行文本，选择对象后则打开"多行文字编辑器"，可根据前面的介绍对各项设置或对内容进行修改。

6.4 表　　格

在以前的 AutoCAD 版本中，要绘制表格必须采用绘制图线或结合偏移、复制等编辑命令来完成，这样的操作过程烦琐而复杂，不利于提高绘图效率。AutoCAD 2005 版本后新增加了"表格"绘图功能，有了该功能，创建表格就变得非常容易，用户可以直接插入设置好样式的表格，而不用绘制由单独图线组成的表格。

6.4.1　定义表格样式

和文字样式一样，所有 AutoCAD 图形中的表格都有与其相对应的表格样式。当插入表格对象时，系统使用当前设置的表格样式。表格样式是用于控制表格基本形状和间距的一组设置。模板文件 ACAD.DWT 和 ACADISO.DWT 中定义了名为 Standard 的默认表格样式。

【执行方式】

➤ 命令行：TABLESTYLE。
➤ 菜单栏：选择菜单栏中的"格式"→"表格样式"命令。
➤ 工具栏：单击"样式"工具栏中的"表格样式"按钮　。
➤ 功能区：单击"默认"选项卡"注释"面板中的"表格样式"按钮　（图 6.26）或单击"注释"选项卡"表格"面板中的"表格样式"下拉菜单中的"管理表格样式"按钮（图 6.27），或单击"注释"选项卡"表格"面板中的"对话框启动器"按钮　。

执行上述操作后，系统打开"表格样式"对话框，如图 6.28 所示。

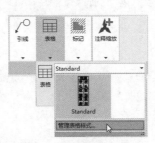
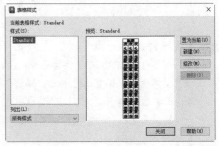

图 6.26　"注释"面板　　　图 6.27　"表格"面板　　　图 6.28　"表格样式"对话框

【选项说明】

（1）"新建"按钮：单击该按钮，系统打开"创建新的表格样式"对话框，如图 6.29 所示。输入新的表格样式名后，单击"继续"按钮，系统打开"新建表格样式"对话框，如图 6.30 所示，从中可以定义新的表格样式。

"新建表格样式"对话框的"单元样式"下拉列表框中有 3 个重要的选项："数据""表头"和"标题"，分别控制表格中数据、列标题和总标题的有关参数，如图 6.31 所示。"新建表格样式"对话框中有 3 个重要的选项卡，下面分别介绍如下。

➤ "常规"选项卡：用于控制数据栏格与标题栏格的上下位置关系。

图 6.29 "创建新的表格样式"对话框   图 6.30 "新建表格样式"对话框

> "文字"选项卡：用于设置文字属性。单击该选项卡，在"文字样式"下拉列表框中可以选择已定义的文字样式并应用于数据文字，也可以单击右侧的按钮 ┄ 重新定义文字样式。其中，"文字高度""文字颜色"和"文字角度"各选项设定的相应参数格式可供用户选择。

> "边框"选项卡：用于设置表格的边框属性。下面的边框线按钮控制数据边框线的各种形式，如绘制所有数据边框线、只绘制数据边框外部边框线、只绘制数据边框内部边框线、无边框线、只绘制底部边框线等。选项卡中的"线宽""线型"和"颜色"下拉列表框则控制边框线的线宽、线型和颜色；"间距"文本框用于控制单元边界和内容之间的间距。

如图 6.32 所示，数据文字样式为 Standard，文字高度为 4.5，文字颜色为"红色"，对齐方式为"右下"；标题文字样式为 Standard，文字高度为 6，文字颜色为"蓝色"，对齐方式为"正中"，表格方向为"上"，水平单元边距和垂直单元边距都为 1.5 的表格样式。

（2）"修改"按钮：用于对当前表格样式进行修改，方式与新建表格样式相同。

标题		
表头	表头	表头
数据	数据	数据
数据	数据	数据
数据	数据	数据
数据	数据	数据
数据	数据	数据
数据	数据	数据

图 6.31 表格样式   图 6.32 表格示例

6.4.2 创建表格

在设置好表格样式后，用户可以利用 TABLE 命令创建表格。

【执行方式】

> 命令行：TABLE。
> 菜单栏：选择菜单栏中的"绘图"→"表格"命令。
> 工具栏：单击"绘图"工具栏中的"表格"按钮 ⊞。

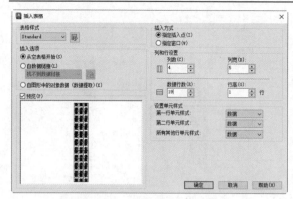

图 6.33　"插入表格"对话框

> 功能区：单击"默认"选项卡"注释"面板中的"表格"按钮，或单击"注释"选项卡"表格"面板中的"表格"按钮▦。

执行上述操作后，系统打开"插入表格"对话框，如图 6.33 所示。

【选项说明】

（1）"表格样式"选项组。可以在"表格样式"下拉列表框中选择一种表格样式，也可以通过单击后面的▦按钮新建或修改表格样式。

（2）"插入选项"选项组。

> "从空表格开始"单选按钮：创建可以手动填充数据的空表格。
> "自数据链接"单选按钮：通过启动数据链接管理器来创建表格。
> "自图形中的对象数据"单选按钮：通过启动"数据提取"向导来创建表格。

（3）"插入方式"选项组。

> "指定插入点"单选按钮：指定表格左上角的位置。可以使用定点设备，也可以在命令行中输入坐标值。如果表格样式将表格的方向设置为由下而上读取，则插入点位于表格的左下角。
> "指定窗口"单选按钮：指定表的大小和位置。可以使用定点设备，也可以在命令行中输入坐标值。选定此选项时，行数、列数、列宽和行高取决于窗口的大小以及列和行设置。

（4）"列和行设置"选项组。指定列和数据行的数目以及列宽与行高。

（5）"设置单元样式"选项组。指定"第一行单元样式""第二行单元样式"和"所有其他行单元样式"分别为标题样式、表头样式和数据样式。

高手点拨：

　　在"插入方式"选项组中选中"指定窗口"单选按钮后，列与行设置的两个参数中只能指定一个，另外一个由指定窗口的大小自动等分来确定。

在"插入表格"对话框中进行相应设置后，单击"确定"按钮，系统在指定的插入点或窗口自动插入一个空表格，并打开"多行文字编辑器"，用户可以逐行逐列输入相应的文字或数据，如图 6.34 所示。

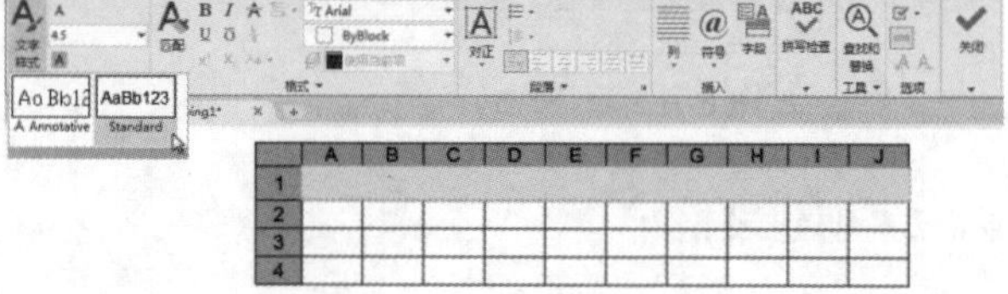

图 6.34　多行文字编辑器

6.4.3　表格文字编辑

【执行方式】

> 命令行：TABLEDIT。
> 快捷菜单：选择表和一个或多个单元格后右击，选择快捷菜单中的"编辑文字"命令。
> 定点设备：在表格单元格内双击。

执行上述操作后，命令行出现"拾取表格单元"的提示，选择要编辑的表格单元，系统打开"多行文字编辑器"，用户可以对选择的单元格中的文字进行编辑。

6.4.4　实例——绘制公园设计植物明细表

本实例通过对表格样式的设置确定表格样式，再将表格插入图形中并输入相关文字，最后调整表格宽度，如图 6.35 所示。

扫一扫，看视频

苗木名称	数量	规格	苗木名称	数量	规格	苗木名称	数量	规格
落叶松	32	10cm	红叶	3	15cm	金叶女贞		20棵/m2丛植H=500
银杏	44	15cm	法国梧桐	10	20cm	紫叶小檗		20棵/m2丛植H=500
元宝枫	5	6m(冠径)	油松	4	8cm	草坪		2～3个品种混播
樱花	3	10cm	三角枫	26	10cm			
合欢	8	12cm	睡莲	20				
玉兰	27	15cm						
龙爪槐	30	8cm						

图 6.35　公园设计植物明细表

🖱【操作步骤】

（1）单击"默认"选项卡"注释"面板中的"表格样式"按钮，系统弹出"表格样式"对话框，如图 6.36 所示。

（2）单击"新建"按钮，系统弹出"创建新的表格样式"对话框，如图 6.37 所示。输入新的表格名称为"植物"，单击"继续"按钮，系统弹出"新建表格样式：植物"对话框，"常规"选项卡的设置如图 6.38 所示；"边框"选项卡的设置如图 6.39 所示。创建好表格样式后，确定并关闭"表格样式"对话框。

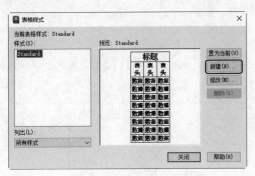

图 6.36　"表格样式"对话框　　　　　图 6.37　"创建新的表格样式"对话框

图 6.38　"常规"选项卡设置

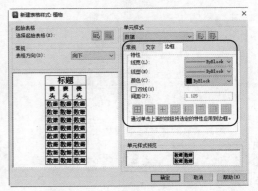

图 6.39　"边框"选项卡设置

（3）单击"默认"选项卡"注释"面板中的"表格"按钮，系统弹出"插入表格"对话框，设置如图 6.40 所示。

（4）单击"确定"按钮，系统在指定的插入点或窗口自动插入一个空表格，并显示"多行文字编辑器"，用户可以逐行逐列地输入相应的文字或数据，如图6.41所示。

图6.40 "插入表格"对话框

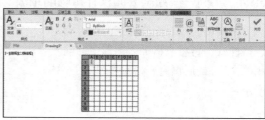

图6.41 多行文字编辑器

（5）当编辑完成的表格有需要修改的地方时可执行TABLEDIT命令完成（也可在要修改的表格上右击，在快捷菜单中选择"编辑文字"命令，如图6.42所示，同样可以达到修改文本的目的）。命令行提示与操作如下：

命令：TABLEDIT↙
拾取表格单元：（鼠标点取需要修改文本的表格单元）
多行文字编辑器会再次出现，用户可以进行修改

新手注意：

在插入后的表格中选择某一个单元格，单击后出现钳夹点，通过移动钳夹点可以改变单元格的大小，如图6.43所示。

图6.42 快捷菜单

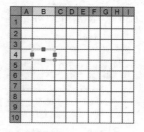

图6.43 改变单元格大小

最后完成的植物明细表如图6.35所示。

6.5 综合演练——绘制建筑制图样板图

扫一扫，看视频

本实例绘制如图6.44所示的建筑制图样板图。在本实例中，综合运用了本章所学的一些文字与表格命令，绘制的大体顺序是先利用表格命令绘制标题栏和会签栏，接着利用二维绘图和编辑命令绘制A3图框，然后将标题栏和会签栏粘贴到图框中的适当位置处，最后使用"多行文字"命令，为标题栏和会签栏添加文字。

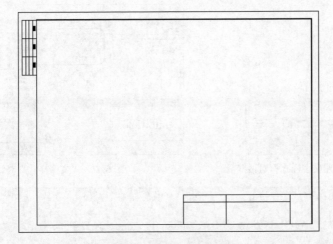

图 6.44　建筑制图样板图

👆【操作步骤】

1．打开文件

打开第 1 章中绘制的 A3 建筑样板图.dwt 文件。

2．设置图层

设置图层如图 6.45 所示。

3．设置文本样式

下面列出一些本实例中需要用到的格式，请按如下约定进行设置：一般注释文本高度为 7mm，

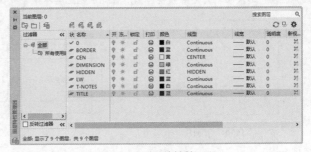

图 6.45　图层特性管理器

零件名称文本高度为 10mm，图标栏和会签栏中其他文字文本高度为 5mm，尺寸文字文本高度为 5mm，线型比例为 1，图纸空间线型比例为 1，单位为十进制，小数点后保留 0 位，角度小数点后保留 0 位。

可以生成 4 种文字样式，分别用于一般注释、标题块中的零件名、标题块注释及尺寸标注。

（1）单击"默认"选项卡"注释"面板中的"文字样式"按钮 **A**，系统打开"文字样式"对话框。单击"新建"按钮，系统打开"新建文字样式"对话框，如图 6.46 所示。保持默认的"样式 1"文字样式名，单击"确定"按钮退出。

（2）系统返回"文字样式"对话框，❶在"字体名"下拉列表框中选择"宋体"选项；❷在"大小"选项组中将"高度"设置为 5.000；❸在"效果"选项组中将"宽度因子"设置为 1.000，如图 6.47 所示。❹单击"应用"按钮，再单击"关闭"按钮。其他文字样式类似设置。

4．绘制图框

单击"默认"选项卡"绘图"面板中的"矩形"按钮 ⬜，绘制角点坐标为(25,10)和(410,287)的矩形，如图 6.48 所示。

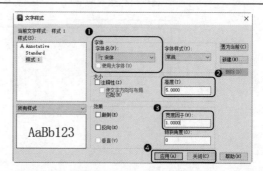

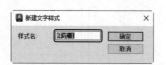

图 6.46　"新建文字样式"对话框　　　　　图 6.47　"文字样式"对话框

新手注意：
　　国家标准规定 A3 图纸的幅面大小是 420mm×297mm，这里留出了带装订边的图框到图纸边界的距离。

5．绘制标题栏

　　标题栏示意图如图 6.49 所示，由于分隔线并不整齐，所以可以先绘制一个 9×4（每个单元格的尺寸是 20×10）的标准表格，然后在此基础上编辑或合并单元格。

图 6.48　绘制矩形

图 6.49　标题栏示意图

　　（1）单击"默认"选项卡"注释"面板中的"表格样式"按钮，系统打开"表格样式"对话框，如图 6.50 所示。

　　（2）单击"表格样式"对话框中的"修改"按钮，系统打开"修改表格样式"对话框，在"单元样式"下拉列表框中选择"数据"选项，在下面的"文字"选项卡中将"文字高度"设置为 6，如图 6.51 所示。再打开"常规"选项卡，将"页边距"选项组中的"水平"和"垂直"均设置为 1，如图 6.52 所示。

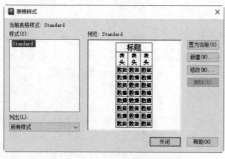

图 6.50　"表格样式"对话框

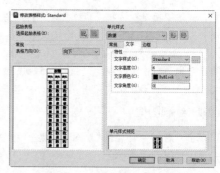

图 6.51　"修改表格样式"对话框

（3）返回"表格样式"对话框，单击"关闭"按钮。

（4）单击"默认"选项卡"注释"面板中的"表格"按钮▦，系统打开"插入表格"对话框。❶在"列和行设置"选项组中将"列数"设置为9，"列宽"设置为20，"数据行数"设置为2（加上标题行和表头行共4行），"行高"设置为1（即为10）；❷在"设置单元样式"选项组中将"第一行单元样式""第二行单元样式"和"所有其他行单元样式"都设置为"数据"，如图6.53所示。

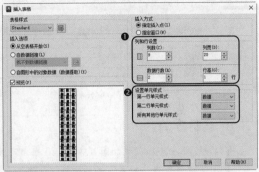

图6.52 "常规"选项卡   图6.53 "插入表格"对话框

（5）在图框线右下角附近指定表格位置，系统生成表格，同时打开表格和"文字编辑器"选项卡，如图6.54所示，直接按Enter键，不输入文字，生成表格，如图6.55所示。

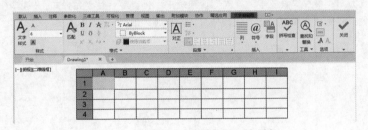

图6.54 表格和"文字编辑器"选项卡

6. 移动标题栏

由于无法确定刚生成的标题栏与图框的相对位置，因此需要移动标题栏。单击"默认"选项卡"修改"面板中"移动"按钮✛，将刚绘制的表格准确放置在图框的右下角，如图6.56所示。

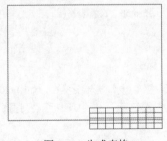 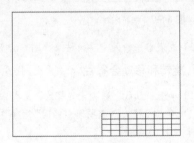

图6.55 生成表格   图6.56 移动表格

7. 编辑标题栏单元格

（1）单击标题栏表格A单元格，按住Shift键，同时选择B和C单元格，在"表格单元"选项卡中选择"合并单元"下拉菜单中的"合并全部"选项⊞，如图 6.57 所示。

（2）重复上述方法，对其他单元格进行合并，结果如图 6.58 所示。

图 6.57　合并单元格　　　　　　　　图 6.58　完成标题栏单元格编辑

8. 绘制会签栏

会签栏具体大小和样式如图 6.59 所示。用户可以采取与标题栏相同的绘制方法来绘制会签栏。

（1）在"修改表格样式"对话框的"文字"选项卡中，将"文字高度"设置为 3，如图 6.60 所示；再把"常规"选项卡中的"页边距"选项组中的"水平"和"垂直"都设置为 0.5。

（2）单击"默认"选项卡"注释"面板中的"表格"按钮⊞，系统打开"插入表格"对话框，❶在"列和行设置"选项组中，将"列数"设置为 3，"列宽"设置为 25，"数据行数"设置为 2，"行高"设置为 1；❷在"设置单元样式"选项组中，将"第一行单元样式""第二行单元样式"和"所有其他行单元样式"都设置为"数据"，如图 6.61 所示。

图 6.59　会签栏示意图　　　　　　　图 6.60　设置表格样式

（3）在表格中输入文字，结果如图 6.62 所示。

9. 旋转和移动会签栏

（1）单击"默认"选项卡"修改"面板中的"旋转"按钮↻，旋转会签栏，如图 6.63 所示。

（2）单击"默认"选项卡"修改"面板中的"移动"按钮✥，将会签栏移动到图框的左上角，结果如图 6.64 所示。

（3）单击"默认"选项卡"绘图"面板中的"矩形"按钮▢，以坐标原点为第一角点，绘制 420×297 的矩形，结果如图 6.44 所示。

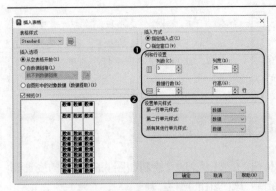

图 6.61　设置表格行和列　　　　图 6.62　会签栏的绘制　　图 6.63　旋转会签栏

10. 保存样板图

选择菜单栏中的"文件"→"另存为"命令，打开"图形另存为"对话框，将图形保存为.dwt 格式的文件即可，如图 6.65 所示。

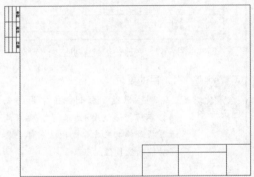

图 6.64　移动会签栏

图 6.65　"图形另存为"对话框

6.6　新 手 问 答

No.1：中、西文字体的字高不等怎么办？

在使用 AutoCAD 时，中、西文字的字高不等会影响图面质量和美观，若分成几段文字编辑又比较麻烦。通过对 AutoCAD 字体文件的修改，使中、西文字体协调，扩展了字体功能，并提供了对于道路、桥梁、建筑等专业有用的特殊字符，提供了上下标文字及部分希腊字母的输入功能。此问题可通过选用大字体，调整字体组合解决，如 gbenor.shx 与 gbcbig.shx 组合，即可得到中英文字体一样高的文本。其他组合，读者可根据各专业需要，自行调整字体组合。

No.2：为什么不能显示汉字？或输入的汉字为什么变成了问号？

原因可能有以下几种。

（1）对应的字型没有使用汉字字体，如 hztxt.shx 等。

（2）当前系统中没有汉字字体形文件，应将所用到的形文件复制到 AutoCAD 的字体目录中（一般为...\fonts\）。

（3）对于某些符号，如希腊字母等，同样必须使用对应的字体形文件，否则会显示成"？"。

No.3：为什么输入的文字高度无法改变？

使用字型的高度值不为 0 时，用 DTEXT 命令输入文本时都不提示输入高度，这样输入的文本高度是不变的，包括使用该字型进行的尺寸标注。

No.4：如何改变已经存在的字体格式？

如果想改变已有文字的大小、字体、高宽比例、间距、倾斜角度、插入点等，最简单的方法是特性（DDMODIFY）命令。选择"特性"命令，打开"特性"选项板，单击"选择对象"按钮 ，选中要修改的文字，按 Enter 键，在"特性"选项板中选择要修改的项目进行修改即可。

6.7　上机实验

【练习 1】标注如图 6.66 所示的技术要求。

扫一扫，看视频

1. 当无标准齿轮时，允许检查下列三项代替检查径向综合公差和一齿径向综合公差。
   a. 齿圈径向跳动公差Fr为0.056
   b. 齿形公差ff为0.016
   c. 基节极限偏差$\pm f_{pb}$为0.018
2. 未注倒角$C1$。

图 6.66　技术要求

1. 目的要求

文字标注在零件图或装配图的技术要求中经常用到，正确进行文字标注是 AutoCAD 绘图中必不可少的一项工作。通过本练习，读者应掌握文字标注的一般方法，尤其是特殊字体的标注方法。

2. 操作提示

（1）设置文字标注的样式。

（2）利用"多行文字"命令进行标注。

（3）利用快捷菜单，输入特殊字符。

【练习 2】绘制如图 6.67 所示的变速箱组装图明细表。

14	端盖	1	HT150	
13	端盖	1	HT150	
12	定距环	1	Q235A	
11	大齿轮	1	40	
10	键 16×70	1	Q275	GB 1095-79
9	轴	1	45	
8	轴承	2		30208
7	端盖	1	HT200	
6	轴承	2		30211
5	轴	1	45	
4	键 8×50	1	Q275	GB 1095-79
3	端盖	1	HT200	
2	调整垫片	2组	08F	
1	减速器箱体	1	HT200	
序号	名　称	数量	材　料	备　注

图 6.67　变速箱组装图明细表

扫一扫，看视频

1. 目的要求

明细表是工程制图中常用的表格。本练习通过绘制明细表，要求读者掌握表格相关命令的用法，体会表格功能的便捷性。

2. 操作提示

（1）设置表格样式。

（2）插入空表格，并调整列宽。

（3）重新输入文字和数据。

6.8　思考与练习

（1）在表格中不能插入（　　）。

　　A. 块　　　　　　　B. 字段　　　　　　C. 公式　　　　　　D. 点

（2）在设置文字样式时，设置了文字的高度，其效果是（　　）。

　　A. 在输入单行文字时，可以改变文字高度

　　B. 在输入单行文字时，不可以改变文字高度

　　C. 在输入多行文字时，不可以改变文字高度

　　D. 都可以改变文字高度

（3）在正常输入汉字时却显示"?"，其原因是（　　）。

　　A. 文字样式没有设定好　　　　　　　　　B. 输入错误

　　C. 堆叠字符　　　　　　　　　　　　　　D. 字高太高

（4）在插入字段的过程中，如果显示####，则表示该字段（　　）。

　　A. 没有值　　　　　B. 无效　　　　　C. 字段太长，溢出　　　D. 字段需要更新

（5）以下（　　）不是表格的单元格式数据类型。

A．百分比　　　　　　B．时间　　　　　　C．货币　　　　　　D．点

（6）按如图 6.68 所示设置文字样式，则文字的高度、宽度因子是（　　）。

A．0，5　　　　　　B．0，0.5　　　　　　C．5，0　　　　　　D．0，0

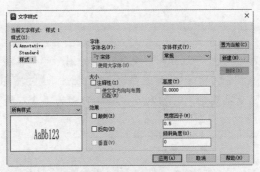

图 6.68 "文字样式"对话框

第 7 章　图块及其属性

本章导读

　　在设计绘图过程中经常会遇到一些重复出现的图形（如机械设计中的螺钉、螺母，建筑设计中的桌椅、门窗等），如果每次都重新绘制这些图形，不仅造成大量的重复工作，而且存储这些图形及其信息要占据相当大的磁盘空间。AutoCAD 提供了图块及其属性来解决这些问题。

7.1　图块操作

　　AutoCAD 把一个图块作为一个对象进行编辑修改等操作，用户可根据绘图需要把图块插入到图中任意指定的位置，而且在插入时还可以指定不同的缩放比例和旋转角度。图块还可以重新定义，一旦被重新定义，整个图中基于该块的对象都将随之改变。

7.1.1　定义图块

　　在使用图块时，首先要定义图块。

🔍【执行方式】

➢　命令行：BLOCK（快捷命令：B）。

➢　菜单栏：选择菜单栏中的"绘图"→"块"→"创建"命令。

➢　工具栏：单击"绘图"工具栏中的"创建块"按钮 🔲。

➢　功能区：单击"默认"选项卡"块"面板中的"创建"按钮 🔲，或单击"插入"选项卡"块定义"面板中的"创建块"按钮🔲。

　　执行上述命令后，AutoCAD 打开图 7.1 所示的"块定义"对话框，利用该对话框可定义图块并为之命名。

✏️【选项说明】

　　（1）❶ "基点"选项组：确定图块的基点，默认值为(0,0,0)。也可以在下面的 X、Y、Z 文本框中输入块的基点坐标值。单击"拾取点"按钮，AutoCAD 临时切换到作图屏幕，用鼠标在图形中拾取一点后，返回"块定义"对话框，将所拾取的点作为图块的基点。

　　（2）❷ "对象"选项组：该选项组用于选择制作图块的对象以及对象的相关属性。如图 7.2 所示，把图 7.2（a）中的正五边形定义为图块，图 7.2（b）为选中"删除"单选按钮的结果，图 7.2（c）为选中"保留"单选按钮的结果。

　　（3）❸ "设置"选项组：指定从 AutoCAD 设计中心拖动图块时用于测量图块的单位，以及缩放、分解和超链接等设置。

　　（4）❹ "在块编辑器中打开"复选框：勾选该复选框，系统打开块编辑器，可以定义动态块，后面将会详细讲述。

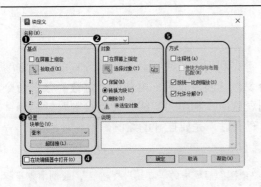

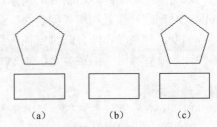

图 7.1　"块定义"对话框　　　　　　图 7.2　删除图形对象

（5）❺"方式"选项组：该选项组中包括 4 个复选框，分别介绍如下。

➤ "注释性"复选框：指定块为注释性。

➤ "使块方向与布局匹配"复选框：指定在图纸空间视口中的块参照的方向与布局的方向匹配。

➤ "按统一比例缩放"复选框：指定是否阻止块参照不按统一比例缩放。如果未勾选"注释性"复选框，则该选项不可用。

➤ "允许分解"复选框：指定块参照是否可以被分解。

7.1.2　图块的保存

使用 BLOCK 命令定义的图块保存在其所属的图形当中，该图块只能在该图中插入，而不能插入到其他的图中，但是有些图块在许多图中要经常用到，这时可以用 WBLOCK 命令把图块以图形文件的形式（后缀为.dwg）写入磁盘，图形文件可以在任意图形中用 INSERT 命令插入。

【执行方式】

➤ 命令行：WBLOCK（快捷命令：WB）。

➤ 功能区：单击"插入"选项卡"块定义"面板中的"写块"按钮。

执行上述命令后，AutoCAD 打开"写块"对话框，如图 7.3 所示，利用此对话框可把图形对象保存为图形文件或把图块转换成图形文件。

图 7.3　"写块"对话框

【选项说明】

（1）❶"源"选项组：确定要保存为图形文件的图块或图形对象。

➤ "块"单选按钮：选中该单选按钮，单击右侧的向下箭头，在下拉列表框中选择一个图块，将其保存为图形文件。

➤ "整个图形"单选按钮：选中该单选按钮，则把当前的整个图形保存为图形文件。

➤ "对象"单选按钮：选中该单选按钮，则把不属于图块的图形对象保存为图形文件。对象的选取通过"对象"选项组来完成。

（2）❷"目标"选项组：用于指定图形文件的名称、保存路径和插入单位等。

扫一扫，看视频

7.1.3 实例——绘制挂钟

本实例绘制挂钟，如图 7.4 所示。首先利用"直线"命令绘制分刻度、时刻度和四分时刻度，然后利用"创建块"命令将其创建成块，再利用"定数等分"命令将分刻度、时刻度和四分时刻度插入到表盘中，利用"实线"命令绘制时针、分针和秒针。最后利用"图案填充"命令填充表盘，完成挂钟的绘制。

📖【操作步骤】

（1）绘制分刻度。单击"默认"选项卡"绘图"面板中的"直线"按钮 ╱，绘制端点坐标为{(200,200)，(@5<90)}的直线。

（2）绘制时刻度。单击"默认"选项卡"绘图"面板中的"直线"按钮 ╱，绘制端点坐标为{(220,200)，(@15<90)}的直线。

（3）绘制四分时刻度。单击"默认"选项卡"绘图"面板中的"矩形"按钮 ▢，以(260,260)为第一角点，以(270,240)为第二角点，绘制矩形，结果如图 7.5 所示。

图 7.4　挂钟

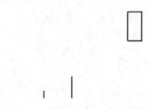

图 7.5　绘制的分刻度、时刻度和四分时刻度

（4）单击"默认"选项卡"块"面板中的"创建"按钮 ，系统弹出"块定义"对话框。❶在"名称"文本框中输入 quarter 作为该块的名称；❷单击"拾取点"按钮 ，返回绘图窗口，选中矩形底边中点作为基点；❸单击"选择对象"按钮 ，返回绘图窗口，选中上述四分时刻度的矩形，按 Enter 键，返回"块定义"对话框，如图 7.6 所示；❹单击"确定"按钮，完成块的创建。

（5）重复上述操作，选取短竖直线为分刻度块，设定块名称为 minute，块的基点为线段下端点，创建分刻度块。

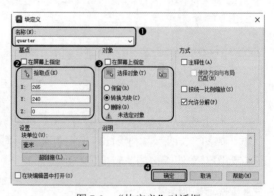

图 7.6　"块定义"对话框

（6）重复上述操作，选取长竖直线为时刻度块，设定块名称为 hour，块的基点为线段的下端点，创建时刻度块。

（7）单击"默认"选项卡"绘图"面板中的"圆"按钮 ⊙，以坐标(290,150)为圆心，绘制半径为 80 的圆，结果如图 7.7 所示。

（8）单击"默认"选项卡"绘图"面板中的"圆"按钮 ⊙，以坐标(290,150)为圆心，绘制半径为 65 的圆，结果如图 7.8 所示。

（9）单击"默认"选项卡"绘图"面板中的"定数等分"按钮 ，对表盘内圆进行定数等分，命令行提示与操作如下：

命令:DIVIDE↙
选择要定数等分的对象:（选中上述表盘的内圆）
输入线段数目或[块(B)]: B
输入要插入的块名: minute
是否对齐块和对象? [是(Y)/否(N)]<Y>:
输入线段数目: 60

结果如图 7.9 所示。

图 7.7　绘制表盘外框

图 7.8　绘制表盘内框

图 7.9　插入分刻度块

（10）使用同样的方法对表盘内圆进行定数等分，插入时刻度块，数目为 12，结果如图 7.10 所示。

（11）单击"默认"选项卡"绘图"面板中的"定数等分"按钮，对表盘内圆插入四分时刻度块，数目为 4，结果如图 7.11 所示。

（12）单击"默认"选项卡"绘图"面板中的"圆环"按钮◎，以坐标(290,150)为中心点，绘制内径为 0、外径为 8 的圆环，结果如图 7.12 所示。

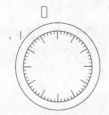

图 7.10　插入时刻度块

图 7.11　插入四分时刻度块

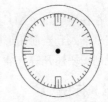

图 7.12　绘制表盘中心的转轴

（13）单击"默认"选项卡"绘图"面板中的"多段线"按钮，绘制时针，在命令行依次输入 {(290,150)，W，4，(310,188)}，结果如图 7.13 所示。

（14）单击"默认"选项卡"绘图"面板中的"多段线"按钮，以(290,150)为起点、(312,110)为终点绘制宽度为 2 的实线作为分针，结果如图 7.14 所示。

（15）单击"默认"选项卡"绘图"面板中的"直线"按钮／，绘制端点为 {(290,150), (@40<135)} 的直线作为秒针，结果如图 7.15 所示。

图 7.13　绘制时针

图 7.14　绘制分针

图 7.15　绘制秒针

（16）单击"默认"选项卡"注释"面板中的"多行文字"按钮 **A**，命令行提示与操作如下：

命令：MTEXT↙
当前文字样式："Standard" 文字高度:2.5 注释性:否
指定第一角点：280,190
指定对角点或[高度(H)/对正(J)/行距(L)/旋转(R)/样式(S)/宽度(W)/栏(C)]：302,180

输入两个对角点的坐标后按 Enter 键，系统将自动弹出如图 7.16 所示的"文字编辑器"选项卡。❶设定文字高度为 5；❷在文本框中输入 RALTIM；❸单击"关闭"按钮 ✔。重复上述操作，在表盘上标注商标 QUARTZ，结果如图 7.17 所示。

图 7.16 "文字编辑器"选项卡

图 7.17 标注商标

（17）单击"默认"选项卡"绘图"面板中的"图案填充"按钮 ▦，在打开的"图案填充创建"选项卡中将图案设置成 STARS。依次选中表盘的内外圆和四个四分时刻度矩形填充图案，确认后生成如图 7.4 所示的图形。

7.1.4 图块的插入

在使用 AutoCAD 进行绘图的过程当中，可根据需要随时把已经定义好的图块或图形文件插入到当前图形的任意位置，在插入的同时还可以改变图块的大小、旋转一定角度或把图块炸开等。插入图块的方法有多种，接下来逐一进行介绍。

【执行方式】

➤ 命令行：INSERT（快捷命令：I）。
➤ 菜单栏：选择菜单栏中的"插入"→"块选项板"命令。
➤ 工具栏：单击"插入"工具栏中的"插入块"按钮 ，或单击"绘图"工具栏中的"插入块"按钮 。
➤ 功能区：单击"默认"选项卡"块"面板中的"插入"下拉菜单，或单击"插入"选项卡"块"面板中的"插入"下拉菜单。

执行上述命令后，AutoCAD 打开"块"选项板，如图 7.18 所示，可以指定要插入的图块及插入位置。

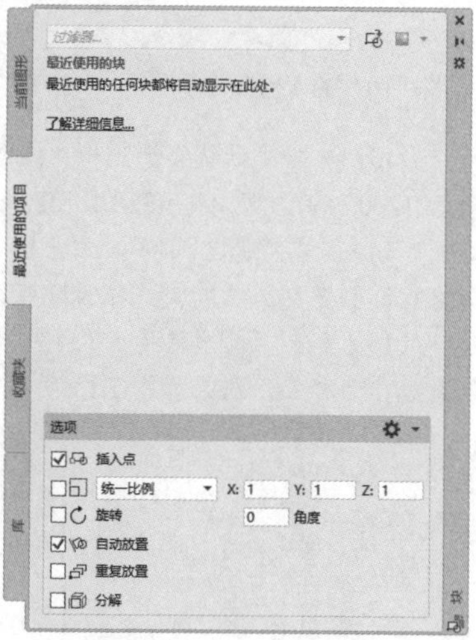

【选项说明】

（1）"路径"文本框：指定图块的保存路径。

图 7.18 "块"选项板

（2）"插入点"选项组：指定插入点，如果选中该选项，则在插入块时使用定点设备或手动输入坐标，即可指定插入点。如果取消选中该选项，将使用之前指定的坐标。

（3）"比例"选项组：确定插入图块时的缩放比例。图块被插入当前图形中时，可以以任意比例放大或缩小，如图 7.19 所示。图 7.19（a）为被插入的图块，图 7.19（b）为取比例系数为 1.5 插入该图块的结果，图 7.19（c）为取比例系数为 0.5 插入该图块的结果，X 轴方向和 Y 轴方向的比例系数也可以取不同，如图 7.19（d）所示，X 轴方向的比例系数为 1，Y 轴方向的比例系数为 1.5。另外，比例系数还可以是一个负数，当为负数时表示插入图块的镜像，其效果如图 7.20 所示。

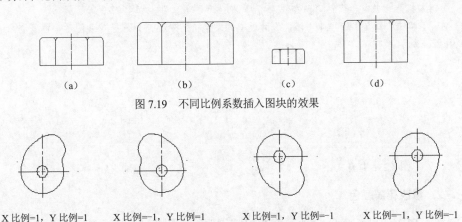

（a）　　　　　　　（b）　　　　　　　（c）　　　　　　　（d）

图 7.19　不同比例系数插入图块的效果

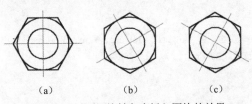

X 比例=1，Y 比例=1　　　X 比例=-1，Y 比例=1　　　X 比例=1，Y 比例=-1　　　X 比例=-1，Y 比例=-1

图 7.20　比例系数为负值时插入图块的效果

（4）"旋转"选项组：指定插入图块时的旋转角度。图块被插入当前图形中时，可以绕其基点旋转一定的角度，角度可以是正数（表示沿逆时针方向旋转），也可以是负数（表示沿顺时针方向旋转）。图 7.21（b）是图 7.21（a）所示的图块旋转 30°插入的效果，图 7.21（c）是旋转-30°插入的效果。

图 7.21　以不同旋转角度插入图块的效果

如果选中该选项，则可以使用定点设备或输入角度指定块的旋转角度。系统切换到作图屏幕，在屏幕上拾取一点，AutoCAD 自动测量插入点与该点连线和 X 轴正方向之间的夹角，并把它作为块的旋转角。如果取消选中该选项，则将使用之前指定的旋转角度，也可以在"角度"文本框中直接输入插入图块时的旋转角度。

（5）"分解"复选框：勾选该复选框，则在插入块的同时把其炸开，插入到图形中的组成块的对象不再是一个整体，可对每个对象单独进行编辑操作。

7.1.5　实例——为"田间小屋"添加花园

如图 7.22 所示的花园，是由各式各样的花组成的，因此，可以将绘制的花朵图案定义为一个块，然后对该定义的块进

扫一扫，看视频

图 7.22　花园

行块的插入操作，即可绘制出一个花园的图案；再将这个花园的图案定义为一个块，并将其插入源文件"田间小屋"的图案中，即可形成一幅温馨的画面。

🖱【操作步骤】

1. 复制图形

（1）打开随书电子资料"源文件\第 7 章\花朵"图形文件，如图 7.23 所示。

（2）单击"默认"选项卡"修改"面板中的"复制"按钮❀，选择花朵图形进行复制，结果如图 7.24 所示。

图 7.23　打开文件

图 7.24　复制花朵

2. 修改花瓣颜色

执行 DDMODIFY 命令，系统打开"特性"选项板，选择第二朵花的花瓣，在"特性"选项板中将其颜色改为洋红，如图 7.25 所示。使用同样的方法改变另外两朵花的颜色，如图 7.26 所示。

3. 创建图块

单击"默认"选项卡"块"面板中的"创建"按钮🔲，方法同前，将所得到的 3 朵不同颜色的花分别定义为块 flower1、flower2、flower3。

4. 插入图块

利用"插入块"命令依次将块 flower1、flower2、flower3 以不同比例、不同角度插入，则形成了一个花园的图案，如图 7.27 所示。

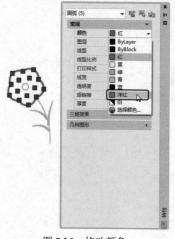
图 7.25　修改颜色

图 7.26　修改结果

图 7.27　花园

5. 写块

单击"插入"选项卡"块定义"面板中的"写块"按钮，弹出"写块"对话框，❶在"源"选项组中选中"整个图形"单选按钮，则将整个图形转换为块；❷在"目标"选项组中的"文件名和路径"中选择块存盘的位置并输入块的名称 garden，如图 7.28 所示；❸单击"确定"按钮，则形成了一个文件 garden.dwg。

6. 将 garden 图块插入"田间小屋"的图形中

（1）利用"打开"命令打开源文件绘制的"田间小屋"图形文件，如图 7.29 所示。

（2）单击"默认"选项卡"块"面板中的"插入"下拉菜单中的"库中的块"选项，打开"块"选项板。单击"库"选项中的"浏览块库"按钮，弹出"为块库选择文件夹或文件"对话框，从中选择文件 garden.dwg，设置后的"块"选项板如图 7.30 所示。对定义的块 garden 进行插入操作，结果如图 7.31 所示。

图 7.28 "写块"对话框

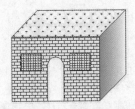

图 7.29 打开"田间小屋"图形文件

图 7.30 "块"选项板

图 7.31 插入图块结果

7. 保存文件

单击快速访问工具栏中的"保存"按钮，保存文件。

7.1.6 动态块

动态块具有灵活性和智能性。用户在操作时可以轻松地更改图形中的动态块参照。

可以通过自定义夹点或自定义特性来操作动态块参照中的几何图形。这使得用户可以根据需要在位调整块，而不用搜索另一个块以插入或重定义现有的块。

例如，如果在图形中插入一个门块参照，编辑图形时可能需要更改门的大小。如果该块是动态的，并且定义为可调整大小，那么只需拖动自定义夹点或在"特性"选项板中指定不同的大小就可以修改门的大小，如图 7.32 所示。用户可能还需要修改门的打开角度，如图 7.33 所示。该门块还可能会包含对齐夹点，使用对齐夹点可以轻松地将门块参照与图形中的其他几何图形对齐，如图 7.34 所示。

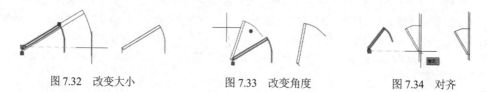

图 7.32　改变大小　　　　　图 7.33　改变角度　　　　　图 7.34　对齐

可以使用"块编辑器"创建动态块。"块编辑器"是一个专门的编写区域，用于添加能够使块成为动态块的元素。用户可以从头创建块，也可以向现有的块定义中添加动态行为，还可以像在绘图区域中创建几何图形一样创建块。

【执行方式】

➤ 命令行：BEDIT（快捷命令：BE）。

➤ 菜单栏：选择菜单栏中的"工具"→"块编辑器"命令。

➤ 工具栏：单击"标准"工具栏中的"块编辑器"按钮。

➤ 快捷菜单：选择一个块参照，在绘图区中右击，在弹出的快捷菜单中选择"块编辑器"命令。

➤ 功能区：单击"默认"选项卡"块"面板中的"编辑"按钮，或单击"插入"选项卡"块定义"面板中的"块编辑器"按钮。

执行上述命令后，系统打开"编辑块定义"对话框，如图 7.35 所示，在"要创建或编辑的块"文本框中输入块名或在列表框中选择已定义的块或当前图形。确认后，系统打开"块编写选项板"和"块编辑器"选项卡，如图 7.36 所示。

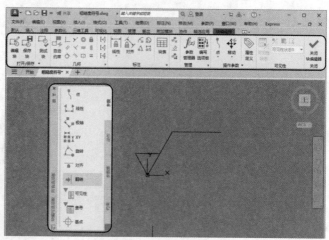

图 7.35　"编辑块定义"对话框　　　　　图 7.36　块编辑状态绘图平面

7.1.7　实例——动态块功能标注花键轴粗糙度

粗糙度是机械零件图中必不可少的要素，用于表征零件表面的光洁程度。但粗糙度是中国国标中的相关规定，AutoCAD 作为一个国际性的软件，并没有专门设置粗糙度的标注工具。为了减小重复标注的工作量，提高效率，可以把粗糙度设置为图块，然后进行快速标注，如图 7.37 所示。

【操作步骤】

（1）打开"源文件\第 7 章\动态块功能标注花键轴粗糙度\花键轴"图形，如图 7.38 所示。

（2）单击"默认"选项卡"绘图"面板中的"直线"按钮，绘制如图 7.39 所示的粗糙度符号。

（3）利用 WBLOCK 命令打开"写块"对话框，拾取图 7.39 所示图形的下尖点为基点，以图 7.39 所示图形为对象，输入图块名称并指定保存路径，单击"确定"按钮后退出。

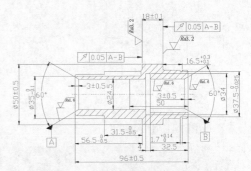

图 7.37　动态块功能标注花键轴粗糙度

（4）利用 INSERT 命令打开"块"选项板，设置插入点和比例在屏幕中指定，旋转角度为固定的任意值，单击"浏览块库"按钮，找到刚才保存的图块，在屏幕上指定插入点和比例，将该图块插入如图 7.40 所示的图形中。

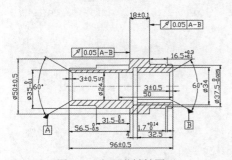

图 7.38　打开花键轴图形

图 7.39　绘制粗糙度符号

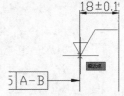

图 7.40　插入粗糙度符号

（5）利用 BEDIT 命令，选择刚才保存的块，打开"块编写选项板"和"块编辑器"选项卡，在"块编写选项板"的"参数"选项卡中选择"旋转"选项。命令行提示与操作如下：

命令：BEDIT✓
指定基点或[名称(N)/标签(L)/链(C)/说明(D)/选项板(P)/值集(V)]：（指定粗糙度图块下角点为基点）
指定参数半径：（指定适当半径）
指定默认旋转角度或[基准角度(B)] <0>：（指定适当角度）
指定标签位置：（指定适当位置。在"块编写选项板"的"动作"选项卡中选择"旋转"选项）
选择参数：（选择刚设置的旋转参数）
选择对象：（选择粗糙度图块）

（6）在当前图形中选择刚才标注的图块，系统显示图块的动态旋转标记。选中该标记，按住鼠标拖动，直到图块旋转到满意的位置为止，如图 7.41 所示。

（7）单击"默认"选项卡"注释"面板中的"多行文字"按钮 **A**，标注文字，标注时注意对文字进行旋转。

（8）利用插入图块的方法标注其他粗糙度，结果如图 7.42 所示。

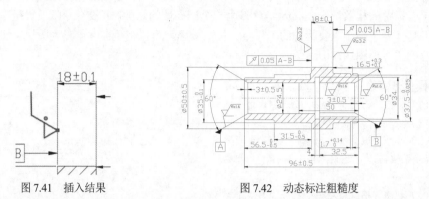

图 7.41　插入结果　　　　　　　图 7.42　动态标注粗糙度

高手点拨：

　　既然表面粗糙度符号是用于表明材料或工件的表面情况、表面加工方法及粗糙程度等属性的，那么就应该有一套标注规定。表面粗糙度数值及有关的规定在符号中注写的位置归纳如图 7.43 所示。

　　图中，h 为字体高度，$d'=1/10h$；a_1、a_2 为表面粗糙度高度参数的允许值，单位为 mm；b 为加工方法、镀涂或其他表面处理；c 为取样长度，单位为 mm；d 为加工纹理方向符号；e 为加工余量，单位为 mm；f 为表面粗糙度间距参数值或轮廓支撑长度率。

　　零件的表面粗糙度是评定零件表面质量的一项技术指标，零件表面粗糙度的要求越高（表面粗糙度参数值越小），则其加工成本也越高。因此，应在满足零件表面功能的前提下合理选用表面粗糙度参数。

　　表面粗糙度符号应标注在可见的轮廓线、尺寸线、尺寸界线或它们的延长线上；对于镀涂表面，可标注在表示线上。符号的尖端必须从材料外指向表面，如图 7.44 和图 7.45 所示。表面粗糙度代号中数字及符号的方向必须按图 7.44 和图 7.45 的规定标注。

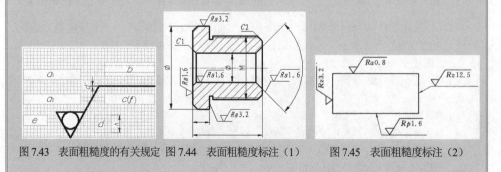

图 7.43　表面粗糙度的有关规定　图 7.44　表面粗糙度标注（1）　图 7.45　表面粗糙度标注（2）

7.2　图块的属性

图块除了包含图形对象以外，还可以具有非图形信息。例如，把一把椅子的图形定义为图块后，还可以把椅子的号码、材料、重量、价格以及说明等文本信息一并加入图块当中。图块的这些非图形信息叫作图块的属性，它是图块的一个组成部分，与图形对象一起构成一个整体，在插入图块时，AutoCAD 把图形对象连同属性一起插入图形中。

7.2.1　定义图块属性

在使用图块属性前，要先对其属性进行定义。

【执行方式】

- 命令行：ATTDEF（快捷命令：ATT）。
- 菜单栏：选择菜单栏中的"绘图"→"块"→"定义属性"命令。
- 功能区：单击"插入"选项卡"块定义"面板中的"定义属性"按钮 ，或单击"默认"选项卡"块"面板中的"定义属性"按钮 。

执行上述命令后，打开"属性定义"对话框，如图 7.46 所示。

图 7.46　"属性定义"对话框

【选项说明】

（1）❶"模式"选项组：确定属性的模式。

- "不可见"复选框：勾选该复选框，则属性为不可见显示方式，即插入图块并输入属性值后，属性值在图中不会显示出来。
- "固定"复选框：勾选该复选框，则属性值为常量，即属性值在属性定义时给定，在插入图块时 AutoCAD 不再提示输入属性值。
- "验证"复选框：勾选该复选框，当插入图块时 AutoCAD 重新显示属性值让用户验证该值是否正确。
- "预设"复选框：勾选该复选框，当插入图块时 AutoCAD 自动把事先设置好的默认值赋予属性，而不再提示输入属性值。
- "锁定位置"复选框：勾选该复选框，锁定块参照中属性的位置。解锁后，属性可以相对于使用夹点编辑的块的其他部分移动，并且可以调整多行文字属性的大小。
- "多行"复选框：指定属性值可以包含多行文字，勾选该复选框可以指定属性的边界宽度。

（2）❷"属性"选项组：用于设置属性值。在每个文本框中 AutoCAD 允许输入不超过 256 个字符。

- "标记"文本框：输入属性标签。属性标签可由除空格和感叹号以外的所有字符组成，AutoCAD 自动将小写字母改为大写字母。
- "提示"文本框：输入属性提示。属性提示是插入图块时 AutoCAD 要求输入属性值的提示，如果不在此文本框内输入文本，则以属性标签作为提示。如果在"模式"选项组中勾选"固定"复选框，即设置属性为常量，则无须设置属性提示。
- "默认"文本框：设置默认的属性值。可把使用次数较多的属性值作为默认值，也可不设默认值。

（3）❸"插入点"选项组：确定属性文本的位置。可以在插入时由用户在图形中确定属性文本的位置，也可在 X、Y、Z 文本框中直接输入属性文本的位置坐标。

（4）❹"文字设置"选项组：设置属性文本的对齐方式、文本样式、字高和倾斜角度。

（5）❺"在上一个属性定义下对齐"复选框：勾选该复选框，表示把属性标签直接放在前一个属性的下面，而且该属性继承前一个属性的文本样式、字高和倾斜角度等特性。

> **高手点拨：**
> 　　在动态块中，由于属性的位置包括在动作的选择集中，因此必须将其锁定。

7.2.2　修改属性的定义

在定义图块之前，可以对属性的定义加以修改，不仅可以修改属性标签，还可以修改属性提示和属性默认值。文字编辑命令的调用方法有以下两种。

> ➢ 命令行：DDEDIT（快捷菜单：ED）。
> ➢ 菜单栏：选择菜单栏中的"修改"→"对象"→"文字"→"编辑"命令。

执行上述命令后，根据系统提示选择要修改的属性定义，AutoCAD 打开"编辑属性定义"对话框，如图 7.47 所示，❶该对话框表示要修改的属性的标记为"文字"，❷提示为"数值"，❸无默认值，可在各文本框中对各项进行修改。

图 7.47　"编辑属性定义"对话框

7.2.3　图块属性编辑

当属性被定义到图块中，或图块被插入图形中后，用户还可以对属性进行编辑。利用 ATTEDIT 命令可以通过对话框对指定图块的属性值进行修改，利用 ATTEDIT 命令不仅可以修改属性值，而且可以对属性的位置、文本等其他设置进行编辑。

【执行方式】

> ➢ 命令行：ATTEDIT（快捷命令：ATE）。
> ➢ 菜单栏：选择菜单栏中的"修改"→"对象"→"属性"→"单个"命令。
> ➢ 工具栏：单击"修改Ⅱ"工具栏中的"编辑属性"按钮 。
> ➢ 功能区：单击"默认"选项卡"块"面板中的"编辑属性"按钮 。

【操作步骤】

单击"默认"选项卡"块"面板中的"创建"按钮 ，根据系统提示选择定义属性的图块，则 AutoCAD 会打开如图 7.48 所示的"编辑属性"对话框，该对话框中显示出了所选图块包含的前 8 个属性值，用户可对这些属性值进行修改。如果该图块中还有其他属性，可单击"上一个"和"下一个"按钮对它们进行观察和修改。

当用户通过菜单或工具栏执行上述命令时，系统打开"增强属性编辑器"对话框，如图 7.49所示。该对话框不仅可以编辑属性值，还可以编辑属性的文字选项和图层、线型、颜色等特性值。

另外，还可以通过"块属性管理器"对话框来编辑属性，方法是单击"默认"选项卡"块"面板中的"块属性管理器"按钮 。执行此命令后，系统打开"块属性管理器"对话框，如图 7.50

所示。单击"编辑"按钮，系统打开"编辑属性"对话框，如图 7.51 所示。可以通过该对话框编辑属性。

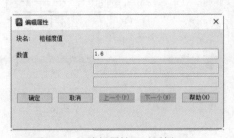

图 7.48　"编辑属性"对话框（1）

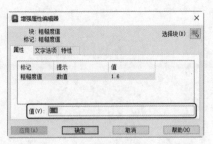

图 7.49　"增强属性编辑器"对话框

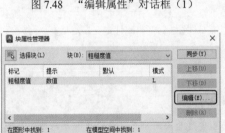

图 7.50　"块属性管理器"对话框

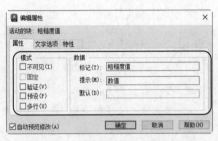

图 7.51　"编辑属性"对话框（2）

扫一扫，看视频

7.2.4　实例——属性功能标注花键轴粗糙度

本实例首先利用"直线"命令绘制粗糙度符号，然后定义粗糙度属性，将其保存为图块，最后利用"插入块"命令将图块插入到适当位置，如图 7.37 所示。

【操作步骤】

（1）打开"源文件\第 7 章\属性功能标注花键轴粗糙度\花键轴"图形，如图 7.38 所示。

（2）单击"默认"选项卡"绘图"面板中的"直线"按钮 ，绘制粗糙度符号，如图 7.52 所示。

（3）单击"默认"选项卡"注释"面板中的"多行文字"按钮 **A**，在粗糙度符号下方输入文字 Ra，如图 7.53 所示。

（4）选择菜单栏中的"绘图"→"块"→"定义属性"命令，系统打开"属性定义"对话框，进行如图 7.54 所示的设置，将属性标注放置到水平直线的下方，单击"确定"按钮退出。

（5）在命令行中输入 WBLOCK 命令，按 Enter 键，打开"写块"对话框。单击"拾取点"按钮 ，选择图形的下尖点为基点；单击"选择对象"按钮 ，选择前面绘制的全部粗糙度图形为对象，输入图块名称并指定路径保存图块，单击"确定"按钮退出。

（6）单击"默认"选项卡"块"面板中的"插入"下拉菜单中的"库中的块"选项，打开"块"选项板。单击"库"选项中的"浏览块库"按钮 ，找到保存的粗糙度图块，在绘图区指定插入点、比例和旋转角度，将该图块插入绘图区的任意位置，此时弹出"编辑属性"对话框，会提示输入属性，并要求验证属性值。输入粗糙度数值 3.2，此时完成了一个粗糙度的标注，如图 7.55 所示。

（7）继续插入粗糙度图块，输入不同属性值作为粗糙度数值，直到完成所有的粗糙度标注，结果如图 7.37 所示。

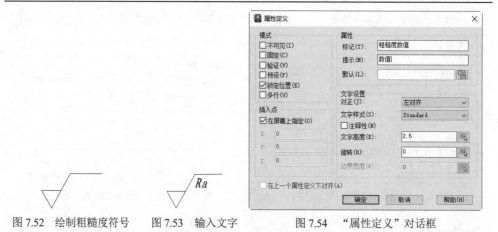

图 7.52　绘制粗糙度符号　　图 7.53　输入文字　　　　图 7.54　"属性定义"对话框

高手点拨：

（1）在同一图样上，每一表面一般只标注一次符号，并尽可能靠近有关的尺寸线，当空间狭小或不便于标注时，代号可以引出标注，如图 7.56 所示。

（2）当用统一标注和简化标注的方法表达表面粗糙度要求时，其代号和文字说明均应是图形上所注代号和文字的 1.4 倍。

（3）当零件的大部分表面具有相同的表面粗糙度要求时，对其中使用最多的一种代号可以统一标注在图样的右下角，如图 7.56 所示。

（4）当零件所有表面具有相同的表面粗糙度要求时，其代号可在图样的右下角统一标注，如图 7.57 所示。

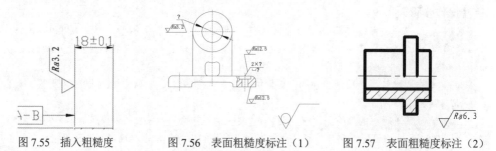

图 7.55　插入粗糙度　　　图 7.56　表面粗糙度标注（1）　　图 7.57　表面粗糙度标注（2）

扫一扫，看视频

7.3　综合演练——绘制手动串联电阻启动控制电路图

本实例主要讲解利用图块辅助快速绘制电气图的一般方法。手动串联电阻启动控制电路的基本原理是：当启动电动机时，按下按钮开关 SB2，电动机串联电阻启动，待电动机转速达到额定转速时，再按下 SB3，电动机电源改为全压供电，使电动机正常运行。

本实例运用到"矩形""直线""圆""多行文字""偏移""修剪"等一些基础的绘图命令绘制图形，并利用"写块"命令将绘制好的图形创建为块，再将创建的图块插入电路图，以此绘制手动串联电阻启动控制电路图，如图 7.58 所示。

🖱【操作步骤】

（1）单击"默认"选项卡"绘图"面板中的"圆"按钮⊙和"注释"面板中的"多行文字"按钮 **A**，绘制如图 7.59 所示的电动机图形。

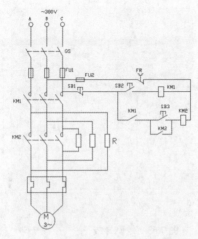

图 7.58　手动串联电阻启动控制电路图　　　　图 7.59　绘制电动机图形

（2）单击"插入"选项卡"块定义"面板中的"写块"按钮🖳，打开"写块"对话框，如图 7.60 所示。❶拾取电动机图形中圆的圆心为基点，❷以该图形为对象，❸输入图块名称并指定路径，❹单击"确定"按钮退出。

（3）以同样的方法绘制其他电气符号并保存为图块，如图 7.61 所示。

（4）单击"默认"选项卡"块"面板中的"插入"下拉菜单中的"库中的块"选项，打开"块"选项板。❶单击"库"选项中的"浏览块库"按钮🗂，找到刚才保存的电动机图块；❷选择适当的插入点、比例和旋转角度，如图 7.62 所示，将该图块插入一个新的图形文件中。

（5）单击"默认"选项卡"绘图"面板中的"直线"按钮／，在插入的电动机图块上绘制如图 7.63 所示的导线。

（6）单击"默认"选项卡"块"面板中的"插入"下拉菜单中的"库中的块"选项，将 F 图块插入到图形中，设置插入比例为 1，角度为 0，插入点为左边竖线端点，同时将其复制到右边的竖线端点，如图 7.64 所示。

图 7.60　"写块"对话框

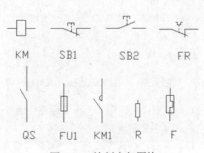

图 7.61　绘制电气图块

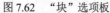
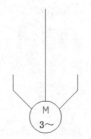

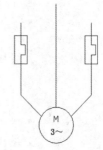

图 7.62　"块"选项板　　　图 7.63　绘制导线　　　图 7.64　插入 F 图块

(7) 单击"默认"选项卡"绘图"面板中的"直线"按钮 ／ 和"修改"面板中的"修剪"按钮 ，在插入的 F 图块处绘制两条水平直线，并在竖直线上绘制连续线段，最后修剪多余的部分，如图 7.65 所示。

(8) 单击"默认"选项卡"块"面板中的"插入"下拉菜单中的"库中的块"选项，插入 KM1 图块到竖线上端点，并复制到其他两个端点。单击"默认"选项卡"绘图"面板中的"直线"按钮 ／，绘制虚线，结果如图 7.66 所示。

(9) 再次将插入并复制的 3 个 KM1 图块向上复制到 KM1 图块的上端点，如图 7.67 所示。

(10) 单击"默认"选项卡"块"面板中的"插入"下拉菜单中的"库中的块"选项，插入 R 图块到第一次插入的 KM1 图块的右边适当位置，并向右水平复制两次，如图 7.68 所示。

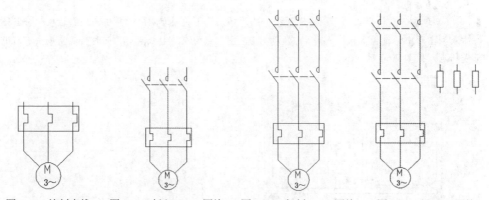

图 7.65　绘制直线　　　图 7.66　插入 KM1 图块　　　图 7.67　复制 KM1 图块　　　图 7.68　插入 R 图块

(11) 单击"默认"选项卡"绘图"面板中的"直线"按钮 ／，绘制电阻 R 与主干竖线之间的连接线，如图 7.69 所示。

(12) 单击"默认"选项卡"块"面板中的"插入"下拉菜单中的"库中的块"选项，插入 FU1 图块到 KM1 图块的竖线上端点，并复制其他两个端点，如图 7.70 所示。

（13）单击"默认"选项卡"块"面板中的"插入"下拉菜单中的"库中的块"选项，插入QS 图块到 FU1 图块的竖线上端点，并复制到其他两个端点，如图 7.71 所示。

（14）单击"默认"选项卡"绘图"面板中的"直线"按钮 ╱，绘制一条水平线段，端点为刚插入的 QS 图块斜线中点，并将其线型改为虚线，作为水平功能线，如图 7.72 所示。

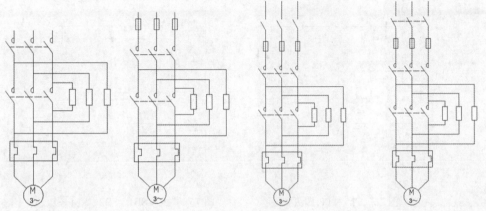

图 7.69　绘制连接线　　图 7.70　插入 FU1 图块　　图 7.71　插入 QS 图块　　图 7.72　绘制水平功能线

（15）单击"默认"选项卡"绘图"面板中的"圆"按钮 ⊙，在 QS 图块竖线顶端绘制一个小圆圈，并复制到另外两个竖线顶端，如图 7.73 所示，表示线路与外部的连接点。

（16）单击"默认"选项卡"绘图"面板中的"直线"按钮 ╱，从主干线上引出两条水平线，如图 7.74 所示。

（17）单击"默认"选项卡"块"面板中的"插入"下拉菜单中的"库中的块"选项，插入FU1 图块到水平引线的右端点，指定旋转角度为-90°。这时系统弹出"块-定义已存在"对话框，提示是否重新定义 FU1 图块（因为前面已经插入过 FU1 图块），如图 7.75 所示，选择"重定义块"，插入 FU1 图块，如图 7.76 所示。

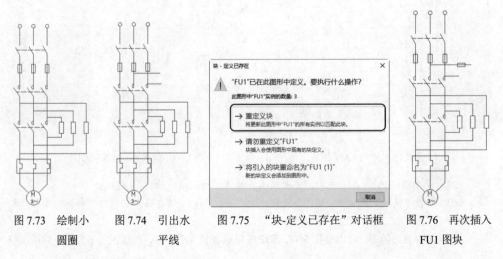

图 7.73　绘制小　　　图 7.74　引出水　　　图 7.75　"块-定义已存在"对话框　　图 7.76　再次插入
　　　　　圆圈　　　　　　　　平线　　　　　　　　　　　　　　　　　　　　　　　　　　　　FU1 图块

（18）在刚插入的 FU1 图块右端绘制一条短水平线，再次执行"插入块"命令，插入 FR 图块到水平短线右端点，如图 7.77 所示。

（19）单击"默认"选项卡"块"面板中的"插入"下拉菜单中的"库中的块"选项，连续插入图块 SB1、SB2、KM 到下面一条水平引线的右端点，如图 7.78 所示。

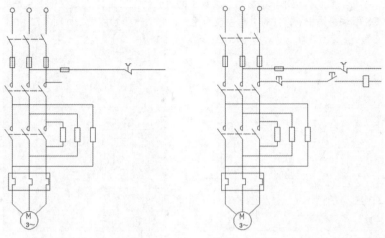

图 7.77　插入 FR 图块　　　　　　图 7.78　插入 SB1、SB2、KM 图块

（20）在插入的 SB1 和 SB2 图块之间的水平线上向下引出一条竖直线，并执行"插入块"命令，插入 KM1 图块到竖直引线的下端点，指定插入时的旋转角度为-90°，并进行整理，结果如图 7.79 所示。

（21）单击"默认"选项卡"块"面板中的"插入"下拉菜单中的"库中的块"选项，在刚插入的 KM1 图块右端点依次插入图块 SB2、KM，效果如图 7.80 所示。

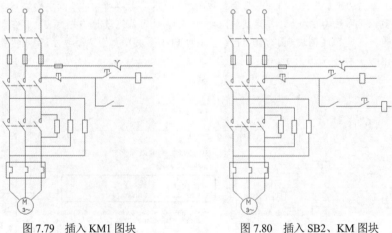

图 7.79　插入 KM1 图块　　　　　　图 7.80　插入 SB2、KM 图块

（22）同步骤（20），向下绘制竖直引线，并插入图块 KM1，如图 7.81 所示。

（23）单击"默认"选项卡"绘图"面板中的"直线"按钮 ╱，补充绘制相关导线，如图 7.82 所示。

（24）局部放大图形，可以发现 SB1、SB2 等图块在插入图形后，虚线图线不可见，如图 7.83 所示。

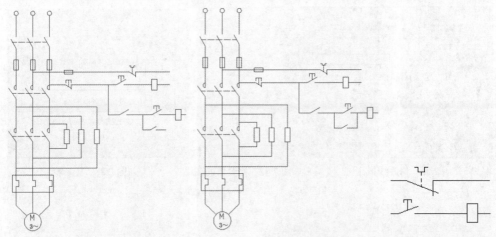

图 7.81　再次插入图块 KM1　　　　图 7.82　补充绘制相关导线　　　图 7.83　放大显示局部

新手注意:
　　这是因为图块插入图形中后，其大小有变化，导致相应的图线有变化。

　　（25）双击插入图形中的 SB2 图块，打开"编辑块定义"对话框，如图 7.84 所示，单击"确定"按钮。

　　（26）系统打开动态块编辑界面，如图 7.85 所示。

　　（27）双击 SB2 图块中间竖线，右击，弹出快捷菜单，选择"特性"命令，打开"特性"选项板，修改线型比例，如图 7.86 所示。修改后的图块如图 7.87 所示。

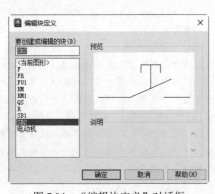

图 7.84　"编辑块定义"对话框

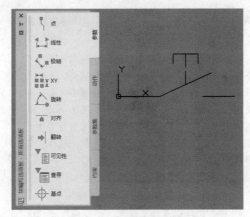

图 7.85　动态块编辑界面

　　（28）单击"动态块编辑"工具栏中的"关闭块编辑器"按钮，关闭动态块编辑界面，系统提示是否保存块的修改，如图 7.88 所示，选择"将更改保存到 SB2"选项，系统返回到图形界面。

　　（29）继续选择要修改的图块进行编辑，编辑完成后，可以看到图块对应的图线已经变成了虚线，如图 7.89 所示。整个图形如图 7.90 所示。

　　（30）单击"默认"选项卡"注释"面板中的"多行文字"按钮 **A**，输入电气符号代表的文字，最终效果如图 7.58 所示。

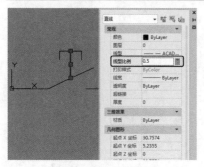

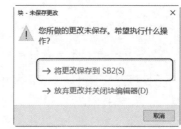

图 7.86　修改线型比例　　　　图 7.87　修改后的图块　　　　图 7.88　提示框

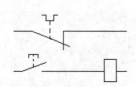
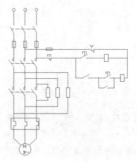

图 7.89　修改后的图块　　　　　　　图 7.90　整个图形

7.4　新 手 问 答

No.1：文件占用空间大，计算机运行速度慢怎么办？

当图形文件经过多次的修改，特别是插入多个图块以后，文件占用空间会越变越大，这时，计算机运行的速度会变慢，图形处理的速度也会变慢。此时可以通过选择"文件"菜单中的"绘图实用程序"→"清除"命令清除无用的图块、字型、图层、标注形式、复线形式等，这样，图形文件也会随之变小。

No.2：图块应用时应注意什么？

（1）图块组成对象图层的继承性。

（2）图块组成对象颜色、线型和线宽的继承性。

（3）ByLayer、ByBlock 的意义，即随层与随块的意义。

（4）0 层的使用。

请读者自行练习体会。AutoCAD 提供了动态图块编辑器。块编辑器是专门用于创建块定义并添加加态行为的编写区域，提供了专门的编写选项板。通过这些选项板可以快速访问块编写工具。除了块编写选项板之外，块编辑器还提供了绘图区域，用户可以根据需要在程序的主绘图区域中绘制和编辑几何图形，还可以指定块编辑器绘图区域的背景色。

7.5　上 机 实 验

【练习1】定义"螺母"图块并插入轴图形中，组成一个配合。

1. 目的要求

本练习涉及的命令有"块定义"和

扫一扫，看视频

"外部参照附着"。通过本练习，要求读者掌握图块的定义方法和"外部参照附着"命令的使用，同时复习绘图命令的使用方法。

2. 操作提示

（1）如图 7.91 所示，利用"块定义"命令对话框进行适当设置，定义块。

（2）利用 WBLOCK 命令进行适当设置，保存块。

（3）打开绘制好的轴零件图。

（4）执行"外部参照附着"命令，选择图 7.91 所示的螺母零件图文件为参照图形文件，设置相关参数，将螺母零件图附着到轴零件图中。

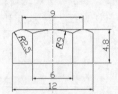

图 7.91　绘制图块

📅 【练习 2】标注如图 7.92 所示的表面粗糙度。

1. 目的要求

本练习涉及的命令有"直线"和"定义图块属性"。通过本练习，要求读者掌握图块的属性定义，同时复习定义图块的方法。

扫一扫，看视频

2. 操作提示

（1）利用"直线"命令绘制表面粗糙度符号。

（2）定义表面粗糙度符号的属性，将表面粗糙度值设置为其中需要验证的标记。

（3）将绘制的表面粗糙度符号及其属性定义成图块。

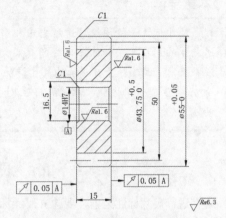

图 7.92　标注表面粗糙度

（4）保存图块。

（5）在图形中插入表面粗糙度图块，每次插入时输入不同的表面粗糙度值作为属性值。

7.6　思考与练习

（1）使用 BLOCK 命令定义的内部图块，下列说法正确的是（　　）。

　A. 只能在定义它的图形文件内自由调用

　B. 只能在另一个图形文件内自由调用

　C. 既能在定义它的图形文件内自由调用，也能在另一个图形文件内自由调用

　D. 两者都不能用

（2）下列（　　）项不能用块属性管理器进行修改。

　A. 属性文字如何显示　　　　　　　　　　B. 属性的个数

　C. 属性所在的图层和属性行的颜色、宽度及类型　　D. 属性的可见性

（3）如果插入地块所使用的图形单位与为图形指定的单位不同，则（　　）。

　A. 对象以一定比例缩放以维持视觉外观

　B. 英制的放大 25.4 倍

　C. 公制的缩小 25.4 倍

　D. 块将自动按照两种单位相比的等价比例因子进行缩放

（4）下列关于块的说法正确的是（　　）。

　A. 块只能在当前文档中使用

　B. 只有用 WBLOCK 命令写到盘上的块可以插入到另一个图形文件中

　C. 任何一个图形文件都可以作为块插入另一幅图中

　D. 用 BLOCK 命令定义的块可以直接通过 INSERT 命令插入任何图形文件中

第8章 尺寸标注

本章导读

尺寸标注是绘图设计过程当中相当重要的一个环节。因为图形的主要作用是表达物体的形状，而物体各部分的真实大小和各部分之间的确切位置只能通过尺寸标注来表达。因此，没有正确的尺寸标注，绘制出的图样对于加工制造就没什么意义。AutoCAD 提供了方便、准确的标注尺寸功能，本章主要介绍 AutoCAD 的尺寸标注功能。

8.1 尺 寸 样 式

在进行尺寸标注之前，要建立尺寸标注的样式。如果不建立尺寸样式而直接进行标注，则系统使用默认名称为 STANDARD 的样式。用户如果认为使用的标注样式的某些设置不合适，也可以修改标注样式。

【执行方式】

- ➢ 命令行：DIMSTYLE。
- ➢ 菜单栏：选择菜单栏中的"格式"→"标注样式"命令或"标注"→"标注样式"命令，如图 8.1 所示。
- ➢ 工具栏：单击"标注"工具栏中的"标注样式"按钮，如图 8.2 所示。
- ➢ 功能区：单击"默认"选项卡"注释"面板中的"标注样式"按钮（图 8.3），或单击"注释"选项卡"标注"面板中的"标注样式"下拉菜单中的"管理标注样式"按钮（图 8.4），或单击"注释"选项卡"标注"面板中的"对话框启动器"按钮 ↘ 。

执行上述命令，AutoCAD 打开"标注样式管理器"对话框，如图 8.5 所示。利用此对话框可以方便直观地定制和浏览尺寸标注样式，包括产生新的标注样式、修改已存在的样式、设置当前尺寸标注样式、样式重命名，以及删除一个已有样式等。

图 8.1 "标注"菜单　　图 8.2 "标注"
工具栏

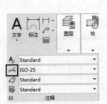

图 8.3　"注释"面板

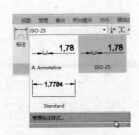

图 8.4　"标注"面板

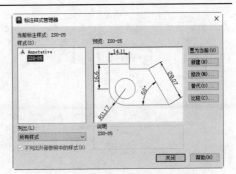

图 8.5　"标注样式管理器"对话框

【选项说明】

(1)"置为当前"按钮：单击此按钮，把在"样式"列表框中选中的样式设置为当前样式。

(2)"新建"按钮：定义一个新的尺寸标注样式。单击此按钮，AutoCAD 打开"创建新标注样式"对话框，如图 8.6 所示。利用此对话框可以创建一个新的尺寸标注样式。其中各项功能说明如下。

图 8.6　"创建新标注样式"对话框

- ➤ "新样式名"文本框：给新的尺寸标注样式命名。
- ➤ "基础样式"下拉列表框：选取创建新样式所基于的标注样式。单击右侧的下拉箭头，显示当前已有的样

式列表，从中选取一个作为定义新样式的基础，新的样式是在这个样式的基础上修改一些特性得到的。

- ➤ "用于"下拉列表框：指定新样式应用的尺寸类型。单击右侧的下拉箭头，显示尺寸类型列表。如果新建样式应用于所有尺寸，则选"所有标注"；如果新建样式只应用于特定的尺寸标注（如只在标注直径时使用此样式），则选取相应的尺寸类型。
- ➤ "继续"按钮：各选项设置好以后，单击"继续"按钮，AutoCAD 打开"新建标注样式"对话框，如图 8.7 所示，利用此对话框可对新样式的各项特性进行设置。该对话框中各部分的含义和功能将在后面介绍。

(3)"修改"按钮：修改一个已存在的尺寸标注样式。单击此按钮，系统弹出"修改标注样式"对话框，该对话框中的各选项与"新建标注样式"对话框中的选项完全相同，可以对已有标注样式进行修改。

(4)"替代"按钮：设置临时覆盖尺寸标注样式。单击此按钮，AutoCAD 打开"替代当前样式"对话框，该对话框中的各选项与"新建标注样式"对话框中的选项完全相同，用户可改变选项的设置覆盖原来的设置，但这种修改只对指定的尺寸标注起作用，而不影响当前尺寸变量的设置。

(5)"比较"按钮：比较两个尺寸标注样式在参数上的区别或浏览一个尺寸标注样式的参数设置。单击此按钮，AutoCAD 打开"比较标注样式"对话框，如图 8.8 所示。可以把比较结果复制到剪切板上，然后再粘贴到其他的 Windows 应用软件上。

在"新建标注样式"对话框中有 7 个选项卡，分别说明如下。

(1)线：该选项卡可以对尺寸的尺寸线和尺寸界线的各个参数进行设置，包括尺寸线的颜色、线型、线宽、超出标记、基线间距和隐藏等，以及尺寸界线的颜色、线型、线宽、超出尺寸线、起点偏移量和隐藏等参数，如图 8.7 所示。

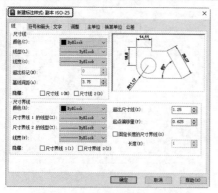

图 8.7 "新建标注样式"对话框　　　图 8.8 "比较标注样式"对话框

（2）符号和箭头：该选项卡可以对箭头、圆心标记、弧长符号、折断标注、半径折弯标注和线性折弯标注的各个参数进行设置，如图 8.9 所示。包括箭头大小、引线、形状等参数，圆心标记的类型、大小等参数，弧长符号位置、半径折弯标注的折弯角度、线性折弯标注的折弯高度因子以及折断标注的折断大小等参数。

（3）文字：该选项卡可以对文字的外观、位置、对齐方式等各个参数进行设置，如图 8.10 所示。包括文字外观的文字样式、文字颜色、填充颜色、文字高度、分数高度比例、绘制文字边框等参数，文字位置的垂直、水平、观察方向和从尺寸线偏移量等参数。文字对齐方式有水平、与尺寸线对齐、ISO 标准 3 种。图 8.11 所示为尺寸在垂直方向放置的 5 种不同情形，图 8.12 所示为尺寸在水平方向放置的 5 种不同情形。

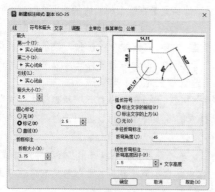

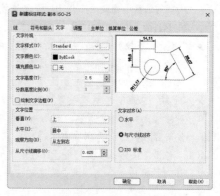

图 8.9 "符号和箭头"选项卡　　　图 8.10 "文字"选项卡

（4）调整：该选项卡可以对调整选项、文字位置、标注特征比例和优化等各个参数进行设置，如图 8.13 所示。包括调整选项，文字位置不在默认位置时的放置位置，标注特征比例以及调整尺寸要素位置等参数。图 8.14 所示为文字放置位置不在默认位置时的 3 种不同情形。

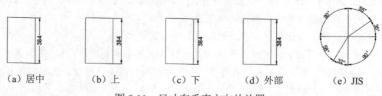

（a）居中　　（b）上　　（c）下　　（d）外部　　（e）JIS

图 8.11 尺寸在垂直方向的放置

　(a) 居中　　　(b) 第一界线　　　(c) 第二界线　　　(d) 第一界线上方　　　(e) 第二界线上方

图 8.12　尺寸在水平方向的放置

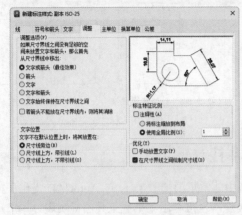

图 8.13　"调整"选项卡

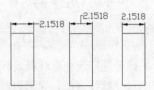

图 8.14　尺寸文字的位置

　　（5）主单位：该选项卡用于设置尺寸标注的主单位和精度，以及给尺寸文本添加固定的前缀或后缀。该选项卡包含两个选项组，分别用于对线性标注和角度标注的参数进行设置，如图 8.15 所示。

　　（6）换算单位：该选项卡用于对换算单位进行设置，如图 8.16 所示。

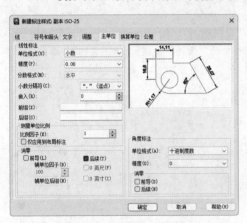

图 8.15　"主单位"选项卡

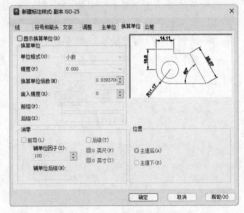

图 8.16　"换算单位"选项卡

　　（7）公差：该选项卡用于对尺寸公差进行设置，如图 8.17 所示。其中"方式"下拉列表框列出了 AutoCAD 提供的 5 种标注公差的方式，用户可从中选择。这 5 种方式分别是"无""对称""极限偏差""极限尺寸"和"基本尺寸"，其中"无"表示不标注公差，即上述的通常标注情形，其余 4 种标注情况如图 8.18 所示。在"精度""上偏差""下偏差""高度比例""垂直位置"等文本框中输入或选择相应的参数值即可。

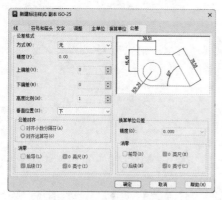

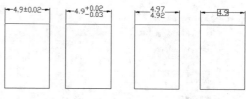

（a）对称　（b）极限偏差　（c）极限尺寸　（d）基本尺寸

图 8.17　"公差"选项卡　　　　图 8.18　标注公差的方式

8.2　标　注　尺　寸

正确地进行尺寸标注是设计绘图工作中非常重要的一个环节，AutoCAD 提供了方便快捷的尺寸标注方法，可通过执行命令实现，也可利用菜单或工具图标实现。本节重点介绍如何对各种类型的尺寸进行标注。

8.2.1　线性标注

【执行方式】
- 命令行：DIMLINEAR（快捷命令：DIMLIN）。
- 菜单栏：选择菜单栏中的"标注"→"线性"命令。
- 工具栏：单击"标注"工具栏中的"线性"按钮┝┥。
- 功能区：单击"默认"选项卡"注释"面板中的"线性"按钮┝┥（图 8.19），或单击"注释"选项卡"标注"面板中的"线性"按钮┝┥（图 8.20）。

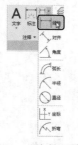

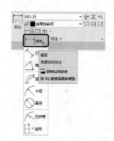

图 8.19　"注释"面板　　　图 8.20　"标注"面板

【操作步骤】
命令行提示与操作如下：

命令：DIMLIN✓

选择相应的菜单项或工具图标，或在命令行输入上述命令后按 Enter 键，AutoCAD 提示如下：

指定第一个尺寸界线原点或 <选择对象>：

【选项说明】

在此提示下有两种选择，直接按 Enter 键选择要标注的对象或确定尺寸界线的起始点，分别说明如下。

（1）直接按 Enter 键：光标变为拾取框，并且在命令行提示：

选择标注对象：

通过拾取框点取要标注尺寸的线段，AutoCAD 提示：

指定尺寸线位置或[多行文字(M)/文字(T)/角度(A)/水平(H)/垂直(V)/旋转(R)]：

各项的含义如下。

➢ 指定尺寸线位置：确定尺寸线的位置。用户可移动鼠标选择合适的尺寸线位置，然后按 Enter 键或单击，AutoCAD 则自动测量所标注线段的长度并标注出相应的尺寸。

➢ 多行文字(M)：用多行文本编辑器确定尺寸文本。

➢ 文字(T)：在命令行提示下输入或编辑尺寸文本。选择此选项后，AutoCAD 提示：

输入标注文字 <默认值>：

其中的默认值是 AutoCAD 自动测量得到的被标注线段的长度，直接按 Enter 键即可采用此长度值，也可输入其他数值代替默认值。当尺寸文本中包含默认值时，可使用尖括号"<>"表示默认值。

➢ 角度(A)：确定尺寸文本的倾斜角度。

➢ 水平(H)：水平标注尺寸，无论标注什么方向的线段，尺寸线均水平放置。

➢ 垂直(V)：垂直标注尺寸，无论被标注的线段沿什么方向，尺寸线总保持垂直。

新手注意：

要在公差尺寸前或后添加某些文本符号，必须输入尖括号"<>"表示默认值。例如，要将图 8.21（a）所示的原始尺寸改为图 8.21（b）所示的尺寸，在进行线性标注时，执行 M 或 T 命令后，在"输入标注文字<默认值>："提示下应该这样输入：%%c<>。如果要将图 8.21（a）的尺寸文本改为图 8.21（c）所示的文本则比较麻烦，因为后面的公差是堆叠文本，这时可以用"多行文字"命令 M 选项来执行，在多行文字编辑器中输入：5.8+0.1^-0.2，然后堆叠处理一下即可。

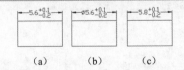

（a） （b） （c）

图 8.21 在公差尺寸前或后添加某些文本符号

➢ 旋转(R)：输入尺寸线旋转的角度值，旋转标注尺寸。

（2）指定第一条尺寸界线原点：指定第一条与第二条尺寸界线的起始点。

8.2.2 实例——标注胶垫尺寸

本实例首先使用标注样式命令 DIMSTYLE 创建用于线性尺寸的标注样式，然后利用线性尺寸标注命令 DIMLINEAR 完成胶垫图形的尺寸标注，如图 8.22 所示。

图 8.22 标注胶垫尺寸

【操作步骤】

1. 设置标注样式

（1）打开电子资料源文件中的"胶垫"文件，将"尺寸标注"图层设置为当前图层。

（2）单击"默认"选项卡"注释"面板中的"标注样式"按钮 ，系统弹出如图 8.23 所示的"标注样式管理器"对话框。单击"新建"按钮，❶在弹出的"创建新标注样式"对话框中设置"新样式名"为"机械制图"，如图 8.24 所示。❷单击"继续"按钮，系统弹出"新建标注样式：机械制图"对话框。

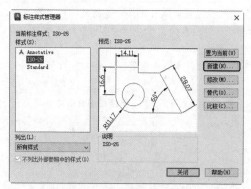
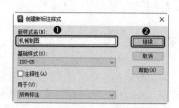

图 8.23　"标注样式管理器"对话框　　　　图 8.24　"创建新标注样式"对话框

（3）在如图 8.25 所示的"线"选项卡中，❶设置"基线间距"为 2，❷"超出尺寸线"为 1.25，❸"起点偏移量"为 0.625，其他选项保持默认设置。

（4）在如图 8.26 所示的"符号和箭头"选项卡中，设置箭头为"实心闭合"，"箭头大小"为 2.5，其他选项保持默认设置。

（5）在如图 8.27 所示的"文字"选项卡中，设置"文字高度"为 3，其他选项保持默认设置。

（6）在如图 8.28 所示的"主单位"选项卡中，设置"精度"为 0.0，"小数分隔符"为句点，其他选项保持默认设置。

（7）完成后单击"确定"按钮。在"标注样式管理器"对话框中将"机械制图"样式设置为当前样式，单击"关闭"按钮。

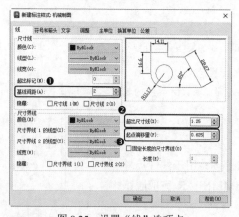
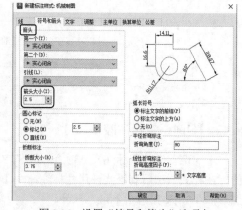

图 8.25　设置"线"选项卡　　　　　　　图 8.26　设置"符号和箭头"选项卡

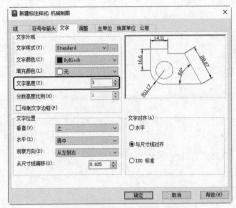

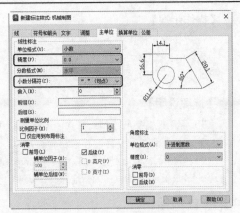

图 8.27　设置"文字"选项卡　　　　　图 8.28　设置"主单位"选项卡

2. 标注线性尺寸

单击"注释"选项卡"标注"面板中的"线性"按钮，对图形进行尺寸标注，命令行提示与操作如下：

```
命令：_DIMLINEAR
指定第一个尺寸界线原点或 <选择对象>：(选取左侧上端点)
指定第二条尺寸界线原点：(选取右侧上端点)
指定尺寸线位置或[多行文字(M)/文字(T)/角度(A)/水平(H)/垂直(V)/旋转(R)]：(将尺寸放置到图中适当位置)
标注文字 = 2
```

3. 标注直径尺寸

单击"注释"选项卡"标注"面板中的"线性"按钮，标注直径尺寸，命令行提示与操作如下：

```
命令：_DIMLINEAR
指定第一个尺寸界线原点或 <选择对象>：(选取右侧上端点)
指定第二条尺寸界线原点：(选取右侧下端点)
指定尺寸线位置或[多行文字(M)/文字(T)/角度(A)/水平(H)/垂直(V)/旋转(R)]：T
输入标注文字<37>:%%c37 (标注直径尺寸 ø37)
```

同理，标注直径尺寸 ø50，结果如图 8.22 所示。

8.2.3　基线标注

基线标注用于产生一系列基于同一条尺寸界线的尺寸标注，适用于长度标注、角度标注和坐标标注等。在使用基线标注方式之前，应该先标注出一个相关的尺寸。

【执行方式】
➢ 命令行：DIMBASELINE。
➢ 菜单栏：选择菜单栏中的"标注"→"基线"命令。
➢ 工具栏：单击"标注"工具栏中的"基线"按钮。
➢ 功能区：单击"注释"选项卡"标注"面板中的"基线"按钮。

【操作步骤】

命令行提示与操作如下：

命令：DIMBASELINE↙
指定第二条尺寸界线原点或[选择(S)/放弃(U)] <选择>：

【选项说明】

（1）指定第二条尺寸界线原点：直接确定另一个尺寸的第二条尺寸界线的起点，AutoCAD 以上次标注的尺寸为基准标注，标注出相应尺寸。

（2）<选择>：在上述提示下直接按 Enter 键，AutoCAD 提示如下：

选择基准标注：（选取作为基准的尺寸标注）

8.2.4 连续标注

连续标注又叫尺寸链标注，用于产生一系列连续的尺寸标注，后一个尺寸标注均把前一个标注的第二条尺寸界线作为它的第一条尺寸界线。适用于长度标注、角度标注和坐标标注等。在使用连续标注方式之前，应该先标注出一个相关的尺寸。

【执行方式】

➢ 命令行：DIMCONTINUE。
➢ 菜单栏：选择菜单栏中的"标注"→"连续"命令。
➢ 工具栏：单击"标注"工具栏中的"连续"按钮 |╫|。
➢ 功能区：单击"注释"选项卡"标注"面板中的"连续"按钮 |╫| 。

【操作步骤】

命令行提示与操作如下：

命令：DIMCONTINUE↙
选择连续标注：
指定第二条尺寸界线原点或[选择(S)/放弃(U)] <选择>：

在此提示下的各选项与基线标注中的完全相同，不再叙述。

扫一扫，看视频

8.2.5 实例——标注支座尺寸

本实例标注支座尺寸，首先利用"图层"命令设置图层，用于尺寸标注；然后利用"文字样式"命令创建文字样式，利用"标注样式"命令创建用于线性尺寸的标注样式；最后利用"线性标注"命令、"基线标注"命令及"连续标注"命令完成支座图形的尺寸标注，如图 8.29 所示。

【操作步骤】

1. 打开图形文件

单击快速访问工具栏中的"打开"按钮 ☐，在打开的"选择文件"对话框中选取本章源文件中的"支座.dwg"文件。单击"打开"按钮，则该图形显示在绘图窗口中，如图 8.30 所示。将图形另存为"标注支座尺寸"。

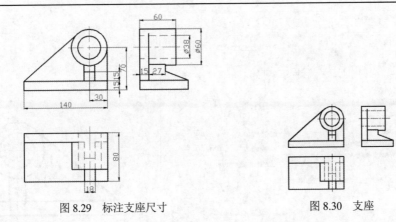

图 8.29 标注支座尺寸   图 8.30 支座

2．设置图层

单击"默认"选项卡"图层"面板中的"图层特性"按钮，打开"图层特性管理器"选项板。创建一个新图层 bz，线宽为 0.15mm，其他设置保持不变，用于标注尺寸，并将其设置为当前图层。

3．设置文字样式

单击"默认"选项卡"注释"面板中的"文字样式"按钮 **A**，打开"文字样式"对话框，创建一个新的文字样式 SZ，设置字体为仿宋体，将新建标注样式置为当前。

4．设置尺寸标注样式

（1）单击"默认"选项卡"注释"面板中的"标注样式"按钮，设置标注样式。在打开的"标注样式管理器"对话框中单击"新建"按钮，创建新的标注样式"机械制图"，用于标注机械图样中的线性尺寸。

（2）单击"继续"按钮，对打开的"新建标注样式：机械制图"对话框中的各个选项卡进行设置，其中"线"选项卡的设置如图 8.31 所示，在其他选项卡中设置"文字高度"为 8，"箭头大小"为 6，"从尺寸线偏移"为 1.5。

（3）在"标注样式管理器"对话框中选取"机械图样"标注样式，单击"置为当前"按钮，将其设置为当前标注样式。

5．标注支座主视图中的水平尺寸

（1）单击"注释"选项卡"标注"面板中的"线性"按钮，标注线性尺寸，命令行提示与操作如下：

```
命令：_DIMLINEAR
指定第一个尺寸界线原点或 <选择对象>：（打开对象捕捉功能，捕捉主视图底板右下角点 1，如图 8.32 所示）
指定第二条尺寸界线原点：（捕捉竖直中心线下端点 2，如图 8.32 所示）
指定尺寸线位置或[多行文字(M)/文字(T)/角度(A)/水平(H)/垂直(V)/旋转(R)]：（将尺寸放置到图形的下方）
标注文字 = 30
```

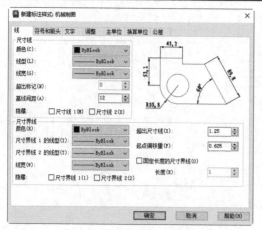

图 8.31 设置"线"选项卡

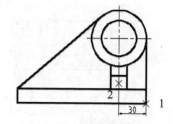

图 8.32 标注线性尺寸 30

（2）单击"注释"选项卡"标注"面板中的"基线"按钮，进行基线标注，命令行提示与操作如下：

命令：_DIMBASELINE
指定第二个尺寸界线原点或[选择(S)/放弃(U)] <选择>：（捕捉主视图底板左下角点）
标注文字 = 140

结果如图 8.33 所示。

6. 标注支座主视图中的竖直尺寸

（1）单击"注释"选项卡"标注"面板中的"线性"按钮，捕捉主视图底板右下角点和右上角点，标注线性尺寸 15。

（2）单击"注释"选项卡"标注"面板中的"连续"按钮，捕捉交点 1，如图 8.34 所示。

（3）单击"注释"选项卡"标注"面板中的"基线"按钮，选取下部尺寸 15 的下边尺寸线，捕捉主视图的圆心，标注基线尺寸 70，结果如图 8.35 所示。

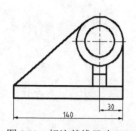

图 8.33 标注基线尺寸 140

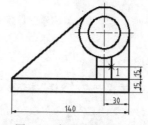

图 8.34 标注连续尺寸 15

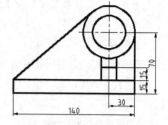

图 8.35 标注基线尺寸 70

7. 标注支座俯视图及左视图中的线性尺寸

（1）单击"注释"选项卡"标注"面板中的"线性"按钮，分别标注俯视图中的水平及竖直线性尺寸，如图 8.36 所示。

（2）单击"注释"选项卡"标注"面板中的"线性"按钮，分别标注左视图中的水平及竖直线性尺寸，如图 8.37 所示。

8. 标注支座左视图中的连续尺寸

单击"注释"选项卡"标注"面板中的"线性"按钮├─┤和"连续"按钮├┼┤，分别标注左视图中的连续尺寸，结果如图 8.38 所示。

最终的标注结果如图 8.29 所示。

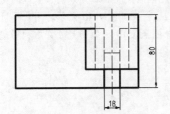

图 8.36　标注俯视图中的
线性尺寸

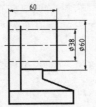

图 8.37　标注左视图中
的线性尺寸

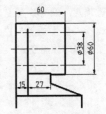

图 8.38　标注左视图中的
连续尺寸

8.2.6　角度标注

【执行方式】

➤ 命令行：DIMANGULAR。
➤ 菜单栏：选择菜单栏中的"标注"→"角度"命令。
➤ 工具栏：单击"标注"工具栏中的"角度"按钮◿。
➤ 功能区：单击"默认"选项卡"注释"面板中的"角度"按钮◿，或单击"注释"选项卡"标注"面板中的"角度"按钮◿。

【操作步骤】

命令行提示与操作如下：

命令：DIMANGULAR✓
选择圆弧、圆、直线或 <指定顶点>：

【选项说明】

（1）选择圆弧（标注圆弧的中心角）：当用户选取一段圆弧后，AutoCAD 提示如下：

指定标注弧线位置或[多行文字(M)/文字(T)/角度(A)/象限点(Q)]：（确定尺寸线的位置或选取某一项）

在此提示下确定尺寸线的位置，AutoCAD 按自动测量得到的值标注出相应的角度，在此之前用户可以选择"多行文字(M)"项、"文字(T)"项、"角度(A)"项或"象限点(Q)"项通过多行文本编辑器或命令行来输入或定制尺寸文本，以及指定尺寸文本的倾斜角度。

（2）选择一个圆（标注圆上某段弧的中心角）：当用户选取圆上一点选择该圆后，AutoCAD 提示选取第二点：

指定角的第二个端点：（选取另一点，该点可在圆周上，也可不在圆周上）
指定标注弧线位置或[多行文字(M)/文字(T)/角度(A)/象限点(Q)]：

在此提示下确定尺寸线的位置，AutoCAD 标出一个角度值，该角度以圆心为顶点，两条尺寸界线通过所选取的两点，第二点可以不必在圆周上。用户还可以选择"多行文字(M)"项、"文字(T)"项、"角度(A)"项或"象限点(Q)"项编辑尺寸文本和指定尺寸文本的倾斜角度，如图 8.39 所示。

图 8.39　标注角度

（3）选择一条直线（标注两条直线间的夹角）：当用户选取一条直线后，AutoCAD 提示选取另一条直线：

> 选择第二条直线：（选取另一条直线）
> 指定标注弧线位置或[多行文字(M)/文字(T)/角度(A)/象限点(Q)]：

在此提示下确定尺寸线的位置，AutoCAD 标出这两条直线之间的夹角。该角以两条直线的交点为顶点，以两条直线为尺寸界线，所标注角度取决于尺寸线的位置，如图 8.40 所示。用户还可以选择"多行文字(M)"项、"文字(T)"项、"角度(A)"项或"象限点(Q)"项编辑尺寸文本和指定尺寸文本的倾斜角度。

（4）<指定顶点>：直接按 Enter 键，AutoCAD 提示如下：

> 指定角的顶点：（指定顶点）
> 指定角的第一个端点：（输入角的第一个端点）
> 指定角的第二个端点：（输入角的第二个端点）
> 指定标注弧线位置或[多行文字(M)/文字(T)/角度(A)/象限点(Q)]：（指定标注弧线的位置）

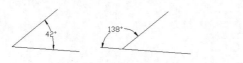

图 8.40　标注两直线的夹角　　　　　图 8.41　标注三点确定的角度

在此提示下确定尺寸线的位置，AutoCAD 根据给定的三点标注出角度，如图 8.41 所示。用户还可以选择"多行文字(M)"项、"文字(T)"项、"角度(A)"项或"象限点(Q)"项编辑尺寸文本和指定尺寸文本的倾斜角度。

新手注意：

系统允许利用基线标注方式和连续标注方式进行角度标注，如图 8.42 所示。

（a）连续型　　　　　　　（b）基线型

图 8.42　连续型和基线型角度标注

8.2.7　直径标注

【执行方式】

➢ 命令行：DIMDIAMETER。
➢ 菜单栏：选择菜单栏中的"标注"→"直径"命令。
➢ 工具栏：单击"标注"工具栏中的"直径"按钮　。
➢ 功能区：单击"默认"选项卡"注释"面板中的"直径"按钮　，或单击"注释"选项卡"标注"面板中的"直径"按钮　。

【操作步骤】

命令行提示与操作如下：

命令：DIMDIAMETER✓
选择圆弧或圆：（选择要标注直径的圆或圆弧）
指定尺寸线位置或[多行文字(M)/文字(T)/角度(A)]：（确定尺寸线的位置或选某一选项）

用户可以选择"多行文字(M)"项、"文字(T)"项或"角度(A)"项来输入、编辑尺寸文本或确定尺寸文本的倾斜角度，也可以直接确定尺寸线的位置标注出指定圆或圆弧的直径。

8.2.8　半径标注

半径标注仅可以修改属性值，而且可以对属性的位置、文本等其他设置进行编辑。

【执行方式】

➤ 命令行：DIMRADIUS。
➤ 菜单栏：选择菜单栏中的"标注"→"半径标注"命令。
➤ 工具栏：单击"标注"工具栏中的"半径"按钮。
➤ 功能区：单击"默认"选项卡"注释"面板中的"半径"按钮，或单击"注释"选项卡"标注"面板中的"半径"按钮。

【操作步骤】

命令行提示与操作如下：

命令：DIMRADIUS✓
选择圆弧或圆：（选择要标注半径的圆或圆弧）
指定尺寸线位置或[多行文字(M)/文字(T)/角度(A)]：（确定尺寸线的位置或选某一选项）

用户可以选择"多行文字(M)"项、"文字(T)"项或"角度(A)"项来输入、编辑尺寸文本或确定尺寸文本的倾斜角度，也可以直接确定尺寸线的位置，标注出指定圆或圆弧的半径。

8.2.9　等距标注

【执行方式】

➤ 命令行：DIMSPACE。
➤ 菜单栏：选择菜单栏中的"标注"→"标注间距"命令。
➤ 工具栏：单击"标注"工具栏中的"等距标注"按钮。
➤ 功能区：单击"注释"选项卡"标注"面板中的"调整间距"按钮。

【操作步骤】

命令行提示与操作如下：

命令：DIMSPACE✓
选择基准标注：（选择平行线性标注或角度标注）
选择要产生间距的标注：（选择平行线性标注或角度标注以从基准标注均匀隔开，并按Enter键）
输入值或[自动(A)]<自动>：（指定间距或按Enter键）

【选项说明】

（1）输入值：指定以基准标注均匀隔开选定标注的间距值。
（2）自动(A)：基于在选定基准标注的标注样式中指定的文字高度自动计算间距。所得的间距值是标注文字高度的两倍。

8.3 引 线 标 注

AutoCAD 提供了引线标注功能，利用该功能不仅可以标注特定的尺寸，如圆角、倒角等，还可以实现在图中添加多行旁注、说明。在引线标注中指引线可以是折线，也可以是曲线，指引线端部可以有箭头，也可以没有箭头。

8.3.1 一般引线标注

利用 LEADER 命令可以创建灵活多样的引线标注形式，可根据需要把指引线设置为折线或曲线，指引线可带箭头，也可不带箭头；注释文本可以是多行文本，也可以是形位公差，可以从图形中其他部位复制，还可以是一个图块。

【执行方式】

命令行：LEADER。

【操作步骤】

命令行提示与操作如下：

命令：LEADER✓
指定引线起点：(输入指引线的起始点)
指定下一点：(输入指引线的另一点)
AutoCAD 由上面两点画出指引线并继续提示：
指定下一点或[注释(A)/格式(F)/放弃(U)] <注释>：

【选项说明】

（1）指定下一点：直接输入一点，AutoCAD 会根据前面的点画出折线作为指引线。

（2）注释(A)：输入注释文本，为默认项。在上面的提示下直接按 Enter 键，AutoCAD 提示如下：

输入注释文字的第一行或 <选项>：

> 输入注释文本：在此提示下输入第一行文本后按 Enter 键，用户可继续输入第二行文本，如此反复执行，直到输入全部注释文本，然后在此提示下直接按 Enter 键，AutoCAD 会在指引线终端标注出所输入的多行文本，并结束 LEADER 命令。

> 直接按 Enter 键：如果在上面的提示下直接按 Enter 键，则 AutoCAD 提示如下：

输入注释选项[公差(T)/副本(C)/块(B)/无(N)/多行文字(M)] <多行文字>：

在此提示下选择一个注释选项或直接按 Enter 键选 "多行文字" 选项，其中各选项含义如下：

> 公差(T)：标注几何公差。几何公差的标注见 8.4 节。

> 副本(C)：把已由 LEADER 命令创建的注释复制到当前指引线的末端。执行该选项，AutoCAD 提示如下：

选择要复制的对象：

在此提示下选取一个已创建的注释文本，则 AutoCAD 把它复制到当前指引线的末端。

> 块(B5/21/2024)：插入块，把已经定义好的图块插入指引线末端。执行该选项，AutoCAD 提示如下：

输入块名或[?]：

在此提示下输入一个已定义好的图块名，AutoCAD 把该图块插入指引线的末端。或输入 "?" 列出当前已有图块，用户可从中选择。

> ➢ 无(N)：不进行注释，没有注释文本。
> ➢ 多行文字(M)：用多行文本编辑器标注注释文本并定制文本格式，为默认选项。

（3）格式(F)：确定指引线的形式。选择该项，AutoCAD 提示如下：

输入引线格式选项[样条曲线(S)/直线(ST)/箭头(A)/无(N)] <退出>：
选择指引线形式，或直接按 Enter 键回到上一级提示。

> ➢ 样条曲线(S)：设置指引线为样条曲线。
> ➢ 直线(ST)：设置指引线为一组直线段。
> ➢ 箭头(A)：在指引线的起始位置画箭头。
> ➢ 无(N)：在指引线的起始位置不画箭头。
> ➢ <退出>：此项为默认选项，选取该项退出"格式"选项，返回"指定下一点或[注释(A)/格式(F)/放弃(U)] <注释>："提示，且指引线形式按默认方式设置。

8.3.2　快速引线标注

利用 QLEADER 命令可快速生成指引线及注释，而且可以通过命令行优化对话框进行用户自定义，由此可以消除不必要的命令行提示，取得最高的工作效率。

【执行方式】

命令行：QLEADER。

【操作步骤】

命令行提示与操作如下：

命令：QLEADER✓
指定第一个引线点或[设置(S)]<设置>：

【选项说明】

（1）指定第一个引线点：在该提示下确定一点作为指引线的第一点，AutoCAD 提示如下：

指定下一点：（输入指引线的第二点）
指定下一点：（输入指引线的第三点）

AutoCAD 提示用户输入的点的数目由"引线设置"对话框确定。输入完指引线的点后 AutoCAD 提示如下：

指定文字宽度 <0.0000>：（输入多行文本的宽度）
输入注释文字的第一行 <多行文字(M)>：

此时，有两种命令输入选择，含义如下。

> ➢ 输入注释文字的第一行：在命令行输入第一行文本。AutoCAD 继续提示：

输入注释文字的下一行：（输入另一行文本）
输入注释文字的下一行：（输入另一行文本或按 Enter 键）

> ➢ <多行文字(M)>：打开多行文字编辑器，输入编辑多行文字。

输入全部注释文本后，在此提示下直接按 Enter 键，AutoCAD 结束 QLEADER 命令并把多行文本标注在指引线的末端附近。

（2）<设置>：在该提示下直接按 Enter 键或输入 S，AutoCAD 打开"引线设置"对话框，允许对引线标注进行设置。该对话框包含"注释""引线和箭头"和"附着" 3 个选项卡，下面分别进行介绍。

> ➢ "注释"选项卡（图 8.43）：用于设置引线标注中注释文本的类型、多行文本的格式并确定

注释文本是否重复使用。

➤ "引线和箭头"选项卡（图 8.44）：用于设置引线标注中指引线和箭头的形式。其中"点数"选项组设置执行 QLEADER 命令时，AutoCAD 提示用户输入的点的数目。例如，设置点数为 3，则在执行 QLEADER 命令时，当用户在提示下指定 3 个点后，AutoCAD 自动提示用户输入注释文本。注意，设置的点数要比用户希望的指引线的段数多 1。可利用微调框进行设置，如果勾选"无限制"复选框，AutoCAD 会一直提示用户输入点直到连续两次按 Enter 键为止。"角度约束"选项组设置第一段和第二段指引线的角度约束。

图 8.43 "注释"选项卡

图 8.44 "引线和箭头"选项卡

➤ "附着"选项卡（图 8.45）：设置注释文本和指引线的相对位置。如果最后一段指引线指向右边，则 AutoCAD 自动把注释文本放在右侧；如果最后一段指引线指向左边，则 AutoCAD 自动把注释文本放在左侧。利用本页左侧和右侧的单选按钮分别设置位于左侧和右侧的注释文本与最后一段指引线的相对位置，二者可相同也可不相同。

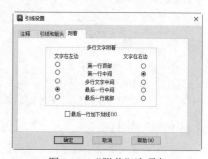

图 8.45 "附着"选项卡

扫一扫，看视频

8.3.3 实例——标注齿轮轴套尺寸

本实例标注齿轮轴套尺寸，该图形中除了前面介绍过的线性尺寸及直径尺寸外，还有半径尺寸 R1、引线标注 C1，以及带有尺寸偏差的尺寸，如图 8.46 所示。

【操作步骤】

1. 打开图形文件

单击快速访问工具栏中的"打开"按钮，在打开的"选择文件"对话框中选取前面保存的图形文件"齿轮轴套.dwg"，单击"打开"按钮，显示图形如图 8.47 所示。

2. 设置图层

单击"默认"选项卡"图层"面板中的"图层特性"按钮，打开"图层特性管理器"选项板。创建一个新图层 bz，"线宽"为 0.15mm，其他设置保持不变，用于标注尺寸，并将其设置为当前图层。

3. 设置文字样式

单击"默认"选项卡"注释"面板中的"文字样式"按钮，打开"文字样式"对话框，设置字体为仿宋体，创建一个新的文字样式 SZ，并置为当前层。

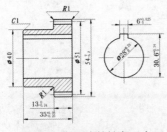

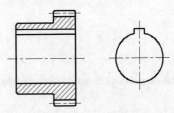

图 8.46 标注齿轮轴套尺寸　　　　　图 8.47 齿轮轴套源文件

4．设置尺寸标注样式

（1）单击"默认"选项卡"注释"面板中的"标注样式"按钮，设置标注样式。在弹出的"标注样式管理器"对话框中单击"新建"按钮，创建新的标注样式"机械制图"，用于标注机械图样中的线性尺寸。

（2）单击"继续"按钮，对打开的"新建标注样式：机械制图"对话框中的各个选项卡进行设置，设置均同 8.2.2 小节。

（3）选取"机械制图"样式，单击"新建"按钮，基于"机械制图"创建分别用于半径标注及直径标注的标注样式。其中，直径标注样式的"调整"选项卡如图 8.48 所示，半径标注样式的"调整"选项卡如图 8.49 所示，其他选项卡保持默认设置。

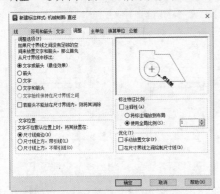

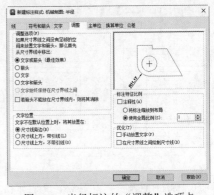

图 8.48　直径标注的"调整"选项卡　　　　图 8.49　半径标注的"调整"选项卡

在"标注样式管理器"对话框中选取"机械制图"标注样式，单击"置为当前"按钮，将其设置为当前标注样式。

5．标注齿轮轴套主视图中的线性及基线尺寸

（1）单击"注释"选项卡"标注"面板中的"线性"按钮，标注齿轮轴套主视图中的线性尺寸 $\phi 40$、$\phi 51$ 及 $\phi 54$。

（2）单击"注释"选项卡"标注"面板中的"线性"按钮，标注齿轮轴套主视图中的线性尺寸 13；单击"注释"选项卡"标注"面板中的"基线"按钮，标注基线尺寸 35，结果如图 8.50 所示。

6．标注齿轮轴套主视图中的半径尺寸

单击"注释"选项卡"标注"面板中的"半径"按钮，标注齿轮轴套主视图中的圆角半径尺寸，结果如图 8.51 所示。

7. 用引线标注齿轮轴套主视图上部的圆角半径

在命令行中输入 **LEADER** 命令，标注主视图上部的圆角半径，命令行提示与操作如下：

命令：LEADER↙
指定引线起点：（捕捉齿轮轴套主视图上部圆角上一点）
指定下一点：（拖动鼠标，在适当位置处单击）
指定下一点或[注释(A)/格式(F)/放弃(U)]<注释>：（打开正交功能，向右拖动鼠标，在适当位置处单击）
指定下一点或[注释(A)/格式(F)/放弃(U)]<注释>：（按 Enter 键）
输入注释文字的第一行或<选项>:R1
输入注释文字的下一行：（按 Enter 键）
　结果如图 8.52 所示。

命令：LEADER↙
指定引线起点：（捕捉齿轮轴套主视图上部右端圆角上一点）
指定下一点：（利用对象追踪功能，捕捉上一个引线标注的端点，拖动鼠标，在适当位置处单击）
指定下一点或[注释(A)/格式(F)/放弃(U)]<注释>：（捕捉上一个引线标注的端点）
指定下一点或[注释(A)/格式(F)/放弃(U)]<注释>：（按 Enter 键）
输入注释文字的第一行或<选项>:↙
输入注释文字的下一行：↙
输入注释选项[公差(T)/副本(C)/块(B)/无(N)/多行文字(M)]<多行文字>:N↙
　结果如图 8.53 所示。

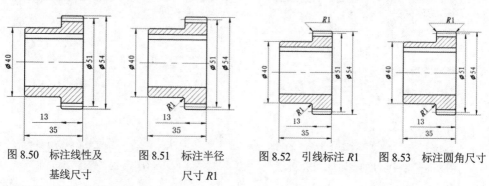

图 8.50　标注线性及　　　图 8.51　标注半径　　　图 8.52　引线标注 R1　　　图 8.53　标注圆角尺寸
　　　　　基线尺寸　　　　　　　　尺寸 R1

8. 用引线标注齿轮轴套主视图的倒角尺寸

在命令行中输入 **QLEADER** 命令，标注齿轮轴套主视图的倒角尺寸，命令行提示与操作如下：

命令：QLEADER↙
指定第一个引线点或[设置(S)]<设置>：（按 Enter 键，打开"引线设置"对话框，如图 8.54 和图 8.55 所示，设置完成后，单击"确定"按钮）
指定第一个引线点或[设置(S)]<设置>：（捕捉齿轮轴套主视图中上端倒角的端点）
指定下一点：（拖动鼠标，在适当位置处单击）
指定下一点：（拖动鼠标，在适当位置处单击）
指定文字宽度 <0>:↙
输入注释文字的第一行 <多行文字(M)>: C1↙
输入注释文字的下一行：↙

图 8.54 "引线设置"对话框　　　　　　　图 8.55 "附着"选项卡

结果如图 8.56 所示。

9. 标注齿轮轴套局部视图中的尺寸

（1）单击"注释"选项卡"标注"面板中的"线性"按钮，标注带偏差的线性尺寸 6，命令行提示与操作如下：

```
命令：_DIMLINEAR
指定第一个尺寸界线原点或 <选择对象>：（按 Enter 键）
选择标注对象：（选取齿轮轴套局部视图上端水平线）
指定尺寸线位置或[多行文字(M)/文字(T)/角度(A)/水平(H)/垂直(V)/旋转(R)]：T↙
输入标注文字 <6>:6\H0.7X;\S+0.025^ 0↙
指定尺寸线位置或[多行文字(M)/文字(T)/角度(A)/水平(H)/垂直(V)/旋转(R)]：（拖动鼠标，
在适当位置处单击）
```

结果如图 8.57 所示。

（2）方法同前，标注线性尺寸 30.6，上偏差为+0.14，下偏差为 0。

（3）方法同前，单击"注释"选项卡"标注"面板中的"直径"按钮，输入标注文字为%%c28\H0.7X;\S+0.21^0，结果如图 8.58 所示。

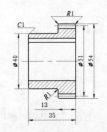

图 8.56 引线标注倒角尺寸　　图 8.57 标注带偏差的线性尺寸　　图 8.58 标注局部视图中的尺寸

10. 修改齿轮轴套主视图中的线性尺寸并添加尺寸偏差

（1）单击"默认"选项卡"注释"面板中的"标注样式"按钮，修改线性尺寸 13 及 35。在打开的"标注样式管理器"的"样式"列表框中选择"机械制图"样式，如图 8.59 所示，然后单击"替代"按钮。系统打开"替代当前样式：机械制图"对话框，选择"主单位"选项卡，将"线性标注"选项组中的"精度"值设置为 0.00，如图 8.60 所示。选择"公差"选项卡，在"公差格式"选项组中将"方式"设置为"极限偏差"，设置"上偏差"为 0，"下偏差"为 0.24，"高度比例"为 0.7，"垂直位置"为"中"，如图 8.61 所示，设置完成后单击"确定"按钮。

（2）单击"注释"选项卡"标注"面板中的"更新"按钮，选取线性尺寸 13，即可为该尺寸添加尺寸偏差。

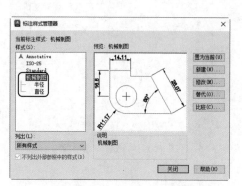

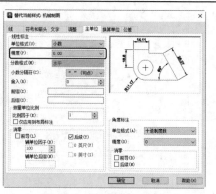

图 8.59　替代"机械图样"标注样式　　　　图 8.60　"主单位"选项卡

（3）方法同前，继续设置替代样式。设置"公差"选项卡中的"上偏差"为 0.08，"下偏差"为 0.25。单击"注释"选项卡"标注"面板中的"更新"按钮 ，选取线性尺寸 35，即可为该尺寸添加尺寸偏差，结果如图 8.62 所示。

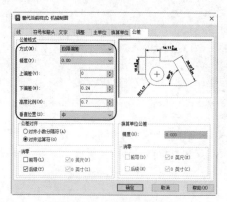

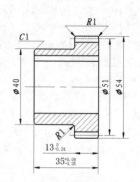

图 8.61　"公差"选项卡　　　　图 8.62　修改线性尺寸 13 及 35

11. 修改齿轮轴套主视图中的线性尺寸并添加尺寸偏差

如图 8.63 所示，单击"标注"工具栏中的"编辑标注"按钮 ，命令行提示与操作如下：

命令：_DIMEDIT

输入标注编辑类型[默认(H)/新建(N)/旋转(R)/倾斜(O)] <默认>：N（打开"文字编辑器"选项卡，设置如图 8.64 所示，关闭文字编辑器）

选择对象：（选取要修改的标注尺寸 ∅54）

结果如图 8.46 所示。

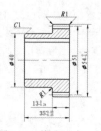

图 8.63　修改尺寸 ∅54　　　　　　　图 8.64　编辑标注

8.4　几 何 公 差

为方便机械设计工作，AutoCAD 提供了标注几何公差的功能。几何公差的标注包括指引线、特征符号、公差值、附加符号以及基准代号及其附加符号。利用 AutoCAD 可方便地标注出几何公差。

几何公差的标注如图 8.65 所示。

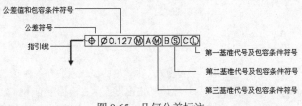

图 8.65　几何公差标注

8.4.1　几何公差标注

【执行方式】

➤ 命令行：TOLERANCE。
➤ 菜单栏：选择菜单栏中的"标注"→"公差"命令。
➤ 工具栏：单击"标注"工具栏中的"公差"按钮⊕1。
➤ 功能区：单击"注释"选项卡"标注"面板中的"公差"按钮⊕1。

【操作步骤】

命令行提示与操作如下：

命令：TOLERANCE✓

输入上述命令，或选择相应的菜单项或工具栏按钮，AutoCAD 打开如图 8.66 所示的"形位公差"对话框，可通过此对话框对几何公差标注进行设置。

图 8.67 所示是几个利用 TOLERANCE 命令标注的形位公差。

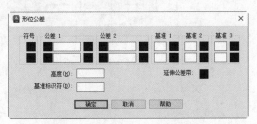

图 8.66　"形位公差"对话框

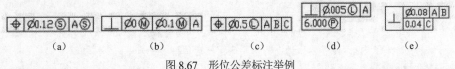

图 8.67　形位公差标注举例

新手注意：

　　在"形位公差"对话框中有两行，可实现复合形位公差的标注。如果两行中输入的公差代号相同，则得到图 8.67（e）所示的形式。

8.4.2 实例——标注曲柄尺寸

本实例标注曲柄尺寸，主要讲解尺寸标注的综合应用。机械图中的尺寸标注包括线性标注、角度标注、引线标注、粗糙度标注等。该图形中除了前面介绍过的尺寸标注外，又增加了对齐尺寸 48 的标注。通过本实例的学习，不但可以进一步巩固在前面使用过的标注命令及表面粗糙度、形位公差的标注方法，同时还将掌握对齐标注命令，如图 8.68 所示。

🖱 【操作步骤】

1．打开图形文件

单击快速访问工具栏中的"打开"按钮📂，在弹出的"选择文件"对话框中，选取源文件中的图形文件"曲柄.dwg"，单击"打开"按钮，则该图形显示在绘图窗口中，如图 8.69 所示。

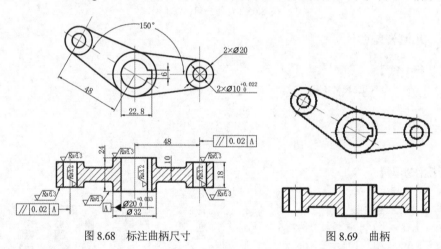

图 8.68　标注曲柄尺寸　　　　　　　　　　图 8.69　曲柄

2．设置图层

单击"默认"选项卡"图层"面板中的"图层特性管理器"按钮🗂，打开"图层特性管理器"选项板。创建一个新图层 bz，线宽为 0.15mm，其他设置保持不变，用于标注尺寸，并将其设置为当前图层。

3．设置文字样式

单击"默认"选项卡"注释"面板中的"文字样式"按钮 **A**，打开"文字样式"对话框，创建一个新的文字样式 SZ，设置字体样式为仿宋体，然后单击"置为当前"按钮。

4．设置尺寸标注样式

（1）单击"默认"选项卡"注释"面板中的"标注样式"按钮┡━┥，设置标注样式。在打开的"标注样式管理器"对话框中单击"新建"按钮，创建新的标注样式"机械制图"，用于标注图样中的线性尺寸。

（2）单击"继续"按钮，对打开的"新建标注样式：机械制图"对话框中的各个选项卡进行设置，如图 8.70～图 8.72 所示。设置完成后，单击"确定"按钮。选取"机械制图"，单击"新建"

按钮，分别设置直径及角度标注样式。

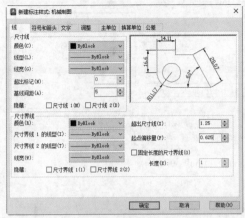

图 8.70　"线"选项卡　　　　　　　　　图 8.71　"文字"选项卡

（3）在直径标注样式的"调整"选项卡的"优化"选项组中勾选"手动放置文字"复选框，在"文字"选项卡的"文字对齐"选项组中选中"ISO 标准"单选按钮；在角度标注样式的"文字"选项卡的"文字对齐"选项组中选中"水平"单选按钮，其他选项卡的设置均不变。

（4）在"标注样式管理器"对话框中选中"机械制图"标注样式，单击"置为当前"按钮，将其设置为当前标注样式。

5. 标注曲柄视图中的线性尺寸

（1）单击"注释"选项卡"标注"面板中的"线性"按钮，从上至下，依次标注曲柄

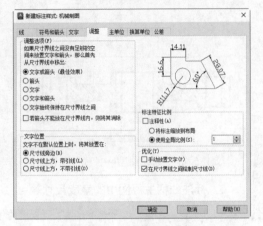

图 8.72　"调整"选项卡

主视图及俯视图中的线性尺寸 6、22.8、24、48、18、10、ø20 和 ø32。

（2）在标注尺寸 ø20 时，需要输入%%c20\H0.7X;\S+0.033^0;}，结果如图 8.73 所示。

（3）单击"默认"选项卡"注释"面板中的"标注样式"按钮，在打开的"标注样式管理器"的"样式"列表框中选择"机械制图"，单击"替代"按钮。

（4）系统打开"替代当前样式：机械制图"对话框，选择"线"选项卡，如图 8.74 所示。在"隐藏"选项面板中勾选"尺寸线 2"复选框；在"符号和箭头"选项卡中将"第二个"设置为"无"。

（5）单击"注释"选项卡"标注"面板中的"标注更新"按钮，选取俯视图中的线性尺寸 ø20，更新该尺寸样式。

（6）单击"标注"工具栏中的"编辑标注文字"按钮，选取更新的线性尺寸，将其文字拖动到适当位置，结果如图 8.75 所示。

（7）将"机械制图"标注样式置为当前。单击"注释"选项卡"标注"面板中的"已对齐"按钮，标注对齐尺寸 48，结果如图 8.76 所示。

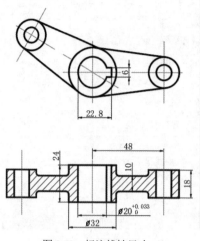

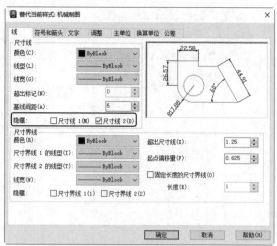

图 8.73　标注线性尺寸　　　　　图 8.74　"替代当前样式：机械制图"对话框

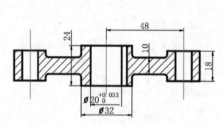

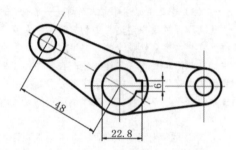

图 8.75　编辑俯视图中的线性尺寸　　　　图 8.76　标注主视图对齐尺寸

扫一扫，看视频

6. 标注曲柄主视图中的角度尺寸等

（1）单击"注释"选项卡"标注"面板中的"角度"按钮，标注角度尺寸 150°。

（2）单击"注释"选项卡"标注"面板中的"直径"按钮，标注曲柄水平臂中的直径尺寸 2×∅10 及 2×∅20。在标注尺寸 2×∅20 时，需要输入标注文字 2×<>；同理，标注尺寸 2×∅10。

（3）单击"默认"选项卡"标注"面板中的"标注样式"按钮，在打开的"标注样式管理器"的"样式"列表框中选择"机械制图"，单击"替代"按钮。

（4）系统打开"替代当前样式"对话框，方法同前，选择"主单位"选项卡，将"线性标注"选项组中的"精度"值设置为 0.000；选择"公差"选项卡，在"公差格式"选项组中将"方式"设置为"极限偏差"，设置"上偏差"为 0.022，"下偏差"为 0，"高度比例"为 0.7，设置完成后单击"确定"按钮。

（5）单击"注释"选项卡"标注"面板中的"标注更新"按钮，选取直径尺寸 2×∅10，即可为该尺寸添加尺寸偏差，结果如图 8.77 所示。

7. 标注曲柄俯视图中的表面粗糙度

（1）参照 7.2.4 小节，利用"图块"相关功能插入表面粗糙度符号，标注表面粗糙度，结果如图 8.78 所示。

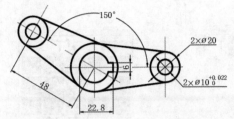

图 8.77 标注角度及直径尺寸

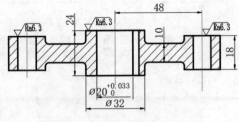

图 8.78 标注表面粗糙度（1）

（2）在命令行中输入 **QLEADER** 命令，输入
S，打开"引线设置"对话框，切换到"注释"选
项卡，设置"注释类型"为"无"，如图 8.79 所示，
单击"确定"按钮，在俯视图下部绘制引线。

（3）单击"默认"选项卡"修改"面板中的
"复制"按钮，选取表面粗糙度，将其复制到俯
视图下部需要标注的地方，结果如图 8.80 所示。

（4）单击"默认"选项卡的"块"面板中的
"插入"下拉菜单中的"最近使用的块"选项，系
统弹出"块"选项板，插入"粗糙度"图块。重复
"插入块"命令，标注曲柄俯视图中的其他表面粗
糙度，结果如图 8.81 所示。

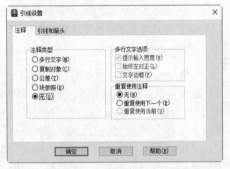

图 8.79 "引线设置"对话框

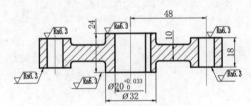

图 8.80 标注表面粗糙度（2）

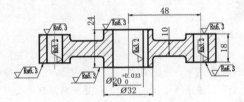

图 8.81 标注其他表面粗糙度

扫一扫，看视频

8. 标注曲柄俯视图中的形位公差

（1）在标注表面及形位公差之前，首先需要设置引线的样式。在命令行中输入 QLEADER 命
令，根据系统提示输入 S 后按 Enter 键，AutoCAD
打开如图 8.82 所示的"引线设置"对话框，在其
中选择公差一项，即把引线设置为公差类型。设置
完成后，单击"确定"按钮，返回命令行，根据系
统提示用鼠标指定引线的第一个点、第二个点和第
三个点。

（2）AutoCAD 自动打开"形位公差"对话框，
如图 8.83 所示，单击"符号"黑框，AutoCAD 打
开"特征符号"对话框，用户可以在其中选择需要
的符号，如图 8.84 所示。

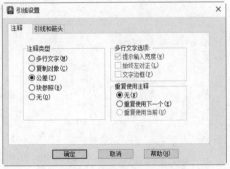

图 8.82 "引线设置"对话框

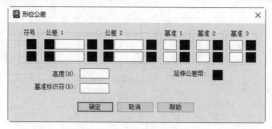

图 8.83　"形位公差"对话框　　　　　　　　图 8.84　"特征符号"对话框

（3）设置完"形位公差"对话框后，单击"确定"按钮，返回绘图区域，完成形位公差的标注。

（4）方法同前，标注俯视图左边的形位公差。

9. 创建基准符号块

（1）绘制基准符号，如图 8.85 所示。

（2）设置块属性。在命令行中输入 ATTDEF 命令，执行后，打开"属性定义"对话框，如图 8.86 所示，按照图中所示进行设置。设置完成后，单击"确定"按钮返回绘图区域，用鼠标拾取图 8.85 中的矩形内一点。

图 8.85　绘制基准符号

（3）创建基准符号块。单击"插入"选项卡"块定义"面板中的"创建块"按钮，打开"块定义"对话框，按照图中所示进行设置，如图 8.87 所示。

（4）设置完成后，单击"拾取点"按钮返回绘图区域，用鼠标拾取图 8.85 中水平直线的中点，此时返回"块定义"对话框；然后单击"选择对象"按钮，选择图 8.85 所示的图形；此时返回"块定义"对话框，最后单击"确定"按钮，打开"编辑属性"对话框，输入基准符号字母 A，完成块定义。

（5）插入基准符号。单击"默认"选项卡"块"面板中的"插入"下拉菜单中的"最近使用的块"选项，系统弹出"块"选项板，选择"最近使用"选项卡，在"预览列表"中选择"基准符号"图块插入绘图区域内，设置旋转角度为 270°，如图 8.88 所示。单击"确定"按钮，选取"基准符号"图块，右击，在打开的图 8.89 所示的快捷菜单中选择"编辑属性"命令。打开"增强属性编辑器"对话框，选择"文字选项"选项卡，如图 8.90 所示。将旋转角度修改为 0°，结果如图 8.91 所示。

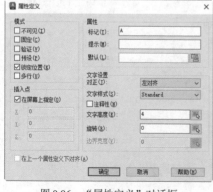

图 8.86　"属性定义"对话框

图 8.87　"块定义"对话框

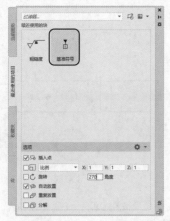

图 8.88　"插入"对话框

图 8.89　快捷菜单

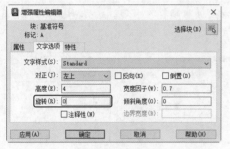

图 8.90　"增强属性编辑器"对话框

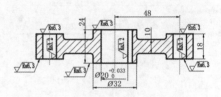

图 8.91　标注俯视图中的形位公差

最终的标注结果如图 8.68 所示。

8.5　综合演练——标注泵轴

本实例标注如图 8.92 所示的泵轴尺寸。在本实例中，综合运用了本章所学的一些尺寸标注命令，绘制的大体顺序是先设置绘图环境，即新建图层、设置文字样式、设置标注样式；接下来利用"尺寸标注""引线标注""几何公差"等命令来完成尺寸的标注，最后利用几个二维绘图和编辑命令以及"单行文字"命令，为图形添加表面粗糙度和剖切符号。

扫一扫，看视频

【操作步骤】

（1）单击快速访问工具栏中的"打开"按钮 ，在弹出的"选择文件"对话框中选取图形文件"泵轴.dwg"，单击"打开"按钮，则该图形显示在绘图窗口中，如图 8.93 所示。

（2）单击"默认"选项卡"图层"面板中的"图层特性"按钮 ，打开"图层特性管理器"对话框。创建一个新图层 BZ，线宽为 0.09mm，其他设置保持不变，用于标注尺寸，并将其设置为当前层。

（3）单击"默认"选项卡"注释"面板中的"文字样式"按钮 ，弹出"文字样式"对话框，创建一个新的文字样式 SZ。

（4）设置尺寸标注样式。

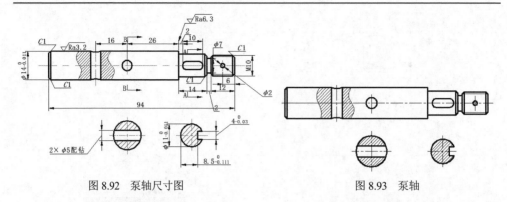

图 8.92　泵轴尺寸图　　　　　　　　　　　图 8.93　泵轴

1）单击"默认"选项卡"标注"面板中的"标注样式"按钮 ，设置标注样式。方法同前，在弹出的"标注样式管理器"对话框中，单击"新建"按钮，创建新的标注样式"机械制图"，用于标注图样中的尺寸。

2）单击"继续"按钮，对弹出的"新建标注样式：机械制图"对话框中的各个选项卡进行设置，如图 8.94～图 8.96 所示。不再设置其他标注样式。

图 8.94　"线"选项卡

图 8.95　"文字"选项卡

3）在"标注样式管理器"对话框中，选取"机械制图"标注样式，单击"置为当前"按钮，将其设置为当前标注样式。

（5）标注泵轴视图中的基本尺寸。

1）单击"注释"选项卡"标注"面板中的"线性"按钮 ，方法同前，标注泵轴主视图中的线性尺寸 M10、ø7 及 6。

2）单击"注释"选项卡"标注"面板中的"基线"按钮 ，方法同前，以尺寸 6 的右端尺寸线为基线，进行基线标注，标注尺寸 12 及 94。

3）单击"注释"选项卡"标注"面板中的"连续"按钮 ，选取尺寸 12 的左端尺寸线，标注连续尺寸 2 及 14。

图 8.96　"调整"选项卡

4）单击"注释"选项卡"标注"面板中的"线性"按钮├─┤，标注泵轴主视图中的线性尺寸 16。

5）单击"注释"选项卡"标注"面板中的"连续"按钮├┼┤，标注连续尺寸 26、2 及 10。

6）单击"注释"选项卡"标注"面板中的"直径"按钮◯，标注泵轴主视图中的直径尺寸 ⌀2。

7）单击"注释"选项卡"标注"面板中的"线性"按钮├─┤，标注泵轴剖面图中的线性尺寸"2×⌀5 配钻"，此时应输入标注文字"2×%%c5 配钻"。

8）单击"注释"选项卡"标注"面板中的"线性"按钮├─┤，标注泵轴剖面图中的线性尺寸 8.5 和 4，结果如图 8.97 所示。

（6）修改尺寸。

1）修改泵轴视图中的基本尺寸，命令行提示与操作如下：

命令：DIMTEDIT↙

选择标注：（选择主视图中的尺寸 2）

为标注文字指定新位置或[左对齐(L)/右对齐(R)/居中(C)/默认(H)/角度(A)]：（拖动鼠标，在适当位置处单击，确定新的标注文字位置）

2）单击"默认"选项卡"注释"面板中的"标注样式"按钮├─◢，分别修改泵轴视图中的尺寸"2×⌀5 配钻"及 2，结果如图 8.98 所示。

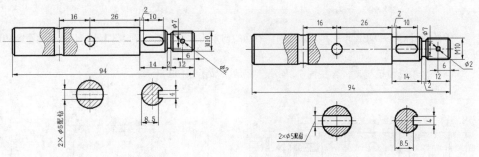

图 8.97　标注基本尺寸　　　　　　图 8.98　修改视图中的标注文字位置

3）用重新输入标注文字的方法标注泵轴视图中带尺寸偏差的线性尺寸，命令行提示与操作如下：

命令：DIMLINEAR↙

指定第一个尺寸界线原点或 <选择对象>：（捕捉泵轴主视图左轴段的左上角点）

指定第二条尺寸界线原点：（捕捉泵轴主视图左轴段的左下角点）

指定尺寸线位置或[多行文字(M)/文字(T)/角度(A)/水平(H)/垂直(V)/旋转(R)]：T↙

输入标注文字<14>：%%c14\H0.7X;\S 0^-0.011↙

指定尺寸线位置或[多行文字(M)/文字(T)/角度(A)/水平(H)/垂直(V)/旋转(R)]：（拖动鼠标，在适当位置处单击）

标注文字 =14

4）方法同前，标注泵轴剖面图中的尺寸 ⌀11，输入标注文字%%c11\H0.7X;\S 0^-0.011，结果如图 8.99 所示。

5）用替代标注的方法为泵轴剖面图中的线性尺寸添加尺寸偏差。单击"默认"选项卡"注释"面板中的"标注样式"按钮├─◢，在弹出的"标注样式管理器"的"样式"列表框中选择"机械制图"，单击"替代"按钮。系统弹出"替代当前样式"对话框，方法同前，单击"公差"选项卡，在"公差格式"选项组中，将"方式"设置为"极限偏差"，设置"上偏差"为 0，下偏差为 0.111，"高度比例"为 0.7，设置完成后单击"确定"按钮。

6）单击“注释”选项卡“标注”面板中的“更新”按钮，选取剖面图中的线性尺寸 8.5，即可为该尺寸添加尺寸偏差。

7）方法同前，继续设置替代样式。设置“公差”选项卡中的“上偏差”为 0，下偏差为 0.030。单击“注释”选项卡“标注”面板中的“更新”按钮，选取线性尺寸 4，即可为该尺寸添加尺寸偏差，结果如图 8.100 所示。

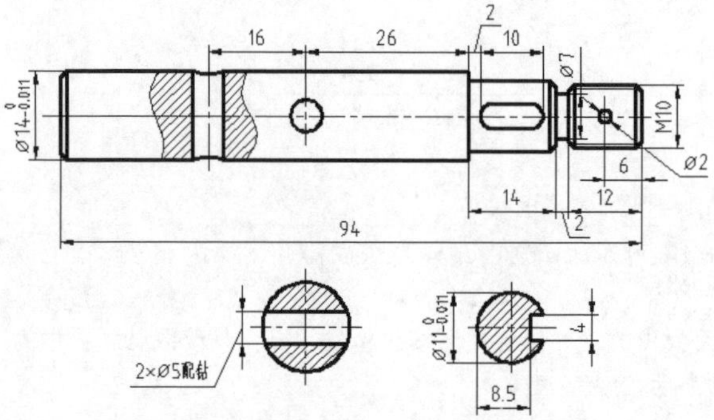

图 8.99　标注尺寸 ⌀14 及 ⌀11

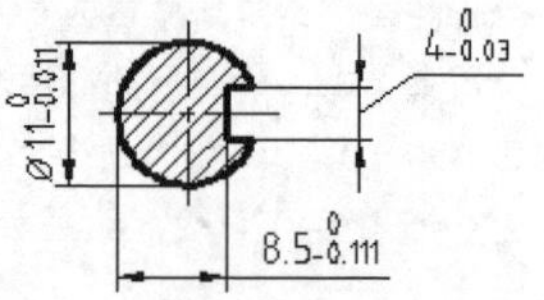

图 8.100　替代剖面图中的线性尺寸

（7）利用 QLEADER 命令标注主视图中右端的倒角尺寸 *C*1，方法同 8.3.3 小节，结果如图 8.101 所示。

扫一扫，看视频

（8）标注表面粗糙度，方法同 7.2.4 小节，结果如图 8.102 所示。

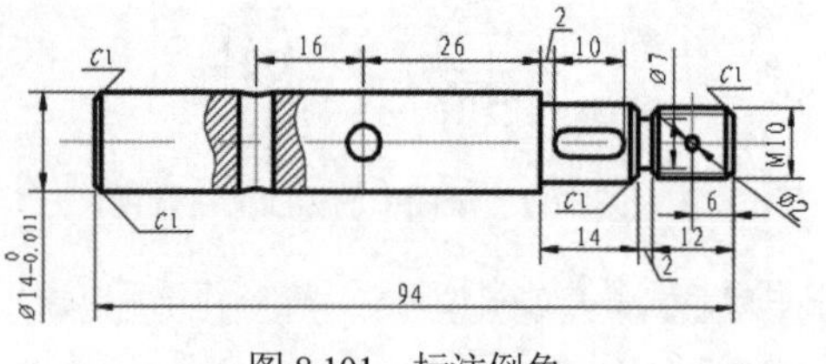

图 8.101　标注倒角

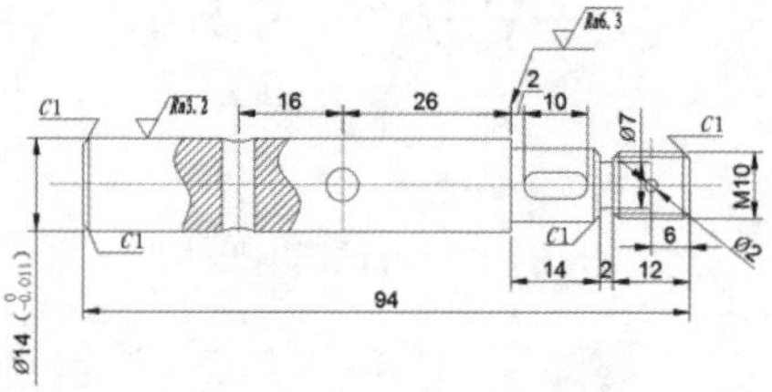

图 8.102　标注表面粗糙度

（9）添加剖切符号。

1）单击“默认”选项卡“注释”面板中的“多重引线样式”按钮，打开“多重引线样式管理器”对话框，单击“修改”按钮，打开“修改多重引线样式”对话框。分别把其中箭头“大小”和“文字高度”改为 2.5，如图 8.103 所示。

2）选择菜单栏中的“标注”→“多重引线”命令，利用“多重引线”标注命令从右向左绘制剖切符号中的箭头。命令行提示与操作如下：

```
指定引线箭头的位置或[引线基线优先(L)/内容优先(C)/选项(O)]<选项>:（指定一点）
指定引线基线的位置:（向左指定一点）
```

3）系统打开“文字编辑器”选项卡，不输入文字，直接按 Esc 键。使用同样的方法绘制下面的剖切指引线。

4）单击“默认”选项卡“绘图”面板中的“直线”按钮，捕捉带箭头引线的左端点，向下绘制一小段竖直线。

5）在命令行输入 TEXT，或者选择菜单栏中的“绘图”→“文字”→“多行文字”命令，在适当位置处单击，输入文字 A。

6）单击"默认"选项卡"修改"面板中的"镜像"按钮 ⚎，将输入的文字及绘制的剖切符号以水平中心线为镜像线，进行镜像操作，使用同样的方法标注剖面 B-B，结果如图 8.92 所示。

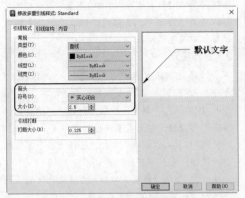
（a）"引线格式"选项卡

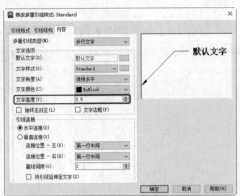
（b）"内容"选项卡

图 8.103　设置多重引线样式

8.6　新手问答

No.1：尺寸标注后，图形中有时出现一些小的白点，却无法删除，为什么？

AutoCAD 在标注尺寸时，自动生成一 DEFPOINTS 层，保存有关标注点的位置等信息，该层一般是冻结的。由于某种原因，这些点有时会显示出来。要删掉这些点可先将 DEFPOINTS 层解冻。但要注意，如果删除了与尺寸标注有关联的点，将同时删除对应的尺寸标注。

No.2：如何修改尺寸标注的比例？

方法 1：DIMSCALE 决定了尺寸标注的比例值为整数，默认为 1，在图形有了一定比例缩放时最好将其改为缩放比例。

方法 2：按照"格式"→"标注样式"（选择要修改的标注样式）→"修改"→"主单位"→"比例因子"的步骤修改即可。

No.3：为什么绘制的剖面线或尺寸标注线不是连续线？

AutoCAD 绘制的剖面线、尺寸标注都可以具有线型属性。如果当前的线型不是连续线型，那么绘制的剖面线和尺寸标注就不会是连续线。

8.7　上机实验

【练习 1】标注如图 8.104 所示的挡圈尺寸。

扫一扫，看视频

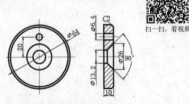

图 8.104　标注挡圈

1. 目的要求

本练习有线性、直径、角度以及引线 4 种尺寸需要标注，由于具体尺寸的要求不同，需要重新设置和转换尺寸标注样式。通过本练习，要求读者掌握各种标注尺寸的基本方法。

2. 操作提示

（1）利用"文字样式"和"标注样式"命令设置文字样式和标注样式，为后面的尺寸标注输入文字做准备。

（2）利用"线性"标注命令标注挡圈图形中的线性尺寸。

（3）利用"直径"标注命令标注挡圈图形中的直径尺寸，其中需要重新设置标注样式。

（4）利用"角度"标注命令标注挡圈图形中

的角度尺寸，其中需要重新设置标注样式。

（5）利用"引线"标注命令标注挡圈图形中的倒角尺寸。

📖 【练习 2】标注如图 8.105 所示的阀盖尺寸。

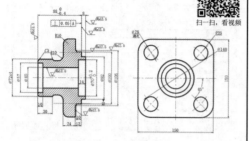

扫一扫，看视频

图 8.105　标注阀盖

1. 目的要求

在进行图形标注前，首先进行标注样式设置，本练习要求针对图 8.105 所示的阀盖设置 3 种尺寸标注样式，分别用于普通线性标注、带公差的线性标注以及半径标注。

2. 操作提示

（1）选择菜单栏中的"格式"→"标注样式"命令，打开"标注样式管理器"对话框。

（2）单击"新建"按钮，打开"创建新标注样式"对话框，设置基本线性标注样式。

（3）单击"新建"按钮，选择"用于半径标注"选项，设置半径标注样式。

（4）单击"替代"按钮，在线性标注的基础上添加"极限偏差"，标注公差。

8.8　思考与练习

（1）若尺寸的公差是 20±0.034，则应该在"公差"页面中显示公差的（　　）设置。

　　A. 极限偏差　　　　B. 极限尺寸　　　　C. 基本尺寸　　　　D. 对称

（2）如图 8.106 所示的标注样式的文字位置应该设置为（　　）。

图 8.106　标注 10

　　A. 尺寸线旁边　　　　　　　　　B. 尺寸线上方，不带引线

　　C. 尺寸线上方，带引线　　　　　D. 多重引线上方，带引线

（3）如果显示的标注对象小于被标注对象的实际长度，应采用（　　）。

　　A. 折弯标注　　　　　　　　　　B. 打断标注

　　C. 替代标注　　　　　　　　　　D. 检验标注

（4）在尺寸公差的"上偏差"中输入 0.021，"下偏差"中输入 0.015，则标注尺寸公差的结果是（　　）。

　　A. 上偏 0.021，下偏 0.015　　　　B. 上偏+0.021，下偏-0.015

　　C. 上偏 0.021，下偏-0.015　　　　D. 上偏+0.021，下偏+0.015

（5）下列尺寸标注中共用一条基线的是（　　）。

　　A. 基线标注　　　B. 连续标注　　　C. 公差标注　　　　D. 引线标注

（6）在标注样式设置中，将调整下的"使用全局比例"值增大，将改变尺寸的内容是（　　）。

　　A. 使所有标注样式设置增大　　　B. 使标注的测量值增大

　　C. 使全图的箭头增大　　　　　　D. 使尺寸文字增大

（7）将图和已标注的尺寸同时放大 2 倍，其结果是（　　）。

　　A. 尺寸值是原尺寸的 2 倍　　　　B. 尺寸值不变，字高是原尺寸的 2 倍

　　C. 尺寸箭头是原尺寸的 2 倍　　　D. 原尺寸不变

（8）尺寸公差中的上下偏差可以在线性标注的（　　　）选项中堆叠起来。

　　A．多行文字　　　　　B．文字　　　　　　C．角度　　　　　　D．水平

（9）绘制并标注如图 8.107 所示的出油阀座图形。

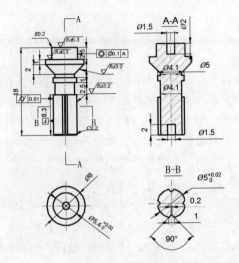

图 8.107　出油阀座

第 9 章　集成化绘图工具

本章导读

　　为了减少系统整体的图形设计效率，并有效地管理整个系统的所有图形设计文件，AutoCAD 经过不断地探索和完善，推出了大量的协同绘图工具，包括查询工具、设计中心、工具选项板等。利用设计中心和工具选项板，用户可以建立自己的个性化图库，也可以利用别人提供的强大资源快速准确地进行图形设计。

9.1　设　计　中　心

　　AutoCAD 设计中心是一个集成化的快速绘图工具，使用设计中心可以很容易地组织设计内容，并把它们拖动到自己的图形中，辅助快速绘图。也可以使用 AutoCAD 设计中心窗口的内容显示框来观察用 AutoCAD 设计中心的资源管理器所浏览资源的项目。

9.1.1　启动设计中心

【执行方式】

➢ 命令行：ADCENTER（快捷命令：ADC）。
➢ 菜单栏：选择菜单栏中的"工具"→"选项板"→"设计中心"命令。
➢ 工具栏：单击"标准"工具栏中的"设计中心"按钮▦。
➢ 功能区：单击"视图"选项卡"选项板"面板中的"设计中心"按钮▦。
➢ 快捷键：Ctrl+2。

　　执行上述命令后，系统打开设计中心。第一次启动设计中心时，默认打开的选项卡为"文件夹"。内容显示区采用大图标显示，左边的资源管理器采用树形显示的方式显示

系统的树形结构，浏览资源的同时，在内容显示区显示所浏览资源的有关细目或内容，如图 9.1 所示。❶图中左边方框为 AutoCAD 设计中心的资源管理器，右边方框为 AutoCAD 设计中心的内容显示区。❷其中上面窗口为文件显示框。❸中间窗口为图形预览显示框。❹下面窗口为说明文本显示框。

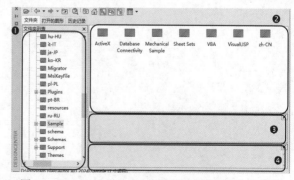

图 9.1　AutoCAD 设计中心的资源管理器和内容显示区

　　可以依靠鼠标拖动边框来改变 AutoCAD 设计中心资源管理器和内容显示区以及 AutoCAD 绘图区的大小，但内容显

示区的最小尺寸能够显示两列大图标。

如果要改变 AutoCAD 设计中心的位置，可在 AutoCAD 设计中心工具条的上部用鼠标拖动它，松开鼠标后，AutoCAD 设计中心便处于当前位置，到新位置后，仍可以用鼠标改变各窗口的大小。也可以通过单击中心边框左边下方的"自动隐藏"按钮自动隐藏设计中心。

9.1.2　插入图块

可以利用设计中心将图块插入图形当中。当将一个图块插入图形当中时，块定义就被复制到图形数据库当中。在一个图块被插入图形之后，如果原来的图块被修改，则插入图形当中的图块也随之改变。

当其他命令正在执行时，不能插入图块到图形当中。例如，如果在插入块时，在命令行正在执行一个命令，此时光标变成一个带斜线的圆，提示操作无效。另外，一次只能插入一个图块。AutoCAD 设计中心提供了插入图块的两种方法。

1．利用鼠标指定比例和旋转方式插入图块

采用此方法时，AutoCAD 根据鼠标拉出的线段的长度与角度确定比例与旋转角度。采用该方法插入图块的步骤如下。

（1）从文件夹列表或查找结果列表中选择要插入的图块，按住鼠标左键，将其拖动到打开的图形上。

松开鼠标左键，此时，被选择的对象被插入到当前被打开的图形当中。利用当前设置的捕捉方式可以将对象插入任何存在的图形当中。

（2）按下鼠标左键，指定一点作为插入点，移动鼠标，鼠标位置点与插入点之间的距离为缩放比例，单击以确定比例。使用同样的方法移动鼠标，鼠标指定位置与插入点连线和水平线角度为旋转角度。被选择的对象就根据鼠标指定的比例和角度插入到图形当中。

2．精确指定坐标、比例和旋转角度插入图块

采用该方法时可以设置插入图块的参数，具体步骤如下。

（1）从文件夹列表或查找结果列表框中选择要插入的对象，拖动对象到打开的图形上。

（2）在相应的命令行提示下输入比例和旋转角度等数值，被选择的对象根据指定的参数插入到图形当中。

9.1.3　图形复制

利用设计中心进行图形复制的具体方法有两种，下面具体讲述。

1．在图形之间复制图块

利用 AutoCAD 设计中心可以浏览和装载需要复制的图块，然后将图块复制到剪贴板，再利用剪贴板将图块粘贴到图形当中。具体方法如下。

（1）在控制板选择需要复制的图块，右击，在弹出的快捷菜单中选择"复制"命令。

（2）将图块复制到剪贴板上，然后通过"粘贴"命令粘贴到当前图形上。

2．在图形之间复制图层

利用 AutoCAD 设计中心可以从任何一个图形中复制图层到其他图形上。例如，如果已经绘制了一个包括设计所需的所有图层的图形，在绘制另外新的图形时，可以新建一个图形，并通过 AutoCAD 设计中心将已有的图层复制到新的图形当中，这样可以节省时间，并保证图形间的一致性。

（1）拖动图层到已打开的图形：确认要复制图层的目标图形文件已被打开，并且是当前的图形文件。在控制板或查找结果列表框中选择要复制的一个或多个图层。拖动图层到打开的图形文件上。松开鼠标后被选择的图层即被复制到打开的图形当中。

（2）复制或粘贴图层到打开的图形：确认要复制的图层的图形文件已被打开，并且是当前的图形文件。在控制板或查找结果列表框中选择要复制的一个或多个图层，右击打开快捷菜单，选择"复制到粘贴板"命令。如果要粘贴图层，则需确认粘贴的目标图形文件已被打开，并为当前文件，然后右击打开快捷菜单，选择"粘贴"命令。

9.2　工具选项板

工具选项板是"工具选项板"窗口中选项卡形式的区域，提供组织、共享和放置块及填充图案的有效方法。工具选项板还可以包含由第三方开发人员提供的自定义工具。

9.2.1　打开工具选项板

🔍【执行方式】

➢ 命令行：TOOLPALETTES（快捷命令：TP）。
➢ 菜单栏：选择菜单栏中的"工具"→"选项板"→"工具选项板"命令。
➢ 工具栏：单击"标准"工具栏中的"工具选项板"按钮 📇。
➢ 功能区：单击"视图"选项卡"选项板"面板中的"工具选项板"按钮 ▦。
➢ 快捷键：Ctrl+3。

执行上述命令后，系统自动打开"工具选项板"窗口。在工具选项板中，系统设置了一些常用图形选项卡，这些常用图形可以方便用户绘图。

9.2.2　工具选项板的显示控制

可以利用工具选项板的相关功能控制其显示形式，具体方法如下。

1．移动和缩放"工具选项板"窗口

鼠标按住"工具选项板"窗口深色边框，拖动鼠标，即可移动"工具选项板"窗口。将鼠标指向"工具选项板"窗口边缘，出现双向伸缩箭头时，按住鼠标左键拖动即可缩放"工具选项板"窗口。

2．自动隐藏

在"工具选项板"窗口深色边框上单击"自动隐藏"按钮 ◀，可自动隐藏"工具选项板"窗口；再次单击，则自动打开"工具选项板"窗口。

9.2.3　新建工具选项板

用户可以建立新工具板，这样有利于个性化作图，也能够满足特殊作图需要。

【执行方式】

➢ 命令行：CUSTOMIZE。

➢ 菜单栏：选择菜单栏中的"工具"→"自定义"→"工具选项板"命令。

➢ 快捷菜单：在快捷菜单中选择"自定义选项板"命令。

执行上述命令后，系统打开"自定义"对话框中的"工具选项板-所有选项卡"选项卡，如图 9.2 所示。

在"选项板"列表框中右击，打开快捷菜单，如图 9.3 所示。选择"新建选项板"命令，在打开的对话框中可以为新建的工具选项板命名。确定后，工具选项板中就增加了一个新的选项卡，如图 9.4 所示。

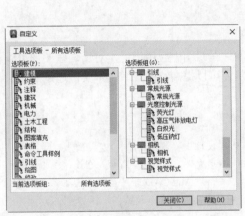

图 9.2　"自定义"对话框

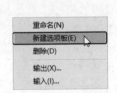

图 9.3　"新建选项板"
命令

图 9.4　新增选项卡

9.2.4　向工具选项板添加内容

有两种方法可以向工具选项板添加内容，具体如下。

1.　从设计中心拖动到工具选项板上

例如，❶在 DesignCenter 文件夹上右击，❷在打开的快捷菜单中选择"创建块的工具选项板"命令，如图 9.5 所示。设计中心中存储的图元就出现在工具选项板中新建的 DesignCenter 选项卡上，如图 9.6 所示。这样就可以将设计中心与工具选项板结合起来，建立一个快捷方便的工具选项板。将工具选项板中的图形拖动到另一个图形中时，图形将作为块插入。

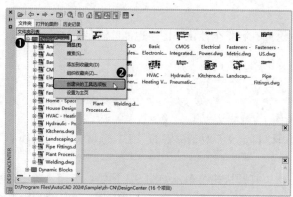
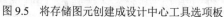

图 9.5　将存储图元创建成设计中心工具选项板　　　　图 9.6　新创建的工具选项板

2．复制

可以使用"剪切""复制"和"粘贴"命令将一个工具选项板中的工具移动或复制到另一个工具选项板中。

9.2.5　实例——建立紧固件工具选项板

扫一扫，看视频

紧固件包括螺母、螺栓、螺钉等，这些零件在绘图中应用广泛，对于这些图形可以建立紧固件选项板，需要时直接调用它们，从而可以提高绘图效率。本实例通过定义块来实现紧固件选项板的建立。

👆【操作步骤】

（1）单击"视图"选项卡"选项板"面板中的"设计中心"按钮▦，打开随书电子资料文件"源文件\第9章\建立紧固件工具选项板\紧固件"图形文件，如图9.7所示。在设计中心右击文件名，从弹出的快捷菜单中选择"创建工具选项板"命令，AutoCAD即可在工具选项板中创建新选项板，该选项板的名称为图形文件名，且选项板中已经定义了各个块的图标，如图9.8所示。

（2）如果在绘制图形时，需要插入图 9.8 所示的工具选项板中某一图标表示的图形，打开该选项板，将对应的图标拖到图形中，即可将图标表示的图形插入到当前图形中。

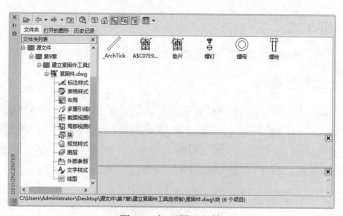

图 9.7　打开图形文件　　　　　　　　　图 9.8　工具选项板

9.3 视口与空间

AutoCAD 窗口提供了两个并行的工作环境，即"模型"选项卡和"布局"选项卡。本节将重点讲述模型和布局的设置和控制。在"模型"选项卡上工作时，可以绘制主题的模型，通常称其为模型空间。在"布局"选项卡上，可以布置模型的多个"快照"。一个布局代表一张可以使用各种比例显示一个或多个模型视图的图样。可以选择"模型"选项卡或"布局"选项卡来实现模型空间和布局空间的转换。

无论是模型空间还是布局空间，都以各种视区来表示图形。视区是图形屏幕上用于显示图形的一个矩形区域。默认时，系统把整个作图区域作为单一的视区，用户可以通过其绘制和显示图形。此外，用户也可根据需要把作图屏幕设置成多个视区，每个视区显示图形的不同部分，这样可以更清楚地描述物体的形状。但同一时间仅有一个是当前视区，这个当前视区便是工作区，系统在工作区周围显示粗的边框，以便用户知道哪一个视区是工作区。本节内容的菜单命令主要集中在"视图"菜单，而本节内容的命令主要集中在"模型视口"面板中，如图 9.9 所示。

图 9.9　"模型视口"面板

9.3.1 视口

绘图区可以被划分为多个相邻的非重叠视口。在每个视口中可以进行平移和缩放操作，也可以进行三维视图设置与三维动态观察，如图 9.10 所示。

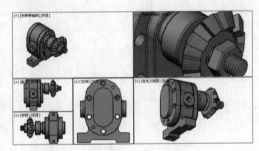

图 9.10　视口

1. 新建视口

【执行方式】

➢ 命令行：VPORTS。
➢ 菜单栏：选择菜单栏中的"视图"→"视口"→"新建视口"命令。
➢ 工具栏：单击"视口"工具栏中的"显示'视口'对话框"按钮 。
➢ 功能区：单击"视图"选项卡"模型视口"面板中的"视口配置"下拉按钮 。

执行上述命令后，系统打开如图 9.11 所示的"视口"对话框的"新建视口"选项卡，该选项卡中列出了一个标准视口配置列表,可用来创建层叠视口。图 9.12 所示为按图 9.11 中的设置创建的新图形视口，可以在多视口的单个视口中再创建多视口。

2. 命名视口

【执行方式】

➢ 命令行：VPORTS。
➢ 菜单栏：选择菜单栏中的"视图"→"视口"→"命名视口"命令。
➢ 工具栏：单击"视口"工具栏中的"显示'视口'对话框"按钮 。
➢ 功能区：单击"视图"选项卡"模型视口"面板中的"命名"按钮 。

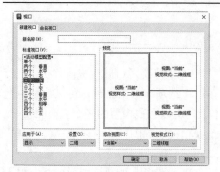

图 9.11　"新建视口"选项卡

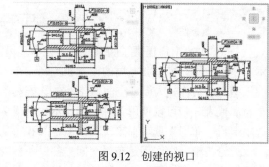

图 9.12　创建的视口

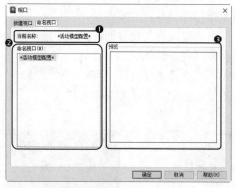

图 9.13　"命名视口"选项卡

执行上述命令后，系统打开如图 9.13 所示的"视口"对话框的"命名视口"选项卡，该选项卡用于显示保存在图形文件中的视口配置。其中，❶"当前名称"提示行用于显示当前视口名；❷"命名视口"列表框用于显示保存的视口配置；❸"预览"显示框用于预览被选择的视口配置。

9.3.2　模型空间与图纸空间

AutoCAD 可在两个环境中完成绘图和设计工作，即"模型空间"和"图纸空间"。模型空间又可分为平铺式和浮动式。大部分设计和绘图工作都是在平铺式模型空间中完成的，而图纸空间是模拟手工绘图的空间，它是为绘制平面图而准备的一张虚拟图纸，是一个二维空间的工作环境。从某种意义上说，图纸空间就是为布局图面、打印出图而设计的，还可以在其中添加诸如边框、注释、标题和尺寸标注等内容。

在模型空间和图纸空间中都可以进行输出设置。在绘图区底部有"模型"选项卡及一个或多个"布局"选项卡，如图 9.14 所示。

选择"模型"或"布局"选项卡，可以在它们之间进行空间的切换，如图 9.15 和图 9.16 所示。

图 9.14　"模型"和"布局"选项卡

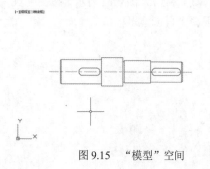

图 9.15　"模型"空间

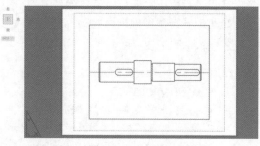

图 9.16　"布局"空间

高手点拨：

比例为图样中图形与其实物相应要素的线性尺寸之比，分为原值比例、放大比例和缩小比例 3 种。

需要按比例绘制图形时，应符合表 9.1 所示的规定，选取适当的比例。必要时也允许选取表 9.2 中的规定（GB/T 14690—93）的比例。

（1）比例一般标注在标题栏中，必要时可在视图名称的下方或右侧标出。

（2）无论采用哪种比例绘制图形，尺寸数值按原值注出。

表 9.1　标准比例系列

种　类	比　例			
原值比例	1:1			
放大比例	5:1	2:1　(5×10^{n}):1	(2×10^{n}):1	(1×10^{n}):1
缩小比例	1:2　1:5　1:10	1: (2×10^{n})	1: (5×10^{n})	1: (1×10^{n})

注：n 为正整数。

表 9.2　可用比例系列

种　类	比　例				
放大比例	4:1	2.5:1	(4×10^{n}):1	(2.5×10^{n}):1	
缩小比例	1:1.5　1:2.3　1:3　1:4　1:6				
	1: (1.5×10^{n})	1: (2.5×10^{n})	1: (3×10^{n})	1: (4×10^{n})	1: (6×10^{n})

注：n 为正整数。

高手点拨：

选择菜单栏中的"文件"→"输出"命令，或直接在命令行中输入 EXPORT 命令，系统将打开"输出"对话框，在"保存类型"下拉列表框中选择*.bmp 格式，单击"保存"按钮，在绘图区选中要输出的图形后按 Enter 键，被选中的图形便被输出为.bmp 格式的图形文件。

9.4　打　印

在利用 AutoCAD 建立了图形文件后，通常要进行绘图的最后一个环节，即输出图形。在这个过程中，要想在一张图纸上得到一幅完整的图形，必须恰当地规划图形的布局，合适地安排图纸规格和尺寸，正确地选择打印设备及各种打印参数。

最常见的打印设备有打印机和绘图仪。在输出图样时，首先要添加和配置要使用的打印设备。

1．打开打印设备

【执行方式】

➢ 命令行：PLOTTERMANAGER。

➢ 菜单栏：选择菜单栏中的"文件"→"绘图仪管理器"命令。

➢ 功能区：单击"输出"选项卡"打印"面板中的"绘图仪管理器"按钮。

执行上述命令后，系统打开 Plotters 对话框，如图 9.17 所示。

要添加新的绘图仪器或打印机，可在 Plotters 对话框中选择"添加绘图仪向导"，打开"添加绘图仪-简介"对话框，如图 9.18 所示，按向导逐步完成添加。

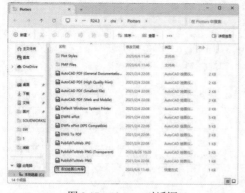

图 9.17　Plotters 对话框

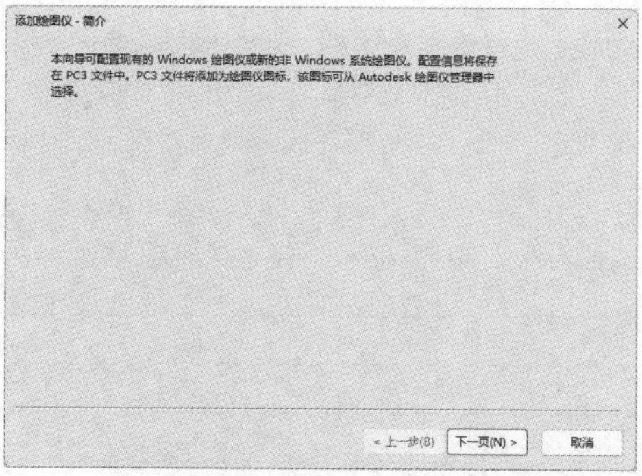

图 9.18　"添加绘图仪-简介"对话框

双击 Plotters 对话框中的绘图仪配置图标，如 DWF6 ePlot.pc3，打开"绘图仪配置编辑器"对话框，如图 9.19 所示，对绘图仪进行相关设置。

2. 绘图仪配置编辑器

在"绘图仪配置编辑器"对话框中有 3 个选项卡，可根据需要重新进行配置。

（1）"常规"选项卡，如图 9.20 所示。

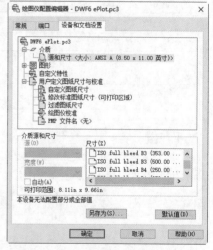

图 9.19　"绘图仪配置编辑器"对话框

➤ 绘图仪配置文件名：显示在"添加打印机"向导中指定的文件名。

➤ 驱动程序信息：显示绘图仪驱动程序类型（系统或非系统）、名称、型号和位置、HDI 驱动程序文件版本号（AutoCAD 专用驱动程序文件）、网络服务器 UNC 名（如果绘图仪与网络服务器连接）、I/O 端口（如果绘图仪连接在本地）、系统打印机名（如果配置的绘图仪是系统打印机）、PMP（绘图仪型号参数）文件名和位置（如果 PMP 文件附着在 PC3 文件中）。

（2）"端口"选项卡，如图 9.21 所示。

➤ "打印到下列端口"单选按钮：选中该单选按钮，将图形通过选定端口发送到绘图仪。

➤ "打印到文件"单选按钮：选中该单选按钮，将图形发送至在"打印"对话框中指定的文件。

➤ "后台打印"单选按钮：选中该单选按钮，使用后台打印实用程序打印图形。

➤ 端口列表：显示可用端口（本地和网络）的列表和说明。

➤ "显示所有端口"复选框：勾选该复选框，显示计算机上的所有可用端口，不管绘图仪使用哪个端口。

➤ "浏览网络"按钮：单击该按钮显示网络选择，可以连接到另一台非系统绘图仪。

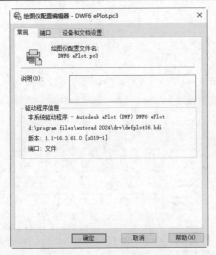

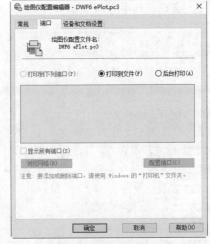

图 9.20 "常规"选项卡   图 9.21 "端口"选项卡

➢ "配置端口"按钮：单击该按钮，打印样式显示"配置 LPT 端口"对话框或"COM 端口设置"对话框。

（3）"设备和文档设置"选项卡，如图 9.19 所示。控制 PC3 文件中的许多设置。单击任意节点的图标可以查看和修改指定设置。

扫一扫，看视频

9.5 综合演练——绘制居室室内布置平面图

本实例利用设计中心和工具选项板辅助绘制如图 9.22 所示的居室室内布置平面图。

🖱️【操作步骤】

1. 绘制建筑主体图

单击"默认"选项卡"绘图"面板中的"直线"按钮 ╱ 和"圆弧"按钮 ╱，绘制建筑主体图，或者直接打开"源文件\第 9 章\居室室内布置平面图\居室平面图"，结果如图 9.23 所示。

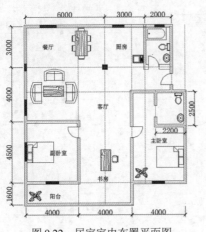

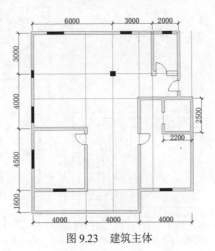

图 9.22 居室室内布置平面图   图 9.23 建筑主体

2．启动设计中心

（1）单击"视图"选项卡"选项板"面板中的"设计中心"按钮 ▦，打开如图 9.24 所示的设计中心面板，其中面板左侧为"资源管理器"。

（2）双击"资源管理器"的 Kitchens.dwg，然后双击面板左侧的块图标 ▤，出现如图 9.25 所示的厨房设计常用的燃气灶、水龙头、橱柜和微波炉等模块。

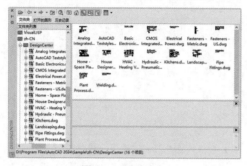

图 9.24　设计中心

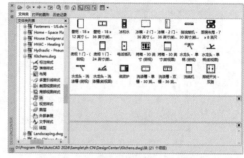

图 9.25　双击打开 Kitchens.dwg 文件

3．插入图块

新建"内部布置"图层，双击如图 9.26 所示的"微波炉"图标，打开如图 9.27 所示的"插入"对话框，❶设置插入点为(19618,21000)，❷缩放比例为 25.4，❸旋转角度为 0°，插入的图块如图 9.28 所示，绘制结果如图 9.29 所示。重复上述操作，把 Home-Space Planner 与 House Designer 中的相应模块插入图形中，绘制结果如图 9.30 所示。

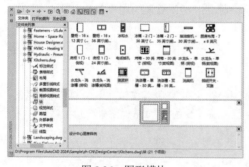

图 9.26　图形模块

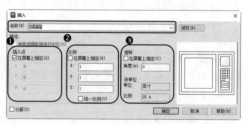

图 9.27　"插入"对话框

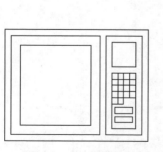

图 9.28　插入的图块

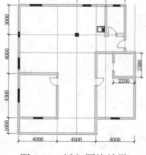

图 9.29　插入图块效果

图 9.30　室内布局

4. 标注文字

单击"默认"选项卡"注释"面板中的"多行文字"按钮 A，将"客厅""厨房"等名称输入相应的位置，结果如图 9.22 所示。

9.6　新手问答

No.1：设计中心的操作技巧是什么？

通过设计中心，用户可以组织对图形、块、图案填充及其他图形内容的访问，可以将源图形中的任何内容拖动到当前图形中，也可以将图形、块和填充拖动到工具选项板上。源图形可以位于用户的计算机、网络位置或网站上。另外，如果打开了多个图形，则可以通过设计中心在图形之间复制和粘贴其他内容（如图层定义、布局和文字样式）来简化绘图过程。AutoCAD 制图人员一定要利用好设计中心的优势。

No.2：打印出来的图效果非常差，线条有灰度的差异，为什么？

这种情况大多与打印机或绘图仪的配置、驱动程序以及操作系统有关。通常从以下几点考虑，就可以解决此问题。

（1）检查配置打印机或绘图仪时，误差抖动开关是否关闭。

（2）检查打印机或绘图仪的驱动程序是否正确，是否需要升级。

（3）检查如果把 AutoCAD 配置成以系统打印机的方式输出，换用 AutoCAD 为各类打印机和绘图仪提供的 ADI 驱动程序重新配置 AutoCAD 打印机，是不是可以解决问题。

（4）对不同型号的打印机或绘图仪，AutoCAD 都提供了相应的命令，可以进一步详细配置。例如，对支持 HPGL/2 语言的绘图仪系列，可使用命令 Hpconfig。

（5）在 AutoCAD Plot 对话框中，设置笔号与颜色和线型以及笔宽的对应关系，为不同的颜色指定相同的笔号（最好都为 1），但这一笔号所对应的线型和笔宽可以不同。某些喷墨打印机只能支持 1～16 的笔号，如果笔号太大，则无法打印。

（6）检查笔宽的设置是否太大，如大于 1。

（7）操作系统如果是 Windows NT，可能需要更新的 NT 补丁包（Service Pack）。

No.3：为什么有些图形能显示，却打印不出来？

如果图形绘制在 AutoCAD 自动产生的图层（Defpoints、Ashade 等）上，就会出现这种情况。应避免在这些图层上绘制实体。

9.7　上机实验

📅【练习 1】利用工具选项板绘制如图 9.31 所示的轴承图形。

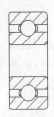

图 9.31　轴承

1. 目的要求

本练习涉及"工具选项板"命令。通过本练习，要求读者掌握工具选项板的使用方法。

2. 操作提示

（1）打开工具选项板，在工具选项板的"机械"选项卡中选择"滚珠轴承"图块，插入到新建的空白图形中，通过右键快捷菜单进行缩放。

（2）利用"图案填充"命令对图形剖面进行填充。

📅【练习 2】利用设计中心绘制如图 9.32 所示的盘盖组装图。

图 9.32　盘盖组装图

1. 目的要求

本练习涉及"设计中心"命令。通过本练习，要求读者掌握设计中心的使用方法。

2. 操作提示

（1）打开设计中心与工具选项板。

（2）建立一个新的工具选项板标签。

（3）在设计中心查找已经绘制好的常用机械零件图。

（4）将这些零件图拖入到新建立的工具选项板标签中。

（5）打开一个新图形文件界面。

（6）将需要的图形文件模块从工具选项板中拖入到当前图形中，并进行适当的缩放、移动、旋转等操作。

📆 **【练习 3】** 打印预览如图 9.33 所示的齿轮图形。

图 9.33　齿轮

1. 目的要求

图形输出是绘制图形的最后一步工序。正确地对图形进行打印设置，有利于顺利地输出图纸。本实验的目的是使读者掌握打印设置的方法。

2. 操作提示

（1）执行"打印"命令。

（2）进行打印设备参数设置。

（3）进行打印设置。

（4）输出预览。

9.8　思考与练习

（1）如果从模型空间打印一张图纸，打印比例为 1:2，那么想在图纸上得到 5mm 高的字体，应在图形中设置的字高为（　　）mm。

　　A．5　　　　　　　　B．10　　　　　　　　C．2.5　　　　　　　　D．2

（2）在设计中心的树状视图框中选择一个图形文件，下列哪（　　）不是设计中心列出的项目。

　　A．标注样式　　　　　B．外部参照　　　　　C．打印样式　　　　　D．布局

（3）如果要合并两个视口，必须（　　）。

　　A．是模型空间视口并且共享长度相同的公共边　　　B．在"模型"选项卡中

　　C．在"布局"选项卡中　　　　　　　　　　　　　D．一样大小

（4）不能使用以下什么方法自定义工具选项板的工具（　　）。

　　A．将图形、块、图案填充和标注样式从设计中心拖至工具选项板

　　B．使用"自定义"对话框将命令拖至工具选项板

　　C．使用"自定义用户界面"（CUI）编辑器，将命令从"命令列表"窗格拖至工具选项板

　　D．将标注对象拖动至工具选项板

（5）在模型空间中如果有多个图形，只需打印其中一张，最简单的方法是（　　）。

　　A．在打印范围下选择：显示　　　　　　　B．在打印范围下选择：图形界线

　　C．在打印范围下选择：窗口　　　　　　　D．在打印选项下选择：后台打印

（6）以下关于模型空间视口说法错误的是（　　）。

　　A．使用"模型"选项卡，可以将绘图区域拆分成一个或多个相邻的矩形视图

　　B．在"模型"选项卡中创建的视口充满整个绘图区域并且相互之间不重叠

　　C．可以创建多边形视口

　　D．在一个视口中作出修改后，其他视口也会立即更新

第 10 章　三维绘图基础

本章导读

　　本章介绍使用 AutoCAD 进行三维绘图时的一些基础知识和基本操作，包括观察模式、显示形式、三维坐标系统、渲染实体等。

10.1　观　察　模　式

　　AutoCAD 在增强原有的动态观察功能和相机功能的前提下又增加了漫游和飞行以及运动路径动画功能。

10.1.1　动态观察

　　AutoCAD 提供了具有交互控制功能的三维动态观察器，通过三维动态观察器，用户可以实时地控制和改变当前视口中创建的三维视图，以得到用户期望的效果。

1. 受约束的动态观察

【执行方式】

➤ 命令行：3DORBIT。

➤ 菜单栏：选择菜单栏中的"视图"→"动态观察"→"受约束的动态观察"命令。

➤ 快捷菜单：启用交互式三维视图后，在视口中右击弹出快捷菜单，如图 10.1 所示，选择"其他导航模式"→"受约束的动态观察"命令。

➤ 工具栏：单击"动态观察"工具栏中的"受约束的动态观察"按钮，或单击"三维导航"工具栏中的"受约束的动态观察"按钮，如图 10.2 所示。

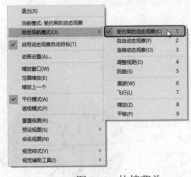

图 10.1　快捷菜单　　　　　　图 10.2　"动态观察"工具栏和"三维导航"工具栏

➤ 功能区：单击"视图"选项卡"导航"面板中的"动态观察"下拉菜单中的"动态观察"按钮，如图 10.3 所示。

图 10.3　"动态观察"下拉菜单

（a）原始图形　　　　（b）拖动鼠标

图 10.4　受约束的三维动态观察

【操作步骤】

命令行提示与操作如下：

命令：3DORBIT✓

执行该命令后，视图的目标将保持静止，而视点将围绕目标移动。但是，从用户的视点看起来就像三维模型正在随着鼠标光标拖动而旋转。用户可以此方式指定模型的任意视图。

系统显示三维动态观察光标。如果水平拖动光标，则相机将平行于世界坐标系（WCS）的 XY 平面移动；如果垂直拖动光标，则相机将沿 Z 轴移动，如图 10.4 所示。

> **新手注意：**
>
> 3DORBIT 命令处于活动状态时，无法编辑对象。

2. 自由动态观察

【执行方式】

- ➤ 命令行：3DFORBIT。
- ➤ 菜单栏：选择菜单栏中的"视图"→"动态观察"→"自由动态观察"命令。
- ➤ 快捷菜单：启用交互式三维视图后，在视口中右击弹出快捷菜单，如图 10.1 所示，选择"其他导航模式"→"自由动态观察"命令。
- ➤ 工具栏：单击"动态观察"工具栏中的"自由动态观察"按钮，或单击"三维导航"工具栏中的"自由动态观察"按钮，如图 10.2 所示。
- ➤ 功能区：单击"视图"选项卡"导航"面板中的"动态观察"下拉菜单中的"自由动态观察"按钮。

【操作步骤】

命令行提示与操作如下：

命令：3DFORBIT✓

执行该命令后，在当前视口出现一个绿色的大圆轮廓，在大圆轮廓上有 4 个绿色的小圆，如图 10.5 所示。此时通过拖动鼠标即可对视图进行旋转观测。

在三维动态观察器中，查看目标的点被固定，用户可以利用鼠标控制相机位置绕观察对象得到动态的观测效果。当鼠标在绿色大圆轮廓的不同位置进行拖动时，鼠标的表现形式是不同的，视图的

图 10.5　自由动态观察

旋转方向也不同。视图的旋转由光标的表现形式和其位置决定。根据鼠标所在位置的不同，有 ⊙、⊕、⊕、⊕ 几种表现形式，拖动这些图标，分别对对象进行不同形式的旋转。

连续动态观察与自由动态观察类似，此处不再赘述。

10.1.2　控制盘

使用该功能，可以方便地观察图形对象。

【执行方式】

➢ 命令行：NAVSWHEEL。
➢ 菜单栏：选择菜单栏中的"视图"→Steeringwheels 命令。

【操作步骤】

命令行提示与操作如下：

命令：NAVSWHEEL✓

执行该命令后，绘图区显示控制盘，如图 10.6 所示，控制盘随着鼠标一起移动，在控制盘中选择某项显示命令，并按住鼠标左键，移动鼠标，则图形对象进行相应的显示变化。单击控制盘上的 ⊙ 按钮，系统打开如图 10.7 所示的快捷菜单，可以进行相关操作。单击控制盘上的 ✕ 按钮，则关闭控制盘。

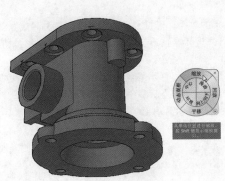

图 10.6　控制盘　　　　　　　　　　图 10.7　快捷菜单

10.2　显 示 形 式

AutoCAD 中，三维实体有多种显示形式，包括二维线框、三维线框、三维消隐、真实、概念、消隐等显示形式。

10.2.1　消隐

【执行方式】

➢ 命令行：HIDE。
➢ 菜单栏：选择菜单栏中的"视图"→"消隐"命令。
➢ 工具栏：单击"渲染"工具栏中的"隐藏"按钮 。
➢ 功能区：单击"视图"选项卡"视觉样式"面板中的"隐藏"按钮 。

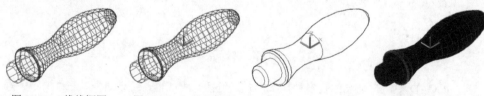

【操作步骤】

命令行提示与操作如下：

命令：HIDE↙

执行该命令后，系统将被其他对象挡住的图线隐藏起来，以增强三维视觉效果，如图 10.8 所示。

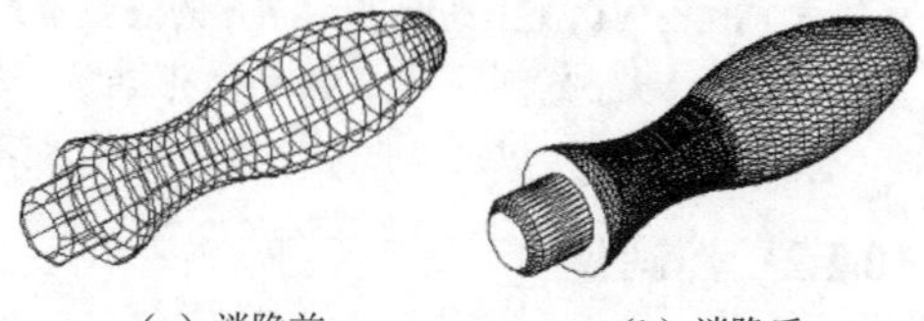

（a）消隐前　　　　（b）消隐后

图 10.8　消隐效果

10.2.2　视觉样式

【执行方式】

➤ 命令行：VSCURRENT。

➤ 菜单栏：选择菜单栏中的"视图"→"视觉样式"→"二维线框"等命令。

➤ 工具栏：单击"视觉样式"工具栏中的"二维线框"按钮⬚等。

➤ 功能区：单击"视图"选项卡"视觉样式"面板中的"二维线框"按钮等。

【操作步骤】

命令行提示与操作如下：

命令：VSCURRENT↙

输入选项 [二维线框 (2) /线框 (W) /隐藏 (H) /真实 (R) /概念 (C) /着色 (S) /带边缘着色 (E) /灰度 (G) /勾画 (SK) /X 射线 (X) /其他 (O)]<二维线框>：

【选项说明】

（1）二维线框(2)：用直线和曲线表示对象的边界。光栅和 OLE 对象、线型和线宽都是可见的。即使将 COMPASS 系统变量的值设置为 1，坐标球也不会出现在二维线框视图中。图 10.9 所示为 UCS 坐标和手柄二维线框图。

（2）线框(W)：显示用直线和曲线表示边界的对象。显示着色三维 UCS 图标。可将 COMPASS 系统变量设定为 1 来查看坐标球。图 10.10 所示为 UCS 坐标和手柄三维线框图。

（3）隐藏(H)：显示用线框表示的对象并隐藏表示后向面的直线。图 10.11 所示为 UCS 坐标和手柄的消隐图。

（4）真实(R)：着色多边形平面间的对象，并使对象的边平滑化。如果已为对象附着材质，将显示已附着到对象的材质。图 10.12 所示为 UCS 坐标和手柄的真实图。

图 10.9　二维线框图　　　图 10.10　三维线框图　　　图 10.11　消隐图　　　图 10.12　真实图

（5）概念(C)：使用平滑着色和古氏面样式显示三维对象。如图 10.13 所示，古氏面样式在冷暖颜色而不是明暗效果之间转换。

（6）着色(S)：产生平滑的着色模型。图 10.14 所示为 UCS 坐标和手柄的着色图。

（7）带边缘着色(E)：产生平滑、带有可见边的着色模型。图 10.15 所示为 UCS 坐标和手柄的带边缘着色图。

（8）灰度(G)：使用单色面颜色模式可以产生灰色效果。图 10.16 所示为 UCS 坐标和手柄的灰度图。

图 10.13　概念图

图 10.14　着色图

图 10.15　带边缘着色图

（9）勾画(SK)：使用外伸和抖动产生手绘效果。图 10.17 所示为 UCS 坐标和手柄的勾画图。

（10）X 射线(X)：更改面的不透明度使整个场景变成部分透明。图 10.18 所示为 UCS 坐标和手柄的 X 射线图。

图 10.16　灰度图

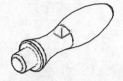
图 10.17　勾画图

图 10.18　X 射线图

（11）其他(O)。

输入视觉样式名称[?]：输入当前图形中的视觉样式的名称或输入?以显示名称列表并重复该提示。

10.2.3　视觉样式管理器

【执行方式】

> 命令行：VISUALSTYLES。
> 菜单栏：选择菜单栏中的"视图"→"视觉样式"→"视觉样式管理器"命令，或选择菜单栏中的"工具"→"选项板"→"视觉样式"命令。
> 工具栏：单击"视觉样式"工具栏中的"视觉样式管理器"按钮 。
> 功能区：单击"视图"选项卡"视觉样式"面板中的"对话框启动器"按钮 。

【操作步骤】

命令行提示与操作如下：

命令：VISUALSTYLES✓

执行该命令后，系统打开视觉样式管理器，从中可以对视觉样式的各个参数进行设置，如图 10.19 所示。图 10.20 所示为按图 10.19 所示进行设置的概念图的显示结果。

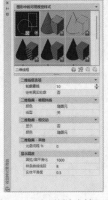
图 10.19　视觉样式管理器

图 10.20　显示结果

10.3 三维坐标系统

AutoCAD 使用的直角坐标系有两种类型，一种是绘制二维图形时常用的坐标系，即世界坐标系（WCS），由系统默认提供。世界坐标系又称通用坐标系或绝对坐标系。对于二维绘图来说，世界坐标系足以满足要求。为了方便创建三维模型，AutoCAD 允许用户根据自己的需要设定坐标系，即用户坐标系（UCS）。合理地创建 UCS，可以方便地创建三维模型。

10.3.1 建立坐标系

【执行方式】

➢ 命令行：UCS。
➢ 菜单栏：选择菜单栏中的"工具"→"新建 UCS"命令。
➢ 工具栏：单击 UCS 工具栏中的 UCS 按钮 。
➢ 功能区：单击"视图"选项卡"坐标"面板中的 UCS 按钮 ，如图 10.21 所示。

图 10.21 "坐标"面板

【操作步骤】

命令行提示与操作如下：

命令：✓
当前 UCS 名称：*世界*
指定 UCS 的原点或[面(F)/命名(NA)/对象(OB)/上一个(P)/视图(V)/世界(W)/X/Y/Z/Z 轴(ZA)]<世界>：

【选项说明】

（1）指定 UCS 的原点：使用一点、两点或三点定义一个新的 UCS。如果指定单个点 1，则当前 UCS 的原点将会移动而不会更改 X、Y 和 Z 轴的方向。选择该项，系统提示如下：

指定 X 轴上的点或<接收>：（继续指定 X 轴通过的点 2 或直接按 Enter 键接收原坐标系 X 轴为新坐标系 X 轴）
指定 XY 平面上的点或<接收>：（继续指定 XY 平面通过的点 3 以确定 Y 轴或直接按 Enter 键接收原坐标系 XY 平面为新坐标系 XY 平面，根据右手法则，相应的 Z 轴也同时确定）

示意图如图 10.22 所示。

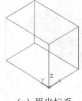

（a）原坐标系 　　　　（b）指定一点 　　　　（c）指定两点 　　　　（d）指定三点

图 10.22 指定 UCS 的原点

（2）面(F)：将 UCS 与三维实体的选定面对齐。要选择一个面，请在此面的边界内或面的边上单击，被选中的面将高亮显示，UCS 的 X 轴将与找到的第一个面上的最近的边对齐。选择该项，系统提示如下：

选择实体面、曲面或网格：（选择面如图 10.23 所示的面）

如果选择"下一个"选项，则系统将 UCS定位于邻接的面或选定边的后向面。

（3）命名（NA）：保存或恢复命名 UCS定义。选择该项，系统提示：

输入选项 [恢复(R)/保存(S)/删除(D)/?]：

图 10.23　选择面确　　图 10.24　选择对象确
定坐标系　　　　　定坐标系

也可以在该 UCS 图标上右击并单击命名UCS 来保存或恢复命名 UCS 定义。如果经常使用命名的 UCS 定义，可以在初始 UCS 提示下直接输入"恢复""保存""删除"和"？"选项，而无须指定"命名"选项。

（4）对象(OB)：根据选定三维对象定义新的坐标系，如图 10.24 所示。新建 UCS 的拉伸方向（Z 轴正方向）与选定对象的拉伸方向相同。选择该项，系统提示如下：

选择对齐 UCS 的对象：（选择对象）

对于大多数对象，新 UCS 的原点位于离选定对象最近的顶点处，并且 X 轴与一条边对齐或相切。对于平面对象，UCS 的 XY 平面与该对象所在的平面对齐。对于复杂对象，将重新定位原点，但是轴的当前方向保持不变。

新手注意：
该选项不能用于下列对象：三维多段线、三维网格和构造线。

（5）上一个(P)：恢复上一个 UCS。可以在当前任务中逐步返回最后 10 个 UCS 设置。对于模型空间和图纸空间，UCS 设置单独存储。

（6）视图(V)：以垂直于观察方向（平行于屏幕）的平面为 XY 平面，建立新的坐标系。UCS原点保持不变。

（7）世界(W)：将当前 UCS 设置为 WCS。WCS 是所有 UCS 的基准，不能被重新定义。

（8）X/Y/Z：绕指定轴旋转当前 UCS。

（9）Z 轴(ZA)：用指定的 Z 轴正半轴定义 UCS。

10.3.2　动态 UCS

具体操作方法是：单击状态栏中的"允许/禁止动态 UCS"按钮。

（1）可以使用动态 UCS 在三维实体的平整面上创建对象，而无须手动更改 UCS 方向。

在执行命令的过程中，当将光标移动到面上方时，动态 UCS 会临时将 UCS 的 XY 平面与三维实体的平整面对齐，如图 10.25 所示。

（2）动态 UCS 激活后，指定的点和绘图工具（如极轴追踪和栅格）都将与动态 UCS 建立的临时 UCS 相关联。

（a）原坐标系　　（b）绘制圆柱体时的
动态坐标系

图 10.25　动态 UCS

10.4 渲 染 实 体

渲染是对三维图形对象加上颜色和材质因素，还可以有灯光、背景、场景等因素，能够更真实地表达图形的外观和纹理。渲染是输出图形前的关键步骤，尤其在效果图的设计中。

10.4.1 贴图

贴图的功能是在实体附着带纹理的材质后，可以调整实体或面上纹理贴图的方向。当材质被映射后，调整材质以适应对象的形状。将合适的材质贴图类型应用到对象上可以使之减少不适合的图案失真。

【执行方式】

- ➢ 命令行：MATERIALMAP。
- ➢ 菜单栏：选择菜单栏中的❶"视图"→❷"渲染"→❸"贴图"命令，如图 10.26 所示。
- ➢ 工具栏：单击"渲染"工具栏中的"贴图"按钮（图 10.27）或单击"贴图"工具栏中的按钮（图 10.28）。

图 10.26 贴图子菜单　　　　图 10.27 "渲染"工具栏　　图 10.28 "贴图"工具栏

【操作步骤】

命令行提示与操作如下：

命令：MATERIALMAP✓
选择选项[长方体(B)/平面(P)/球面(S)/柱面(C)/复制贴图至(Y)/重置贴图(R)] <长方体>：

【选项说明】

（1）长方体(B)：将图像映射到类似长方体的实体上。该图像将在对象的每个面上重复使用。

（2）平面(P)：将图像映射到对象上，就像将其从幻灯片投影器投影到二维曲面上一样。图像不会失真，但是会被缩放以适应对象。该贴图常用于面。

（3）球面(S)：在水平和垂直两个方向上同时使图像弯曲。纹理贴图的顶边在球体的"北极"压缩为一个点；同样，底边在球体的"南极"压缩为一个点。

（4）柱面(C)：将图像映射到圆柱形对象上，水平边将一起弯曲，但顶边和底边不会弯曲。图像的高度将沿圆柱体的轴进行缩放。

（5）复制贴图至(Y)：将贴图从原始对象或面应用到选定对象。

（6）重置贴图(R)：将 UV 坐标重置为贴图的默认坐标。

图 10.29 所示为球面贴图实例。

（a）贴图前　　　（b）贴图后

图 10.29　球面贴图实例

10.4.2　材质

1．附着材质

AutoCAD 将常用的材质都集成到工具选项板中。

🔘【执行方式】

➤ 命令行：MATBROWSEROPEN。

➤ 菜单栏：选择菜单栏中的"视图"→"渲染"→"材质浏览器"命令。

➤ 工具栏：单击"渲染"工具栏中的"材质浏览器"按钮🔳。

➤ 功能区：单击"可视化"选项卡"材质"面板中的"材质浏览器"按钮🔳，或单击"视图"选项卡"选项板"面板中的"材质浏览器"按钮🔳。

🎬【操作步骤】

命令行提示与操作如下：

命令：MATBROWSEROPEN↙

执行该命令后，AutoCAD 弹出"材质浏览器"选项板。通过该选项板，可以对材质的有关参数进行设置。

具体附着材质的步骤如下。

（1）选择菜单栏中的"视图"→"渲染"→"材质浏览器"命令，打开"材质浏览器"选项板，如图 10.30 所示。

（2）选择需要的材质类型，直接拖动到对象上，如图 10.31 所示，这样材质就附着了。当将视觉样式转换为"真实"时，显示出附着材质后的图形，如图 10.32 所示。

图 10.30　"材质浏览器"选项板

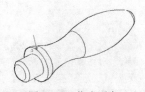

图 10.31　指定对象

图 10.32　附着材质后

2．设置材质

🔘【执行方式】

➤ 命令行：MATEDITOROPEN。

➤ 菜单栏：选择菜单栏中的"视图"→"渲染"→"材质编辑器"命令。

➤ 工具栏：单击"渲染"工具栏中的"材质编辑器"按钮🔳。

➤ 功能区：单击"视图"选项卡"选项板"面板中的"材质编辑器"按钮🔳。

【操作步骤】

命令行提示与操作如下：

命令：MATEDITOROPEN✓

执行该命令后，AutoCAD 弹出如图 10.33 所示的"材质编辑器"选项板。

【选项说明】

（1）"外观"选项卡：包含用于编辑材质特性的控件。可以更改材质的名称、颜色、光泽度、反射度、透明等。

（2）"信息"选项卡：包含用于编辑和查看材质的关键字信息的所有控件。

10.4.3 渲染

1. 高级渲染设置

【执行方式】

图 10.33 "材质编辑器"选项板

- ➢ 命令行：RPREF。
- ➢ 菜单栏：选择菜单栏中的"视图"→"渲染"→"高级渲染设置"命令。
- ➢ 工具栏：单击"渲染"工具栏中的"高级渲染设置"按钮。
- ➢ 功能区：单击"视图"选项卡"选项板"面板中的"高级渲染设置"按钮。

【操作步骤】

命令行提示与操作如下：

命令：RPREF✓

执行该命令后，系统打开如图 10.34 所示的"渲染预设管理器"选项板。通过该选项板，可以对渲染的有关参数进行设置。

2. 渲染

【执行方式】

- ➢ 命令行：RENDER。
- ➢ 功能区：单击"可视化"选项卡"渲染"面板中的"渲染到尺寸"按钮。

【操作步骤】

命令行提示与操作如下：

命令：RENDER✓

执行该命令后，AutoCAD 弹出如图 10.35 所示的"渲染"对话框，显示渲染结果和相关参数。

图 10.34 "渲染预设管理器"选项板

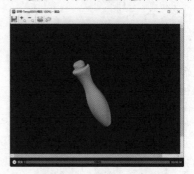

图 10.35 "渲染"对话框

10.5　新 手 问 答

No.1：三维坐标系显示设置。

在三维视图中使用动态观察器旋转模型，以不同角度观察模型，单击"西南等轴测"按钮，返回原坐标系；单击"前视""后视""左视""右视"等按钮，观察模型后，再单击"西南等轴测"按钮，坐标系发生变化。

No.2："隐藏"命令的应用。

在创建复杂的模型时，一个文件中往往存在有多个实体造型，以至于无法观察被遮挡的实体，此时可以将当前不需要操作的实体造型隐藏起来，即可对需要操作的实体进行编辑操作。完成后再利用"显示所有实体"命令将隐藏的实体显示出来。

No.3：渲染图形的过程。

渲染功能代替了传统的建筑、机械和工程图形使用水彩、有色蜡笔和油墨等生成最终演示的渲染结果图。渲染图形的过程一般分为以下4步。

（1）准备渲染模型。包括遵从正确的绘图技术，删除消隐面，创建光滑的着色网格和设置视图的分辨率。

（2）创建和放置光源以及创建阴影。

（3）定义材质并建立材质与可见表面间的联系。

（4）进行渲染，包括检验渲染对象的准备、照明和颜色的中间步骤。

10.6　上 机 实 验

【练习】利用三维动态观察器观察泵盖图形。

扫一扫，看视频

1. 目的要求

为了更清楚地观察三维图形，了解三维图形各部分各方位的结构特征，需要从不同视角观察三维图形，利用三维动态观察器能够方便地对三维图形进行多方位的观察。通过如图 10.36 所示的图形，要求读者掌握从不同视角观察物体的方法。

2. 操作提示

（1）打开三维动态观察器。

（2）灵活利用三维动态观察器的各种工具进行动态观察。

图 10.36　泵盖

10.7　思 考 与 练 习

（1）下列对三维模型进行操作错误的是（　　）。

　A. 消隐指的是显示用三维线框表示的对象并隐藏表示后向面的直线

　B. 在三维模型使用着色后，使用"重画"命令可停止着色图形以网格显示

　C. 用于着色操作的工具条名称是"视觉样式"

　D. SHADEMODE 命令配合参数实现着色操作

（2）在 Streering Wheels 控制盘中，单击"动态观察"选项，可以围绕轴心进行动态观察，动态观察的轴心使用鼠标加（　　）键可以调整。

　A. Shift　　　　　B. Ctrl　　　　　C. Alt　　　　　D. Tab

（3）ViewCube 默认放置在绘图窗口的（　　）位置。

　A. 右上　　　　B. 右下　　　　　C. 左上　　　　　D. 左下

（4）关于 UCS 坐标图标默认样式，下面说明不正确的是（　　）。

　A. 三维图标样式　　　　　　　　　B. 线宽为 0

　C. 模型空间的图标颜色为白　　　　D. "布局"选项卡图标颜色为颜色 160

第 11 章　实 体 绘 制

本章导读

　　实体建模是 AutoCAD 三维建模中比较重要的一部分。实体模型能够完整描述对象的三维模型，比三维线框、三维曲面更能表达实物。本章重点介绍以下内容：基本三维实体的绘制、二维图形生成三维实体、三维实体的布尔运算、特殊视图等。

11.1　绘制基本三维实体

　　长方体、圆柱体等基本的三维实体是构成三维实体造型最基本的单元，也是最容易绘制的三维实体，本节先来学习这些基本三维实体的绘制方法。

11.1.1　长方体

【执行方式】

➢ 命令行：BOX。
➢ 菜单栏：选择菜单栏中的"绘图"→"建模"→"长方体"命令。
➢ 工具栏：单击"建模"工具栏中的"长方体"按钮▢。
➢ 功能区：单击"三维工具"选项卡"建模"面板中的"长方体"按钮▢。

【操作步骤】

命令行提示与操作如下：

命令：BOX✓
指定第一个角点或[中心(C)]：（指定第一点或按 Enter 键表示原点是长方体的角点，或输入 C 代表中心点）

【选项说明】

　　(1) 指定第一个角点：确定长方体的一个顶点的位置。选择该选项后，AutoCAD 继续提示：
指定其他角点或[立方体(C)/长度(L)]：（指定第二点或输入选项）

➢ 指定其他角点：输入另一角点的数值即可确定该长方体。如果输入的是正值，则沿着当前 UCS 的 X、Y 和 Z 轴的正向绘制长度；如果输入的是负值，则沿着当前 UCS 的 X、Y 和 Z 轴的负向绘制长度。图 11.1 所示为使用相对坐标绘制的长方体。
➢ 立方体(C)：创建一个长、宽、高相等的立方体。图 11.2 所示为使用指定长度命令创建的立方体。
➢ 长度(L)：要求输入长、宽、高的值。图 11.3 所示为使用长、宽和高命令创建的长方体。
　　(2) 中心(C)：指定中心点创建长方体。图 11.4 所示为使用中心点命令创建的长方体。

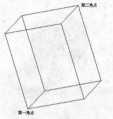

图 11.1　角点命令
方式

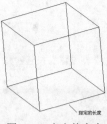

图 11.2　立方体命令
方式

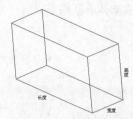

图 11.3　长、宽和高命令
方式

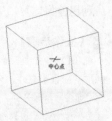

图 11.4　中心点命令
方式

11.1.2　圆柱体

🔍 【执行方式】

- ➢ 命令行：CYLINDER（快捷命令：CYL）。
- ➢ 菜单栏：选择菜单栏中的"绘图"→"建模"→"圆柱体"命令。
- ➢ 工具栏：单击"建模"工具栏中的"圆柱体"按钮▢。
- ➢ 功能区：单击"三维工具"选项卡"建模"面板中的"圆柱体"按钮▢。

🖌 【操作步骤】

命令行提示与操作如下：

命令：CYLINDER✓
指定底面的中心点或[三点(3P)/两点(2P)/切点、切点、半径(T)/椭圆(E)]：

🪶 【选项说明】

（1）指定底面的中心点：输入底面圆心的坐标（此选项为系统的默认选项），然后指定底面的半径和高度。AutoCAD 按指定的高度创建圆柱体，且圆柱体的中心线与当前坐标系的 Z 轴平行，如图 11.5 所示。也可以通过指定另一个端面的圆心来指定高度，AutoCAD 根据圆柱体两个端面的中心位置来创建圆柱体。该圆柱体的中心线就是两个端面的连线，如图 11.6 所示。

（2）椭圆(E)：绘制椭圆柱体。其中端面椭圆的绘制方法与平面椭圆一样，结果如图 11.7 所示。

图 11.5　按指定的高度创建
圆柱体

图 11.6　指定圆柱体另一个端面
的圆心创建圆柱体

图 11.7　椭圆柱体

其他的基本实体，如楔体、圆锥体、球体、圆环体等的绘制方法与上面讲述的长方体和圆柱体的绘制方法类似，此处不再赘述。

11.1.3　实例——绘制拨叉架

扫一扫，看视频

本实例利用前面学过的"长方体"和"圆柱体"命令绘制如图 11.8 所示的拨叉架。

本实例首先绘制长方体，完成架体的绘制，然后在架体不同的位置绘制圆柱体，最后利用差集运算，完成架体上孔的形成。

图 11.8　拨叉架

🖱️【操作步骤】

（1）单击"三维工具"选项卡"建模"面板中的"长方体"按钮，绘制顶端立板长方体，命令行提示与操作如下：

```
命令：_BOX
指定第一个角点或[中心(C)]:0.5,2.5,0
指定其他角点或[立方体(C)/长度(L)]：0,0,3
```

（2）单击"视图"选项卡"命名视图"面板中的"东南等轴测"按钮，设置视图角度，将当前视图设置为东南等轴测方向，结果如图 11.9 所示。

（3）单击"三维工具"选项卡"建模"面板中的"长方体"按钮，以角点坐标(0,2.5,0)、(@2.72,-0.5,3)绘制连接立板长方体，结果如图 11.10 所示。

（4）单击"三维工具"选项卡"建模"面板中的"长方体"按钮，以角点坐标(2.72,2.5,0)、(@-0.5,-2.5,3)、(2.22,0,0)、(@2.75,2.5,0.5)绘制其他部分的长方体。

（5）单击"视图"选项卡"导航"面板中的"范围"下拉菜单中的"全部"按钮，缩放图形，结果如图 11.11 所示。

（6）单击"三维工具"选项卡"实体编辑"面板中的"并集"按钮，合并上一步绘制的图形，结果如图 11.12 所示。

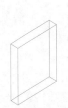  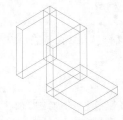 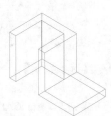

图 11.9　绘制的长方体　　图 11.10　绘制第二个长方体　　图 11.11　缩放图形　　图 11.12　合并图形

（7）单击"三维工具"选项卡"建模"面板中的"圆柱体"按钮，绘制圆柱体，命令行提示与操作如下：

```
命令：_CYLINDER
指定底面的中心点或[三点(3P)/两点(2P)/切点、切点、半径(T)/椭圆(E)]：0,1.25,2
指定底面半径或[直径(D)]<6.9726>：0.5
指定高度或[两点(2P)/轴端点(A)]<10.2511>：A
指定轴端点：0.5,1.25,2
命令：_CYLINDER
指定底面的中心点或[三点(3P)/两点(2P)/切点、切点、半径(T)/椭圆(E)]：2.22,1.25,2
指定底面半径或[直径(D)]<6.9726>：0.5
指定高度或[两点(2P)/轴端点(A)]<10.2511>：A
指定轴端点：2.72,1.25,2
```

结果如图 11.13 所示。

（8）单击"三维工具"选项卡"建模"面板中的"圆柱体"按钮，以(3.97,1.25,0)为中心点、0.75 为底面半径、0.5 为高度绘制圆柱体，结果如图 11.14 所示。

（9）单击"三维工具"选项卡"实体编辑"面板中的"差集"按钮，将轮廓建模与 3 个圆柱体进行差集运算。单击"视图"选项卡"视觉样式"面板中的"隐藏"按钮 ，对实体进行消隐。消隐之后的图形如图 11.15 所示。

图 11.13 绘制圆柱体（1）

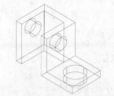
图 11.14 绘制圆柱体（2）

图 11.15 差集运算并消隐

11.2 特 征 操 作

特征操作命令包括拉伸、旋转、扫掠、放样等，此类命令的一个基本思想是利用二维图形生成三维实体造型。

11.2.1 拉伸

【执行方式】

➢ 命令行：EXTRUDE（快捷命令：EXT）。
➢ 菜单栏：选择菜单栏中的"绘图"→"建模"→"拉伸"命令。
➢ 工具栏：单击"建模"工具栏中的"拉伸"按钮 。
➢ 功能区：单击"三维工具"选项卡"建模"面板中的"拉伸"按钮 。

【操作步骤】

命令行提示与操作如下：

```
命令：_EXTRUDE
当前线框密度：ISOLINES=4，闭合轮廓创建模式 = 实体
选择要拉伸的对象或（模式MO）：
选择要拉伸的对象或[模式(MO)]：(选择要拉伸的对象后按 Enter 键)
指定拉伸的高度或[方向(D)/路径(P)/倾斜角(T)/表达式(E)]:P↙
选择拉伸路径或[倾斜角(T)]：
```

【选项说明】

（1）模式(MO)：指定拉伸对象是实体还是曲面。

（2）指定拉伸的高度：按指定的高度拉伸出三维实体或曲面对象。输入高度值后，根据实际需要，指定拉伸的倾斜角度。如果指定的角度为 0，则 AutoCAD 把二维对象按指定的高度拉伸为柱体；如果输入角度值，则拉伸后实体截面沿拉伸方向按此角度变化，成为一个棱台或圆台体。图 11.16 所示为以不同角度拉伸圆的结果。

（a）拉伸前

（b）拉伸锥角为 0°

（c）拉伸锥角为 10°

（d）拉伸锥角为-10°

图 11.16 拉伸圆

（3）方向(D)：通过指定的两点指定拉伸的长度和方向。

（4）路径(P)：以现有图形对象作为拉伸创建三维实体或曲面对象。图 11.17 所示为沿圆弧曲线路径拉伸圆的结果。

（5）倾斜角(T)：用于拉伸的倾斜角是两个指定间的距离。

（6）表达式(E)：输入公式或方程式以指定拉伸高度。

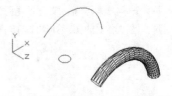

（a）拉伸前　　　（b）拉伸后

图 11.17　沿路径曲线拉伸

扫一扫，看视频

11.2.2　实例——绘制旋塞体

本实例绘制如图 11.18 所示的旋塞体。

🖱【操作步骤】

（1）单击"默认"选项卡"绘图"面板中的"圆"按钮 ⊙，以(0,0,0)为圆心，分别以 30、40 和 50 为半径绘制圆。

（2）单击"可视化"选项卡"命名视图"面板中的"西南等轴测"按钮 ◈，将当前视图设置为西南等轴测方向，如图 11.19 所示。

图 11.18　旋塞体

图 11.19　绘制的圆

（3）单击"三维工具"选项卡"建模"面板中的"拉伸"按钮 █，拉伸半径为 50 的圆生成圆柱体，拉伸高度为 10。命令行提示与操作如下：

```
命令：_EXTRUDE
当前线框密度:ISOLINES=4，闭合轮廓创建模式 = 实体
选择要拉伸的对象或[模式(MO)]：（拾取半径为 50 的圆）
选择要拉伸的对象或[模式(MO)]：
指定拉伸的高度或[方向(D)/路径(P)/倾斜角(T)/表达式(E)] <6.5230>:10
```

（4）单击"三维工具"选项卡"建模"面板中的"拉伸"按钮 █，拉伸半径为 40 和 30 的圆，倾斜角度为 10，拉伸高度为 80。命令行提示与操作如下：

```
命令：_EXTRUDE
当前线框密度：ISOLINES=4，闭合轮廓创建模式 = 实体
选择要拉伸的对象或[模式(MO)]：（拾取半径为 40 和 30 的圆）
选择要拉伸的对象或[模式(MO)]：
指定拉伸的高度或[方向(D)/路径(P)/倾斜角(T)/表达式(E)]<689.2832>：T
指定拉伸的倾斜角度或[表达式(E)]<0>：10
指定拉伸的高度或[方向(D)/路径(P)/倾斜角(T)/表达式(E)]<689.2832>：80
```

结果如图 11.20 所示。

（5）单击"三维工具"选项卡"实体编辑"面板中的"并集"按钮 ◩，合并半径为 40 和 50 的圆柱体。

（6）单击"三维工具"选项卡"实体编辑"面板中的"差集"按钮 ◩，选择底座与半径为 30 的圆柱体进行差集运算。消隐之后如图 11.21 所示。

（7）创建圆柱体。单击"三维工具"选项卡"建模"面板中的"圆柱体"按钮 ◪，以(-20,0,50)为底面中心点，绘制半径为 15、轴端点为((@-50,0,0)的圆柱体。同理，绘制半径为 20 的圆柱体。

（8）单击"三维工具"选项卡"实体编辑"面板中的"差集"按钮 ◩，选择半径为 20 的圆柱与半径为 15 的圆柱体进行差集运算。

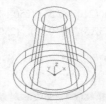

图 11.20　拉伸生成圆柱体

图 11.21　并集和差集处理

（9）单击"三维工具"选项卡"实体编辑"面板中的"并集"按钮 ，选择所有建模进行合并。消隐之后如图 11.18 所示。

11.2.3　旋转

【执行方式】

➤ 命令行：REVOLVE（快捷命令：REV）。
➤ 菜单栏：选择菜单栏中的"绘图"→"建模"→"旋转"命令。
➤ 工具栏：单击"建模"工具栏中的"旋转"按钮 。
➤ 功能区：单击"三维工具"选项卡"建模"面板中的"旋转"按钮 。

【操作步骤】

命令行提示与操作如下：

```
命令：REVOLVE✓
当前线框密度：ISOLINES=4，闭合轮廓创建模式 = 实体
选择要旋转的对象[模式(MO)]：（选择绘制好的二维对象）
选择要旋转的对象[模式(MO)]：（可继续选择对象或按 Enter 键结束选择）
指定轴起点或根据以下选项之一定义轴[对象(O)/X/Y/Z]<对象>：
```

【选项说明】

（1）模式(MO)：指定旋转对象是实体还是曲面。

（2）指定轴起点：通过两个点来定义旋转轴。AutoCAD 将按指定的角度和旋转轴旋转二维对象。

（3）对象(O)：选择已经绘制好的直线或用"多段线"命令绘制的直线段为旋转轴线。

（4）X(Y)轴：将二维对象绕当前坐标系（UCS）的 X(Y)轴旋转。图 11.22 所示为矩形绕平行 X 轴的轴线旋转的结果。

（a）旋转界面　　　（b）旋转后的实体

图 11.22　旋转体

11.2.4　实例——绘制带轮

分析如图 11.23 所示的带轮，它除了有比较规则的建模部分外，还有不规则的部分，如弧形孔。通过绘制带轮，用户应该学会创建复杂建模的方法，如何从简单到复杂，如何从规则图形到不规则图形。

图 11.23　带轮

【操作步骤】

1．绘制截面轮廓线

单击"默认"选项卡"绘图"面板中的"多段线"按钮 ，绘制轮廓线。在命令行的提示下

扫一扫，看视频

依次输入坐标(0,0)、(0,240)、(250,240)、(250,220)、(210,207.5)、(210,182.5)、(250,170)、(250,145)、(210,132.5)、(210,107.5)、(250,95)、(250,70)、(210,57.5)、(210,32.5)、(250,20)、(250,0)，完成之后输入 C，结果如图 11.24 所示。

2. 创建旋转实体

（1）单击"三维工具"选项卡"建模"面板中的"旋转"按钮，指定轴起点(0,0)和轴端点(0,240)，旋转角度为 360°，旋转轮廓线。命令行提示与操作如下：

```
命令：_REVOLVE
当前线框密度：ISOLINES=4，闭合轮廓创建模式 = 实体
选择要旋转的对象或[模式(MO)]：（选取上步绘制的多段线）
选择要旋转的对象或[模式(MO)]：
指定轴起点或根据以下选项之一定义轴[对象(O)/X/Y/Z]<对象>：0,0
指定轴端点：0,240
指定旋转角度或[起点角度(ST)/反转(R)/表达式(EX)]<360>：360
```

（2）单击"视图"选项卡"命名视图"面板中的"西南等轴测"按钮，切换视图。

（3）单击"视图"选项卡"视觉样式"面板中的"隐藏"按钮，结果如图 11.25 所示。

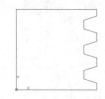

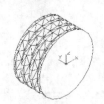

图 11.24　截面轮廓线　　　　　　　　图 11.25　旋转后的带轮

3. 绘制轮毂

（1）设置新的坐标系，在命令行中输入 UCS 命令，使坐标系绕 X 轴旋转 90°。

（2）单击"默认"选项卡"绘图"面板中的"圆"按钮，绘制一个圆心在原点、半径为 190 的圆。

（3）单击"默认"选项卡"绘图"面板中的"圆"按钮，绘制圆心在(0,0,-250)、半径为 190 的圆。

（4）单击"默认"选项卡"绘图"面板中的"圆"按钮，绘制圆心在(0,0,-45)、半径为 50 的圆。

（5）单击"默认"选项卡"绘图"面板中的"圆"按钮，绘制圆心在(0,0,-45)、半径为 80 的圆，如图 11.26 所示。

（6）单击"三维工具"选项卡"建模"面板中的"拉伸"按钮，拉伸离原点较近的半径为 190 的圆，拉伸高度为-85。

（7）按上述方法拉伸离原点较远的半径为 190 的圆，高度为 85。拉伸半径为 50 和 80 的圆，高度为-160。此时图形如图 11.27 所示。

（8）单击"三维工具"选项卡"实体编辑"面板中的"差集"按钮，从带轮主体中减去半径为 190 的拉伸的建模，对拉伸后的建模进行布尔运算。

（9）单击"三维工具"选项卡"实体编辑"面板中的"并集"按钮，将带轮主体与半径为 80 的拉伸的建模进行计算。

（10）单击"三维工具"选项卡"实体编辑"面板中的"差集"按钮，从带轮主体中减去

半径为 50 拉伸的建模。

（11）单击"视图"选项卡"视觉样式"面板中的"带边缘着色"按钮，对建模带边框的体进行着色，此时图形结果如图 11.28 所示。

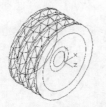 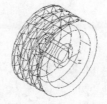 

图 11.26　带轮的中间图　　　图 11.27　拉伸后的建模　　　图 11.28　带轮的着色图

4. 绘制孔

（1）选择菜单栏中的"视图"→"三维视图"→"平面视图"→"当前 UCS"命令。

（2）单击"视图"选项卡"视觉样式"面板中的"二维线框"按钮，显示二维线框图。

（3）单击"默认"选项卡"绘图"面板中的"圆"按钮，绘制 3 个圆心在原点，半径分别为 170、100 和 135 的圆。

（4）单击"默认"选项卡"绘图"面板中的"圆"按钮，绘制一个圆心在(135,0)、半径为 35 的圆。

（5）单击"默认"选项卡"修改"面板中的"复制"按钮，复制半径为 35 的圆，并将它放在原点。

（6）单击"默认"选项卡"修改"面板中的"移动"按钮，移动在原点的半径为 35 的圆，移动位移@135<60。

（7）单击"默认"选项卡"修改"面板中的"修剪"按钮，删除多余的线段。此时图形如图 11.29 所示。

（8）单击"默认"选项卡"修改"面板中的"编辑多段线"按钮，将弧形孔的边界编辑成一条封闭的多段线。

（9）单击"默认"选项卡"修改"面板中的"环形阵列"按钮，对图形进行阵列。设置中心点为(0,0)，项目总数为 3。单击"默认"选项卡"修改"面板中的"分解"按钮，分解环形面，此时图形如图 11.30 所示。

（10）单击"三维工具"选项卡"建模"面板中的"拉伸"按钮，拉伸绘制的 3 个弧形面，拉伸高度为-240。

（11）单击"视图"选项卡"命名视图"面板中的"西南等轴测"按钮，改变视图的观察方向，结果如图 11.31 所示。

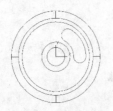  

图 11.29　弧形的边界　　　图 11.30　弧形面阵列图　　　图 11.31　拉伸弧形面

（12）单击"三维工具"选项卡"实体编辑"面板中的"差集"按钮 ，将 3 个弧形建模从带轮建模中减去。

为便于观看，通过三维动态观察器将带轮旋转一个角度。最终图形如图 11.23 所示。

11.2.5　扫掠

【执行方式】

➢ 命令行：SWEEP。
➢ 菜单栏：选择菜单栏中的"绘图"→"建模"→"扫掠"命令。
➢ 工具栏：单击"建模"工具栏中的"扫掠"按钮 。
➢ 功能区：单击"三维工具"选项卡"建模"面板中的"扫掠"按钮 。

【操作步骤】

命令行提示与操作如下：

命令：SWEEP✔
当前线框密度：ISOLINES=2000，闭合轮廓创建模式 = 实体
选择要扫掠的对象或[模式(MO)]：（选择对象，如图 11.32（a）中的圆）
选择要扫掠的对象或[模式(MO)]：✔
选择扫掠路径或[对齐(A)/基点(B)/比例(S)/扭曲(T)]：（选择对象，如图 11.32（a）中的螺旋线）

扫掠结果如图 11.32（b）所示。

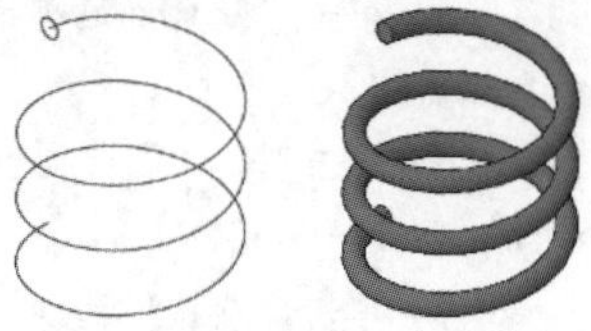

（a）对象和路径　（b）结果
图 11.32　扫掠

【选项说明】

（1）模式(MO)：指定扫掠对象为实体还是曲面。

（2）对齐(A)：指定是否对齐轮廓以使其作为扫掠路径切向的法向。默认情况下，轮廓是对齐的。选择该项，系统提示如下：

扫掠前对齐垂直于路径的扫掠对象[是(Y)/否(N)]<是>：（输入 N 指定轮廓无须对齐或按 Enter 键指定轮廓将对齐）

新手注意：

如果轮廓曲线不垂直于（法线指向）路径曲线起点的切向，则轮廓曲线将自动对齐。出现对齐提示时输入 N 以避免该情况的发生。

（3）基点(B)：指定要扫掠对象的基点。如果指定的点不在选定对象所在的平面上，则该点将被投影到该平面上。选择该项，系统提示如下：

指定基点：（指定选择集的基点）

（4）比例(S)：指定比例因子以进行扫掠操作。从扫掠路径的开始到结束，比例因子将统一应用到扫掠的对象。选择该项，系统提示如下：

输入比例因子或[参照(R)/表达式(E)]<1.0000>：（指定比例因子、输入 R 调用参照选项或按 Enter 键指定默认值）

其中，"参照(R)"选项表示通过拾取点或输入值来根据参照的长度缩放选定的对象。

（5）扭曲(T)：设置正被扫掠的对象的扭曲角度。扭曲角度指定沿扫掠路径全部长度的旋转量。选择该项，系统提示如下：

输入扭曲角度或允许非平面扫掠路径倾斜[倾斜(B)/表达式(EX)]<n>：（指定小于 360°的角度

值、输入 B 打开倾斜或按 Enter 键指定默认角度值)

倾斜指定被扫掠的曲线是否沿三维扫掠路径(三维多线段、三维样条曲线或螺旋)自然倾斜(旋转)。图 11.33 所示为扭曲扫掠示意图。

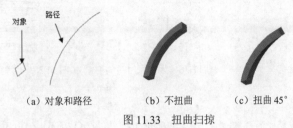

（a）对象和路径　　　　（b）不扭曲　　（c）扭曲45°

图 11.33　扭曲扫掠

扫一扫，看视频

11.2.6　实例——绘制六角螺栓

本实例绘制如图 11.34 所示的六角螺栓。

【操作步骤】

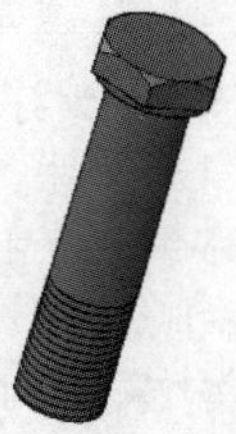

1．调整视图

单击"可视化"选项卡"命名视图"面板中的"西南等轴测"按钮，将当前视图设置为西南等轴测方向。

图 11.34　六角螺栓

2．创建螺纹

（1）单击"默认"选项卡"绘图"面板中的"螺旋"按钮，绘制螺纹轮廓。命令行提示与操作如下：

```
命令：_HELIX
圈数=3.0000       扭曲=CCW
指定底面的中心点：0，0，-1
指定底面半径或[直径(D)]<1.0000>：5
指定顶面半径或[直径(D)]<5.0000>：
指定螺旋高度或[轴端点(A)/圈数(T)/圈高(H)/扭曲(W)]<1.0000>：T
输入圈数 <3.0000>：17
指定螺旋高度或[轴端点(A)/圈数(T)/圈高(H)/扭曲(W)]<1.0000>：17
```

结果如图 11.35 所示。

高手点拨：

为使螺旋线起点如图 11.35 所示，在绘制螺旋线时，把鼠标指向该方向，如果绘制的螺旋线起点与图 11.35 不同，则在后面生成螺纹的操作中会出现错误。

（2）单击"视图"选项卡"命名视图"面板中的"右视"按钮，将视图切换到右视方向。

（3）单击"默认"选项卡"绘图"面板中的"直线"按钮，捕捉螺旋线的上端点绘制牙型截面轮廓，尺寸如图 11.36 所示；单击"默认"选项卡"绘图"面板中的"面域"按钮，将其创建成面域，结果如图 11.37 所示。

图 11.35　绘制螺旋线

图 11.36　牙型尺寸

图 11.37　绘制牙型截面轮廓

高手点拨：

理论上讲，由于螺旋线的圈高是 1，图 11.36 中的牙型尺寸可以是 1，但由于计算机计算误差，如果将牙型尺寸设置成 1，有时会导致螺纹无法生成。

（4）单击"视图"选项卡"命名视图"面板中的"西南等轴测"按钮 ，将当前视图切换到西南等轴测方向。

（5）单击"三维工具"选项卡"建模"面板中的"扫掠"按钮 ，命令行提示与操作如下：

```
命令：SWEEP✓
当前线框密度:ISOLINES=10，闭合轮廓创建模式 = 实体
选择要扫掠的对象或[模式(MO)]：(选择对象，如图 11.36 所示绘制的牙型)
选择要扫掠的对象或[模式(MO)]：✓
选择扫掠路径或[对齐(A)/基点(B)/比例(S)/扭曲(T)]：(选择对象，如图 11.37 所示的螺旋线)
```

扫掠结果如图 11.38 所示。

高手点拨：

这一步操作，读者容易遇到扫掠出的实体出现扭曲的现象，无法形成螺纹，出现这种情况的原因是没有严格按照前面介绍的步骤进行操作。

（6）创建圆柱体。单击"三维工具"选项卡"建模"面板中的"圆柱体"按钮 ，以坐标点 (0,0,0) 为底面中心点，创建半径为 5、轴端点为 ((@0,15,0)) 的圆柱体 1；以坐标点 (0,0,0) 为底面中心点，创建半径为 6、轴端点为 ((@0,-3,0)) 的圆柱体 2；以坐标点 (0,15,0) 为底面中心点，创建半径为 6、轴端点为 ((@0,3,0)) 的圆柱体 3，结果如图 11.39 所示。

（7）布尔运算处理。单击"三维工具"选项卡"实体编辑"面板中的"差集"按钮 ，将从半径为 5 的圆柱体 1 中减去螺纹。

（8）单击"三维工具"选项卡"实体编辑"面板中的"差集"按钮 ，从主体中减去半径为 6 的两个圆柱体 2、3。消隐后结果如图 11.40 所示。

3. 绘制中间圆柱体

单击"三维工具"选项卡"建模"面板中的"圆柱体"按钮 ，绘制底面中心点在 (0, 0, 0)、半径为 5、顶圆中心点为 ((@0, -25, 0)) 的圆柱体 4。消隐后结果如图 11.41 所示。

4. 绘制螺栓头部

（1）在命令行中输入 UCS 命令，返回世界坐标系。

图 11.38　扫掠实体　　　　　图 11.39　创建圆柱体　　　　　图 11.40　差集运算结果

（2）单击"三维工具"选项卡"建模"面板中的"圆柱体"按钮，以坐标点(0, 0, -26)为底面中心点，创建半径为 7、高度为 1 的圆柱体 5。消隐后结果如图 11.42 所示。

（3）单击"默认"选项卡"绘图"面板中的"多边形"按钮，以坐标点(0, 0, -26)为中心点，创建内切圆半径为 8 的正六边形，如图 11.43 所示。

（4）单击"三维工具"选项卡"建模"面板中的"拉伸"按钮，拉伸上一步创建的六边形截面，拉伸高度为-5。消隐后结果如图 11.44 所示。

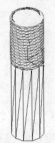
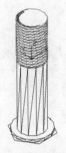
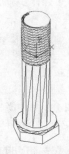

图 11.41　绘制圆柱体 4　　图 11.42　绘制圆柱体 5　　图 11.43　绘制拉伸截面　　图 11.44　拉伸截面

（5）单击"视图"选项卡"命名视图"面板中的"前视"按钮，设置视图方向。

（6）单击"默认"选项卡"绘图"面板中的"直线"按钮，绘制直角边长为 1 的等腰直角三角形，结果如图 11.45 所示。

（7）单击"默认"选项卡"绘图"面板中的"面域"按钮，将上一步绘制的三角形截面创建为面域。

（8）单击"三维工具"选项卡"建模"面板中的"旋转"按钮，选择上一步创建的三角形面域，选择 Y 轴为旋转轴，旋转角度为 360°旋转截面。消隐后结果如图 11.46 所示。

（9）单击"三维工具"选项卡"实体编辑"面板中的"差集"按钮，从拉伸实体中减去旋转实体。消隐后结果如图 11.47 所示。

（10）单击"三维工具"选项卡"实体编辑"面板中的"并集"按钮，合并所有图形。

（11）单击"视图"选项卡"命名视图"面板中的"西南等轴测"按钮，将当前视图设置为西南等轴测方向。

（12）选择菜单栏中的"视图"→"视觉样式"→"消隐"命令，对合并实体进行消隐，结果如图 11.48 所示。

（13）选择菜单栏中的"视图"→"视觉样式"→"概念"命令，最终效果如图 11.34 所示。

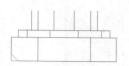
图 11.45　绘制旋转截面

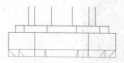
图 11.46　旋转截面

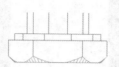
图 11.47　差集运算

图 11.48　消隐合并实体

11.2.7　放样

🔧【执行方式】

➤ 命令行：LOFT。
➤ 菜单栏：选择菜单栏中的"绘图"→"建模"→"放样"命令。
➤ 工具栏：单击"建模"工具栏中的"放样"按钮。
➤ 功能区：单击"三维工具"选项卡"建模"面板中的"放样"按钮。

📝【操作步骤】

命令行提示与操作如下：

```
命令：LOFT↙
当前线框密度：ISOLINES=4，闭合轮廓创建模式 = 实体
按放样次序选择横截面或[点(PO)/合并多条边(J)/模式(MO)]：
按放样次序选择横截面或[点(PO)/合并多条边(J)/模式(MO)]：（依次选
择图11.49中的3个截面）
输入选项[导向(G)/路径(P)/仅横截面(C)/设置(S)] <仅横截面>:S
```

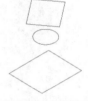
图 11.49　选择截面

🏆【选项说明】

（1）设置(S)：选择该项，系统打开"放样设置"对话框，如图 11.50 所示。其中有 4 个单选按钮选项，图 11.51（a）所示为选择"直纹"单选按钮的放样结果示意图；图 11.51（b）所示为选择"平滑拟合"单选按钮的放样结果示意图；图 11.51（c）所示为选择"法线指向"单选按钮中的"所有横截面"选项的放样结果示意图；图 11.51（d）所示为选择"拔模斜度"单选按钮并设置"起点角度"为 45°、"起点幅值"为 10、"端点角度"为 60°、"端点幅值"为 10 的放样结果示意图。

图 11.50　"放样设置"对话框

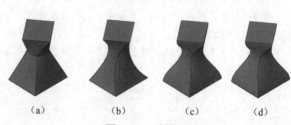
　　（a）　　　　　（b）　　　　　（c）　　　　　（d）
图 11.51　放样示意图

（2）导向(G)：指定控制放样实体或曲面形状的导向曲线。导向曲线是直线或曲线，可通过将其他线框信息添加至对象来进一步定义实体或曲面形状，如图 11.52 所示。选择该项，系统提示如下：

　　选择导向轮廓或[合并多条边(J)]：（选择放样实体或曲面的导向曲线，然后按 Enter 键）

（3）路径(P)：指定放样实体或曲面的单一路径，如图 11.53 所示。选择该项，系统提示如下：

　　选择路径轮廓：（指定放样实体或曲面的单一路径）

可以为放样曲面或实体选择任意数量的导向曲线。

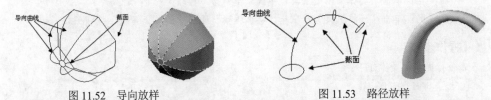

图 11.52　导向放样　　　　　　　图 11.53　路径放样

新手注意：

路径曲线必须与横截面的所有平面相交。

每条导向曲线必须满足以下条件才能正常工作。

➤ 与每个横截面相交。

➤ 从第一个横截面开始。

➤ 到最后一个横截面结束。

11.2.8　拖动

【执行方式】

➤ 命令行：PRESSPULL。

➤ 工具栏：单击"建模"工具栏中的"按住并拖动"按钮。

➤ 功能区：单击"三维工具"功能区"实体编辑"面板中的"按住并拖动"按钮。

【操作步骤】

命令行提示与操作如下：

命令：PRESSPULL✓
选择对象或边界区域：
指定拉伸高度或[多个(M)]：

选择有限区域后，按住鼠标并拖动，对相应的区域进行拉伸变形。图 11.54 所示为选择圆台上表面按住并拖动的结果。

（a）圆台　（b）向下拖动　（c）向上拖动

图 11.54　按住并拖动

11.3　三维倒角与圆角

与二维图形中用到的"倒角"命令和"倒圆"命令相似，三维造型设计中，有时也要用到这两个命令。命令虽然相同，但在三维造型设计中，其执行方式有所区别，下面简要介绍。

11.3.1 倒角

🔵【执行方式】

> 命令行：CHAMFEREDGE。
> 菜单栏：选择菜单栏中的"修改"→"实体编辑"→"倒角边"命令。
> 工具栏：单击"实体编辑"工具栏中的"倒角边"按钮 🔷。
> 功能区：单击"三维工具"选项卡"实体编辑"面板中的"倒角边"按钮 🔶。

🔵【操作步骤】

命令行提示与操作如下：

```
命令：CHAMFEREDGE↙
距离 1 = 0.0000，距离 2 = 0.0000
选择一条边或[环(L)/距离(D)]：
```

🔵【选项说明】

（1）选择一条边：选择建模的一条边，此选项为系统的默认选项。选择某一条边以后，边就变成虚线。

（2）环(L)：如果选择"环(L)"选项，则对一个面上的所有边建立倒角，命令行继续出现如下提示：

```
选择环边或[边(E)/距离(D)]：（选择环边）
输入选项[接收(A)/下一个(N)]<接收>：↙
选择环边或[边(E)/距离(D)]：↙
按 Enter 键接收倒角或[距离(D)]：↙
```

（3）距离(D)：如果选择"距离(D)"选项，则输入倒角距离。

图 11.55 所示为对长方体进行倒角的结果。

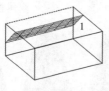
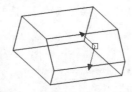
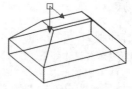

（a）选择倒角边 1　　　　　　（b）选择边倒角　　　　　　（c）选择环倒角

图 11.55　对长方体进行倒角

11.3.2 圆角

🔵【执行方式】

> 命令行：FILLETEDGE。
> 菜单栏：选择菜单栏中的"修改"→"三维编辑"→"圆角边"命令。
> 工具栏：单击"实体编辑"工具栏中的"圆角边"按钮 🔵。
> 功能区：单击"三维工具"选项卡"实体编辑"面板中的"圆角边"按钮 🔵。

🔵【操作步骤】

命令行提示与操作如下：

```
命令：FILLETEDGE↙
半径 = 1.0000
选择边或[链(C)/环(L)/半径(R)]：（选择建模上的一条边）↙
已选定 1 个边用于圆角
按 Enter 键接收圆角或[半径（R）]：↙
```

🔹 【选项说明】

选择"链(C)"选项，表示与此边相邻的边都被选中并进行倒圆角的操作。图 11.56 所示为对模型棱边进行倒圆角的结果。

(a) 选择倒圆角边 1　　(b) 边倒圆角结果　　(c) 链倒圆角结果

图 11.56　对模型棱边进行倒圆角

11.3.3　实例——绘制手柄

本实例绘制如图 11.57 所示的手柄。

🖱 【操作步骤】

（1）利用 ISOLINES 命令设置线框密度为 10。

（2）单击"默认"选项卡"绘图"面板中的"圆"按钮⊙，绘制半径为 13 的圆。

（3）单击"默认"选项卡"绘图"面板中的"构造线"按钮✎，过 R13 圆的圆心绘制竖直与水平辅助线。绘制结果如图 11.58 所示。

（4）单击"默认"选项卡"修改"面板中的"偏移"按钮⊑，将竖直辅助线向右偏移 83。

（5）单击"默认"选项卡"绘图"面板中的"圆"按钮⊙，捕捉最右边竖直辅助线与水平辅助线的交点，绘制半径为 7 的圆。绘制结果如图 11.59 所示。

图 11.57　手柄

图 11.58　圆及辅助线

图 11.59　绘制 R7 圆

（6）单击"默认"选项卡"修改"面板中的"偏移"按钮⊑，将水平辅助线向上偏移 13。

（7）单击"默认"选项卡"绘图"面板中的"圆"按钮⊙，绘制与 R7 圆及偏移水平辅助线相切、半径为 65 的圆；继续绘制与 R65 圆及 R13 圆相切、半径为 R45 的圆。绘制结果如图 11.60 所示。

（8）单击"默认"选项卡"修改"面板中的"修剪"按钮✂，对所绘制的图形进行修剪，修剪结果如图 11.61 所示。

（9）单击"默认"选项卡"修改"面板中的"删除"按钮✎，删除辅助线。单击"默认"选项卡"绘图"面板中的"直线"按钮╱，绘制直线。

（10）单击"默认"选项卡"绘图"面板中的"面域"按钮◎，选择全部图形创建面域，结果如图 11.62 所示。

（11）单击"三维工具"选项卡"建模"面板中的"旋转"按钮🌀，以水平线为旋转轴，旋转创建的面域。单击"视图"选项卡"命名视图"面板中的"西南等轴测"按钮◈，将视图切换到西南等轴测，如图 11.63 所示。

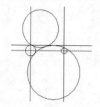

图 11.60　绘制 R65 及 R45 圆　　　　图 11.61　修剪图形　　　　图 11.62　创建面域

（12）单击"视图"选项卡"命名视图"面板中的"左视"按钮🔲，切换到左视图。在命令行中输入 UCS，命令行提示与操作如下：

```
命令：UCS✓
当前 UCS 名称：*左视 *
指定 UCS 的原点或[面(F)/命名(NA)/对象(OB)/上一个(P)/视图(V)/世界(W)/X/Y/Z/Z
轴(ZA)] <世界>：（捕捉左端圆心）
指定 X 轴上的点或 <接收>：
```

（13）单击"三维工具"选项卡"建模"面板中的"圆柱体"按钮🔲，以坐标原点为圆心，创建高为 15、半径为 8 的圆柱体。单击"视图"选项卡"命名视图"面板中的"西南等轴测"按钮🔷，将视图切换到西南等轴测，结果如图 11.64 所示。

（14）单击"三维工具"选项卡"实体编辑"面板中的"倒角边"按钮🔷，对圆柱体进行倒角，倒角距离为 2。命令行提示与操作如下：

```
命令：CHAMFEREDGE✓
距离 1 = 0.0000，距离 2 = 0.0000
选择第一条边或[环(L)/距离(D)]：D✓
指定距离 1 或[表达式(E)]<1.0000>：2✓
指定距离 2 或[表达式(E)]<1.0000>：2✓
选择一条边或[环(L)/距离(D)]：（选择圆柱体要倒角的边）✓
选择同一个面上的其他边或[环(L)/距离(D)]：✓
按 Enter 键接收倒角或[距离(D)]：✓
```

倒角结果如图 11.65 所示。

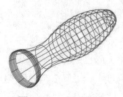　　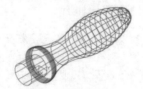　　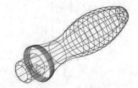

图 11.63　创建柄体　　　　图 11.64　创建手柄头部　　　　图 11.65　倒角结果

（15）单击"三维工具"选项卡"实体编辑"面板中的"并集"按钮🔳，将手柄头部与手柄把进行并集运算。

（16）单击"三维工具"选项卡"实体编辑"面板中的"圆角边"按钮🔳，将手柄头部与柄体的交线柄体端面圆进行倒圆角，圆角半径为 1。命令行提示与操作如下：

```
命令：FILLETEDGE✓
半径 = 1.0000
选择边或[链(C)/环(L)/半径(R)]：（选择倒圆角的一条边）
选择边或[链(C)/环(L)/半径(R)]：R✓
```

输入圆角半径或[表达式(E)]<1.0000>:1✓

选择边或[链(C)/环(L)/半径(R)]:✓

按 Enter 键接收圆角或[半径(R)]:✓

（17）在菜单栏中选择"视图"→"视觉样式"→"概念"命令，最终效果如图 11.57 所示。

11.4　特　殊　视　图

剖切断面是了解三维造型内部结构的一种常用方法，不同于二维平面图中利用"图案填充"等命令人为机械地去绘制断面图，在三维造型设计中，系统可以根据已有的三维造型灵活地生成各种剖面图、断面图。

11.4.1　剖切

【执行方式】

➢ 命令行：SLICE。

➢ 菜单栏：选择菜单栏中的"修改"→"三维操作"→"剖切"命令。

➢ 功能区：单击"三维工具"选项卡"实体编辑"面板中的"剖切"按钮 🪧。

【操作步骤】

命令行提示与操作如下：

命令：SLICE ✓

选择要剖切的对象：(选择要剖切的实体)

选择要剖切的对象：(继续选择或按 Enter 键结束选择)

指定切面的起点或[平面对象(O)/曲面(S)/Z 轴(Z)/视图(V)/XY(XY)/YZ(YZ)/ZX(ZX)/三点(3)] <三点>:

【选项说明】

（1）平面对象(O)：将所选择的对象所在的平面作为剖切面。

（2）曲面(S)：将剪切平面与曲面对齐。

（3）Z 轴(Z)：通过在平面上指定一点和在平面的 Z 轴（法线）上指定另一点来定义剖切面。

（4）视图(V)：以平行于当前视图的平面作为剖切面。

（5）XY / YZ /ZX：将剖切平面与当前用户坐标系的 XY 平面/YZ 平面/ZX 平面对齐。图 11.66 所示为剖切三维实体图。

（6）三点(3)：根据空间的 3 个点确定的平面作为剖切面。确定剖切面后，系统会提示保留一侧或两侧。

(a) 剖切前的三维实体　　(b) 剖切后的实体

图 11.66　剖切三维实体

11.4.2　实例——绘制阀杆

本实例绘制如图 11.67 所示的阀杆。

【操作步骤】

1. 设置线框密度

在命令行中输入 ISOLINES 命令，默认值为 8，设置系统变量值为 10。

图 11.67　阀杆

扫一扫，看视频

2. 设置视图方向

单击"视图"选项卡"命名视图"面板中的"西南等轴测"按钮◈，将视图切换到西南等轴测。

3. 设置用户坐标系

在命令行中输入 UCS 命令，将坐标系统 X 轴旋转 90°。

4. 绘制阀杆主体

（1）绘制圆柱体。单击"三维工具"选项卡"建模"面板中的"圆柱体"按钮▯，采用"指定底面圆心点、底面半径和高度"的模式绘制圆柱体 1，以原点为圆心、半径为 7、高度为 14。

采用"指定底面圆心点、底面直径和高度"的模式绘制其余圆柱体，参数如下。

1）圆柱体 2：圆心(0, 0, 14)，直径为 14，高度为 24。

2）圆柱体 3：圆心(0, 0, 38)，直径为 18，高度为 5。

3）圆柱体 4：圆心(0, 0, 43)，直径为 18，高度为 5。

绘制圆柱体结果如图 11.68 所示。

（2）创建球。单击"三维工具"选项卡"建模"面板中的"球体"按钮◯，在点(0, 0, 30)处绘制半径为 20 的球体，结果如图 11.69 所示。

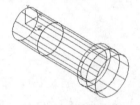

图 11.68　绘制圆柱体

图 11.69　创建球

（3）设置视图方向。单击"视图"选项卡"命名视图"面板中的"左视"按钮▱，设置视图方向为左视图。

（4）剖切球与圆柱体 4。单击"三维工具"选项卡"实体编辑"面板中的"剖切"按钮▤，对球及右部φ18 圆柱 4 进行对称剖切，保留实体中部。命令行提示与操作如下：

```
命令：SLICE✓
选择要剖切的对象：（选取球及右部φ18 圆柱 4）
选择要剖切的对象：
指定切面的起点或[平面对象(O)/曲面(S)/z 轴(Z)/视图(V)/xy(XY)/yz(YZ)/zx(ZX)/三
点(3)] <三点>：ZX
指定 zx 平面上的点 <0,0,0>：0,4.25
在所需的侧面上指定点或[保留两个侧面(B)]<保留两个侧面>：（选取下方为保留部分）
命令：SLICE✓
选择要剖切的对象：（选取球及右部φ18 圆柱 4）
选择要剖切的对象：
指定切面的起点或[平面对象(O)/曲面(S)/z 轴(Z)/视图(V)/xy(XY)/yz(YZ)/ zx(ZX)/
三点(3)] <三点>：ZX
指定 zx 平面上的点 <0,0,0>：0,-4.25
在所需的侧面上指定点或[保留两个侧面(B)]<保留两个侧面>：（选取上方为保留部分）
```

结果如图 11.70 所示。

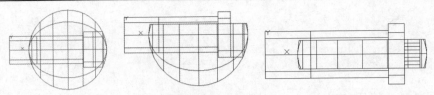

图 11.70　剖切后的实体

（5）剖切球。单击"三维工具"选项卡"实体编辑"面板中的"剖切"按钮，选取球为剖切对象，以 **YZ** 为剖切面，指定剖切面上的点为(48, 0)，对球进行剖切，保留球的右部。结果如图 11.71 所示。

图 11.71　剖切球

5．绘制细部特征

（1）设置视图方向。单击"视图"选项卡"命名视图"面板中的"西南等轴测"按钮，将视图切换到西南等轴测。

（2）对左端ϕ14 圆柱体 1 进行倒角操作。单击"三维工具"选项卡"实体编辑"面板中的"倒角边"按钮，对齿轮边缘进行倒直角操作。命令行提示与操作如下：

```
命令：_CHAMFEREDGE
距离 1 = 1.0000，距离 2 = 1.0000
选择一条边或[环(L)/距离(D)]：（选择圆柱 1 边线）
选择同一个面上的其他边或[环(L)/距离(D)]：
按 Enter 键接收倒角或[距离(D)]：D
指定基面倒角距离或[表达式(E)]<1.0000>：3
指定其他曲面倒角距离或[表达式(E)]<1.0000>：3
按 Enter 键接收倒角或[距离(D)]：
```

结果如图 11.72 所示。

（3）设置视图方向。单击"视图"选项卡"命名视图"面板中的"前视"按钮，设置视图方向为前视图。

（4）创建长方体。单击"三维工具"选项卡"建模"面板中的"长方体"按钮，采用"中心点、长度"的模式绘制长方体，以坐标(0,0,7)为中心、长度为 11、宽度为 11、高度为 14。结果如图 11.73 所示。

> **高手点拨：**
>
> 　执行绘制长方体操作时，需要打开"正交"模式或关闭"捕捉"模式，否则创建的长方体为斜向长方体。

（5）旋转长方体。选择菜单栏中的"修改"→"三维操作"→"三维旋转"命令，将上一步绘制的长方体以坐标原点为旋转轴上的点，将长方体旋转 45°，结果如图 11.74 所示。

（6）设置视图方向。单击"视图"选项卡"命名视图"面板中的"西南等轴测"按钮，将视图切换到西南等轴测。

（7）交集运算。单击"三维工具"选项卡"实体编辑"面板中的"交集"按钮，将ϕ14 圆柱与长方体进行交集运算。

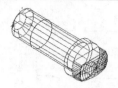
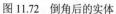

图 11.72　倒角后的实体　　　　图 11.73　创建长方体　　　　图 11.74　旋转长方体

（8）并集运算。单击"三维工具"选项卡"实体编辑"面板中的"并集"按钮 ，将实体进行并集运算。

（9）消隐实体。单击"视图"选项卡"视觉样式"面板中的"隐藏"按钮 ，消隐处理后的图形。

（10）关闭坐标系。选择菜单栏中的"视图"→"显示"→"UCS 图标"→"开"命令，完全显示图形。

（11）改变视觉样式。选择菜单栏中的"视图"→"视觉样式"→"概念"命令，最终效果图如图 11.67 所示。

11.5　三维编辑

基本三维造型绘制完成后，为了进一步生成复杂的三维造型，有时需要用到一些三维编辑功能。正是这些功能的出现，极大地丰富了 AutoCAD 三维造型的设计能力。

11.5.1　三维旋转

【执行方式】
➢ 命令行：3DROTATE。
➢ 菜单栏：选择菜单栏中的"修改"→"三维操作"→"三维旋转"命令。
➢ 工具栏：单击"建模"工具栏中的"三维旋转"按钮 。
➢ 功能区：单击"三维工具"选项卡"选择"面板中的"旋转小控件"按钮 。

【操作步骤】
命令行提示与操作如下：

命令：3DROTATE↙
UCS 当前的正角方向:ANGDIR=逆时针　ANGBASE=0
选择对象：(点取要旋转的对象)
选择对象：(选择下一个对象或按 Enter 键)
指定基点：(指定旋转基点)
拾取旋转轴：(指定旋转轴)
指定角的起点或键入角度：(输入角度)

【选项说明】
（1）选择对象：选择已经绘制好的对象作为旋转曲面。
（2）指定基点：设定旋转中心点。
（3）拾取旋转轴：在三维缩放小控件上指定旋转轴。
（4）指定角的起点或键入角度：设定旋转的相对起点。也可以输入角度值。

图 11.75 表示棱锥表面绕某一轴顺时针旋转 30°的情形。

（a）旋转前　　　（b）旋转后
图 11.75　三维旋转

11.5.2　三维镜像

【执行方式】

➢ 命令行：MIRROR3D。
➢ 菜单栏：选择菜单栏中的"修改"→"三维操作"→"三维镜像"命令。

【操作步骤】

命令行提示与操作如下：

命令：MIRROR3D✓
选择对象：（选择要镜像的对象）
选择对象：（选择下一个对象或按 Enter 键）
指定镜像平面(三点)的第一个点或[对象(O)/最近的(L)/Z 轴(Z)/视图(V)/XY 平面(XY)/YZ
平面(YZ)/ZX 平面(ZX)/三点(3)] <三点>：

【选项说明】

（1）点：输入镜像平面上第一个点的坐标。该选项通过 3 个点确定镜像平面，是系统的默认选项。

（2）最近的(L)：相对于最后定义的镜像平面对选定的对象进行镜像处理。

（3）Z 轴(Z)：利用指定的平面作为镜像平面。选择该选项后，出现如下提示：

在镜像平面上指定点：（输入镜像平面上一点的坐标）
在镜像平面的 Z 轴（法向）上指定点：（输入与镜像平面垂直的任意一条直线上任意一点的坐标）
是否删除源对象？[是(Y)/否(N)]：（根据需要确定是否删除源对象）

（4）视图(V)：指定一个平行于当前视图的平面作为镜像平面。

（5）XY(YZ、ZX)平面：指定一个平行于当前坐标系的 XY(YZ、ZX)平面作为镜像平面。

11.5.3　三维阵列

【执行方式】

➢ 命令行：3DARRAY。
➢ 菜单栏：选择菜单栏中的"修改"→"三维操作"→"三维阵列"命令。
➢ 工具栏：单击"建模"工具栏中的"三维阵列"按钮 🔲。

【操作步骤】

命令行提示与操作如下：

命令：3DARRAY✓
正在初始化... 已加载 3DARRAY
选择对象：（选择要阵列的对象）
选择对象：（选择下一个对象或按 Enter 键）
输入阵列类型[矩形(R)/环形(P)]<矩形>：

【选项说明】

（1）矩形(R)：对图形进行矩形阵列复制，是系统的默认选项。选择该选项后出现如下提示：

输入行数（---）<1>：（输入行数）
输入列数（||||）<1>：（输入列数）

输入层数（...）<1>：（输入层数）

指定行间距（---）：（输入行间距）

指定列间距（|||）：（输入列间距）

指定层间距（...）：（输入层间距）

（2）环形(P)：对图形进行环形阵列复制。选择该选项后出现如下提示：

输入阵列中的项目数目：（输入阵列的数目）

指定要填充的角度（+=逆时针，-=顺时针）<360>：（输入环形阵列的圆心角）

旋转阵列对象？[是(Y)/否(N)]<是>：（确定阵列上的每一个图形是否根据旋转轴线的位置进行旋转）

指定阵列的中心点：（输入旋转轴线上一点的坐标）

指定旋转轴上的第二点：（输入旋转轴上另一点的坐标）

图 11.76 所示为 3 层 3 行 3 列间距分别为 300 的三维图形矩形阵列；图 11.77 所示为三维图形环形阵列。

图 11.76 三维图形矩形阵列   图 11.77 三维图形环形阵列

11.5.4 三维移动

【执行方式】

➢ 命令行：3DMOVE。

➢ 菜单栏：选择菜单栏中的"修改"→"三维操作"→"三维移动"命令。

➢ 工具栏：单击"建模"工具栏中的"三维移动"按钮。

➢ 功能区：单击"三维工具"选项卡"选择"面板中的"移动小控件"按钮。

【操作步骤】

命令行提示与操作如下：

命令：3DMOVE↙

选择对象：找到 1 个

选择对象：↙

指定基点或[位移(D)] <位移>：（指定基点）

指定第二个点或 <使用第一个点作为位移>：（指定第二点）

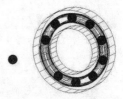

其操作方法与二维移动命令类似，图 11.78 所示为将滚珠从轴承中移出的情形。

图 11.78 三维移动

11.5.5 实例——绘制压板

本实例绘制如图 11.79 所示的压板。

🖱【操作步骤】

（1）在命令行中输入 ISOLINES 命令，设置线框密度为 10。

（2）将当前视图方向设置为前视图。单击"三维工具"选项卡"建模"面板中的"长方体"按钮，命令行提示与操作如下：

图 11.79　压板

```
命令：BOX✓
指定第一个角点或[中心(C)]:0,0,0✓
指定其他角点或[立方体(C)/长度(L)]：L✓
指定长度:200✓（打开"正交"模式，拖动鼠标沿 X 轴方向移动）
指定宽度:30✓（拖动鼠标沿 Y 轴方向移动）
指定高度或[两点(2P)]:10✓
```

继续以该长方体的左上端点为角点，创建长 200、宽 60、高 10 的长方体，以此类推，创建长 200、宽 30、高 100 和长 200、宽 20、高 10 的另外两个长方体。结果如图 11.80 所示。

（3）将当前视图方向设置为左视图。选择菜单栏中的"修改"→"三维操作"→"三维旋转"命令，命令行提示与操作如下：

```
命令：3DROTATE✓
UCS 当前正向角度：ANGDIR=逆时针 ANGBASE=0
选择对象：（选取上部的 3 个长方体，如图 11.81 所示）
选择对象：✓
指定基点：（捕捉第 2 个长方体的右下端点，如图 11.82 所示的点 1）
指定旋转角度，或[复制(C)/参照(R)]<0>：30✓
```

结果如图 11.83 所示。

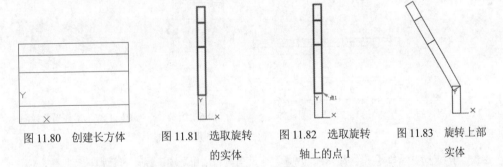

图 11.80　创建长方体　　图 11.81　选取旋转的实体　　图 11.82　选取旋转轴上的点 1　　图 11.83　旋转上部实体

重复"三维旋转"命令，继续旋转上部两个长方体，旋转角度分别为 60°和 90°。结果如图 11.84 所示。

（4）将当前视图方向设置为前视图。单击"三维工具"选项卡"建模"面板中的"圆柱体"按钮，以(20,15)为底面中心点绘制半径为 8、高度为 10 的圆柱体。命令行提示与操作如下：

```
命令：CYLINDER✓
指定底面的中心点或[三点(3P)/两点(2P)/切点、切点、半径(T)/椭圆(E)] <0,0,0>：20, 15✓
指定底面半径或[直径(D)]：8✓
指定高度或[两点(2P)/轴端点(A)]：10✓
```

（5）选择菜单栏中的"修改"→"三维操作"→"三维阵列"命令，将上步创建的圆柱体进行阵列，命令行提示与操作如下：

```
命令：_3DARRAY
正在初始化... 已加载 3DARRAY。
```

```
选择对象：（选择圆柱体）
选择对象：↙
输入阵列类型[矩形(R)/环形(P)] <矩形>:↙
输入行数 (---) <1>: 1↙
输入列数 (|||) <1>: 5↙
输入层数 (...) <1>:↙
指定列间距 (|||): 40↙
```

结果如图 11.85 所示。

（6）单击"三维工具"选项卡"实体编辑"面板中的"差集"按钮 ，在第一个长方体中减去创建的 5 个圆柱体。

（7）将当前视图方向设置为俯视图。利用"二维绘图"命令绘制如图 11.86 所示的二维图形。

（8）单击"默认"选项卡"绘图"面板中的"面域"按钮 ，将绘制的二维图形创建为面域。

（9）将当前视图方向设置为西南等轴测，如图 11.87 所示，然后选择菜单栏中的"修改"→"三维操作"→"三维移动"命令，将其移动到第三个长方体的表面。命令行提示与操作如下：

```
命令：_3DMOVE
选择对象：（选取上步创建的面域）
选择对象：
指定基点或[位移(D)] <位移>:（捕捉面域上任意一点）
指定第二个点或 <使用第一个点作为位移>: @0,0,20
正在重生成模型。
```

结果如图 11.88 所示。

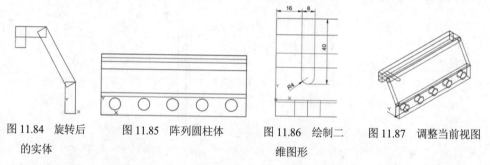

图 11.84　旋转后　　　图 11.85　阵列圆柱体　　　图 11.86　绘制二　　图 11.87　调整当前视图
　　的实体　　　　　　　　　　　　　　　　　　　　维图形

（10）单击"三维工具"选项卡"建模"面板中的"拉伸"按钮 ，将面域进行拉伸，拉伸距离为-20，结果如图 11.89 所示。

（11）选择菜单栏中的"修改"→"三维操作"→"三维阵列"命令，将拉伸形成的实体进行1 行、5 列的矩形阵列，列间距为 40。结果如图 11.90 所示。

（12）单击"三维工具"选项卡"实体编辑"面板中的"并集"按钮 ，将创建的长方体进行并集运算，如图 11.91 所示。

（13）单击"三维工具"选项卡"实体编辑"面板中"差集"按钮 ，将并集后的实体与拉伸实体进行差集运算。

（14）单击"可视化"选项卡"材质"面板中的"材质浏览器"按钮 ，打开"材质浏览器"对话框，选择"主视图"→"Autodesk 库"→"金属"选项，选择"半抛光"材质，将其拖动到压板上。

（15）单击"可视化"选项卡"渲染"面板中的"渲染到尺寸"按钮 ，对压板进行渲染，最终结果如图 11.79 所示。

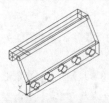
图 11.88　移动面域

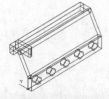
图 11.89　拉伸实体

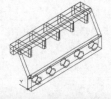
图 11.90　阵列拉伸实体

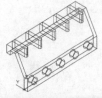
图 11.91　合并长方体

11.6　综合演练——创建脚踏座

本实例将详细介绍脚踏座的创建方法，首先绘制平面图形，并对其进行拉伸及布尔运算，然后进行倒圆和倒角，最后进行三维镜像并执行布尔运算，如图 11.92 所示。

图 11.92　脚踏座

【操作步骤】

（1）设置线框密度。在命令行中输入 ISOLINES 命令，设置线框密度为 10。

（2）将视图切换到西南等轴测视图。单击"三维工具"选项卡"建模"面板中的"长方体"按钮，以坐标原点为角点，创建长 15、宽 45、高 80 的长方体。

（3）创建面域。

1）将视图切换到左视图。单击"默认"选项卡"绘图"面板中的"矩形"按钮，捕捉长方体左下角点为第一个角点，以((@15,80)为第二个角点，绘制矩形。

2）单击"默认"选项卡"绘图"面板中的"直线"按钮，从(-10,30)到((@0,20)绘制直线。

3）单击"默认"选项卡"修改"面板中的"偏移"按钮，将直线向左偏移 10。

4）单击"默认"选项卡"修改"面板中的"圆角"按钮，对偏移的两条平行线进行倒圆角操作，圆角半径为 5。

5）单击"默认"选项卡"绘图"面板中的"面域"按钮，将直线与圆角组成的二维图形创建为面域。结果如图 11.93 所示。

（4）将视图切换到西南等轴测视图。单击"三维工具"选项卡"建模"面板中的"拉伸"按钮，将矩形拉伸-4，将面域拉伸-15。

（5）单击"三维工具"选项卡"实体编辑"面板中的"差集"按钮，将长方体与拉伸实体进行差集运算，将视图切换到西南等轴测方向，结果如图 11.94 所示。

（6）在命令行中输入 UCS 命令，将坐标系统系统 Y 轴旋转 90° 并将坐标原点移动到(74, 135,-45)。

（7）绘制二维图形并将其创建为面域。

1）将视图切换到前视图。单击"默认"选项卡"绘图"面板中的"圆"按钮，以(0,0)为圆心，绘制直径为 38 的圆。

2）单击"默认"选项卡"绘图"面板中的"多段线"按钮，从 $\phi 38$ 圆的左象限点 1→((@0,-55)→长方体角点 2 绘制多段线。

3）单击"默认"选项卡"修改"面板中的"圆角"按钮，对多段线进行倒圆角操作，圆角半径为 30。

4）单击"默认"选项卡"修改"面板中的"偏移"按钮 ⊂，将多段线向下偏移 8，如图 11.95 所示。

5）单击"默认"选项卡"绘图"面板中的"多段线"按钮 ⊃，从点 3（端点）→点 4（象限点）绘制直线；从点 4→点 5 绘制半径为 100、夹角为-90°的圆弧；从点 5→点 6（端点）绘制直线，如图 11.96 所示。

6）单击"默认"选项卡"绘图"面板中的"直线"按钮 ╱，从点 6→点 2、从点 1→点 3 绘制直线，如图 11.96 所示。单击"默认"选项卡的"修改"面板中的"复制"按钮 㗊，在原位置复制多段线 36。

7）单击"默认"选项卡"修改"面板中的"删除"按钮 ✐，删除 ϕ38 圆。在命令行中输入 PEDIT 命令，将绘制的二维图形创建为面域 1 及面域 2，结果如图 11.97 所示。

（8）将视图切换到西南等轴测视图。单击"三维工具"选项卡"建模"面板中的"拉伸"按钮 ▯，将面域 1 拉伸 20，面域 2 拉伸 4，结果如图 11.98 所示。

（9）单击"三维工具"选项卡"建模"面板中的"圆柱体"按钮 ▯，以(0,0,0)为圆心，分别创建直径为 38、20，高为 30 的圆柱体。

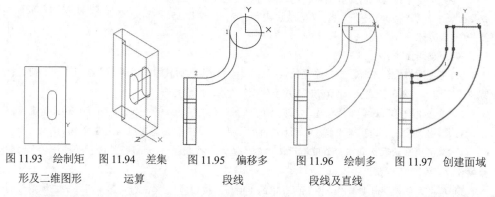

图 11.93　绘制矩　　图 11.94　差集　　图 11.95　偏移多　　图 11.96　绘制多　　图 11.97　创建面域
　　形及二维图形　　　　运算　　　　　段线　　　　　段线及直线

（10）单击"三维工具"选项卡"实体编辑"面板中的"差集"按钮 ▯，将 ϕ38 圆柱体与 ϕ20 圆柱体进行差集运算，结果如图 11.99 所示。单击"三维工具"选项卡"实体编辑"面板中的"并集"按钮 ▯，将实体与 ϕ38 圆柱体进行并集运算。

（11）单击"默认"选项卡"修改"面板中的"圆角"按钮 ╭，对长方体前端面进行倒圆角，圆角半径为 10。单击"默认"选项卡"修改"面板中的"倒角"按钮 ╱，对 ϕ20 圆柱体前端面进行倒角操作，倒角距离为 1，消隐后如图 11.100 所示。

（12）选择菜单栏中的"修改"→"三维操作"→"三维镜像"命令，将实体以当前 XY 平面为镜像面，进行镜像操作。命令行提示与操作如下：

命令：_MIRROR3D
选择对象：（选取当前实体）
选择对象：✓
指定镜像平面(三点)的第一个点或[对象(O)/最近的(L)/Z 轴(Z)/视图(V)/XY 平面(XY)/YZ 平面(YZ)/ZX 平面(ZX)/三点(3)] <三点>：XY✓
指定 XY 平面上的点 <0,0,0>：✓
是否删除源对象？[是(Y)/否(N)] <否>：✓

（13）单击"三维工具"选项卡"实体编辑"面板中的"并集"按钮，将所有实体进行并集处理。消隐处理后的图形如图 11.101 所示。

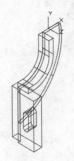
图 11.98　拉伸
面域

图 11.99　差集
运算（2）

图 11.100　圆角和
倒角处理

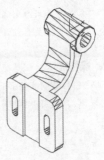
图 11.101　镜像并
消隐实体

（14）将坐标原点移动到（0,15,0），并将其绕 X 轴旋转-90°。

（15）单击"三维工具"选项卡"建模"面板中的"圆柱体"按钮，以(0,0,0)为圆心，分别创建直径为 16、高为 10 及直径为 8、高为 20 的圆柱体。

（16）单击"三维工具"选项卡"实体编辑"面板中的"差集"按钮，将实体及ϕ16 圆柱体与ϕ8 圆柱体进行差集运算。

（17）单击"三维工具"选项卡"实体编辑"面板中的"并集"按钮，将所有物体进行并集处理并消隐，最终结果如图 11.92 所示。

11.7　新手问答

No.1：使用倒角命令的注意事项。

倒角命令一次只能对一个实体和某一个基面的边进行倒角，不能同时选择两个实体或一个实体的两个基面的边。

No.2：如何灵活使用三维实体的剖切命令？

三维剖切命令无论是用坐标面还是某一种平面对象，如直线、圆、圆弧等，都是将三维实体剖切成两部分，用户可以保留三维实体的某一部分或两部分都保留，然后再剖切组合。也可以使用倾斜的坐标面或某一实体要素剖切三维实体。使用 AutoCAD 的剖切命令无法剖切成局部剖视图的轮廓线边界形状。

11.8　上机实验

【练习 1】绘制如图 11.102 所示的密封圈。

扫一扫，看视频

图 11.102　密封圈

1. 目的要求

本练习要求绘制的密封圈主要用到一些基本三维建模命令和布尔运算命令。通过本例要求读者掌握基本三维建模命令的使用方法。

2. 操作提示

（1）分别绘制圆柱体和球体。

（2）利用"差集"命令进行处理。

■【练习 2】绘制如图 11.103 所示的棘轮。

扫一扫，看视频

图 11.103　棘轮

1. 目的要求

本练习要求绘制的接头主要用到"拉伸"命令。通过本例要求读者掌握"拉伸"命令的使用方法。

2. 操作提示

（1）绘制棘轮平面图。

（2）利用"拉伸"命令得到棘轮。

11.9　思考与练习

（1）关于 REVOLVE（旋转）命令生成的图形，以下说法不正确的是（　　）。

　　A. 可以对面域进行旋转

　　B. 旋转对象可以跨域旋转轴两侧

　　C. 可以旋转特定角度

　　D. 按照所选轴的方向进行旋转

（2）为了创建穿过实体的相交截面，应使用的命令是（　　）。

　　A. 剖切命令　　　　　B. 切割命令　　　　　　　C. 设置轮廓命令　　　D. 差集命令

（3）按如下要求创建螺旋体实体，然后计算其体积。其中螺旋线底面直径为 100mm，顶面直径为 50mm，螺距为 5mm，圈数为 10，丝径直径为（　　）mm。

　　A. 968.34　　　　　　B. 16657.68　　　　　　C. 25678.35　　　　D. 69785.32

（4）绘制如图 11.104 所示的锁。

图 11.104　锁

第12章 实体编辑

本章导读

　　和二维图形一样，在三维图形中，除了利用基本的绘制命令来完成简单的实体绘制以外，AutoCAD 还提供了三维实体编辑命令来实现复杂三维实体图形的绘制。

12.1　编　辑　实　体

　　一个实体造型绘制完成后，有时需要修改其中的错误或者在此基础形成更复杂的造型，AutoCAD 实体编辑功能为用户提供了方便的手段。

12.1.1　拉伸面

【执行方式】

➢ 命令行：SOLIDEDIT。
➢ 菜单栏：选择菜单栏中的"修改"→"实体编辑"→"拉伸面"命令。
➢ 工具栏：单击"实体编辑"工具栏中的"拉伸面"按钮 。
➢ 功能区：单击"三维工具"选项卡"实体编辑"面板中的"拉伸面"按钮 。

【操作步骤】

命令行提示与操作如下：

命令：SOLIDEDIT✓
实体编辑自动检查：SOLIDCHECK=1
输入实体编辑选项[面(F)/边(E)/体(B)/放弃(U)/退出(X)]<退出>：_FACE
输入面编辑选项[拉伸(E)/移动(M)/旋转(R)/偏移(O)/倾斜(T)/删除(D)/复制(C)/颜色(L)/材质(A)/放弃(U)/退出(X)]<退出>：_EXTRUDE
选择面或[放弃(U)/删除(R)]：（选择要进行拉伸的面）
选择面或[放弃(U)/删除(R)/全部(ALL)]：
指定拉伸高度或[路径(P)]：（输入高度）
指定拉伸的倾斜角度<0>：（输入倾斜角度）

【选项说明】

　　（1）指定拉伸高度：按指定的高度值来拉伸面。指定拉伸的倾斜角度后，完成拉伸操作。

　　（2）路径(P)：沿指定的路径曲线拉伸面。图 12.1 所示为拉伸长方体的顶面和侧面的结果。

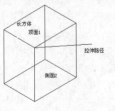
（a）拉伸前的长方体

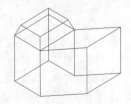
（b）拉伸后的三维实体

图 12.1　拉伸长方体

扫一扫，看视频

12.1.2 实例——绘制顶针

本实例绘制如图 12.2 所示的顶针。

👆【操作步骤】

（1）设置对象上每个曲面的轮廓线数目为 10。

（2）将当前视图设置为西南等轴测方向，将坐标系统 X 轴旋转 90°。以坐标原点为圆锥体底面中心，创建半径为 30、高为-50 的圆锥体；以坐标原点为圆心，创建半径为 30、高为 70 的圆柱体。结果如图 12.3 所示。

（3）单击"三维工具"选项卡"实体编辑"面板中的"剖切"按钮🮋，选取圆锥体，以 ZX 平面为剖切面，指定剖切面上的点为(0,10)，对圆锥体进行剖切，保留圆锥体下部。结果如图 12.4 所示。

图 12.2　顶针

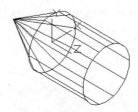
图 12.3　创建圆锥体及圆柱体

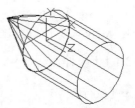
图 12.4　剖切圆锥体

（4）单击"三维工具"选项卡"实体编辑"面板中的"并集"按钮🮋，选择圆锥体与圆柱体进行并集运算。

（5）单击"三维工具"选项卡"实体编辑"面板中的"拉伸面"按钮🮋，命令行提示与操作如下：

```
命令：_SOLIDEDIT
实体编辑自动检查：SOLIDCHECK=1
输入实体编辑选项[面(F)/边(E)/体(B)/放弃(U)/退出(X)] <退出>：_FACE
输入面编辑选项[拉伸(E)/移动(M)/旋转(R)/偏移(O)/倾斜(T)/删除(D)/复制(C)/颜色(L)/
材质(A)/放弃(U)/退出(X)]<退出>：_EXTRUDE
选择面或[放弃(U)/删除(R)]：（选取图12.5所示的实体表面）
选择面或[放弃(U)/删除(R)/全部(ALL)]：✓
指定拉伸高度或[路径(P)]：-10
指定拉伸的倾斜角度<0>：
已开始实体校验。
已完成实体校验。
输入面编辑选项[拉伸(E)/移动(M)/旋转(R)/偏移(O)/倾斜(T)/删除(D)/复制(C)/颜色(L)/
材质(A)/放弃(U)/退出(X)]<退出>：
实体编辑自动检查：SOLIDCHECK=1
输入实体编辑选项[面(F)/边(E)/体(B)/放弃(U)/退出(X)]<退出>：
```

结果如图 12.6 所示。

（6）将当前视图设置为左视图，以(10,30,-30)为圆心，创建半径为 20、高为 60 的圆柱体；以(50,0,-30)为圆心，创建半径为 10、高为 60 的圆柱体。结果如图 12.7 所示。

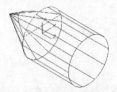

图 12.5 选取拉伸面

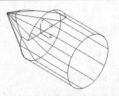

图 12.6 拉伸后的实体

（7）单击"三维工具"选项卡"实体编辑"面板中的"差集"按钮，选择实体图形与两个圆柱体进行差集运算。结果如图 12.8 所示。

（8）单击"三维工具"选项卡"建模"面板中的"长方体"按钮，以(35,0,-10)为角点，创建长为 30、宽为 30、高为 20 的长方体。然后将实体与长方体进行差集运算。消隐结果如图 12.9 所示。

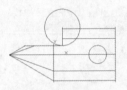

图 12.7 创建圆柱体

图 12.8 进行差集运算后的实体

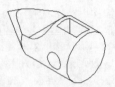

图 12.9 消隐后的实体

12.1.3 移动面

【执行方式】

➢ 命令行：SOLIDEDIT。
➢ 菜单栏：选择菜单栏中的"修改"→"实体编辑"→"移动面"命令。
➢ 工具栏：单击"实体编辑"工具栏中的"移动面"按钮。
➢ 功能区：单击"三维工具"选项卡"实体编辑"面板中的"移动面"按钮。

【操作步骤】

命令行提示与操作如下：

命令：_SOLIDEDIT
实体编辑自动检查：SOLIDCHECK=1
输入实体编辑选项[面(F)/边(E)/体(B)/放弃(U)/退出(X)]<退出>：_FACE
输入面编辑选项[拉伸(E)/移动(M)/旋转(R)/偏移(O)/倾斜(T)/删除(D)/复制(C)/颜色(L)/材质(A)/放弃(U)/退出(X)] <退出>：_MOVE
选择面或[放弃(U)/删除(R)]：（选择要进行移动的面）
选择面或[放弃(U)/删除(R)/全部(ALL)]：（继续选择移动面或按 Enter 键）
指定基点或位移：（输入具体的坐标值或选择关键点）
指定位移的第二点：（输入具体的坐标值或选择关键点）

【选项说明】

各选项的含义在前面介绍的命令中都涉及到，此处不再赘述。图 12.10 所示为移动三维实体的结果。

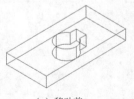

（a）移动前

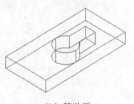

（b）移动后

图 12.10 移动对象

12.1.4 偏移面

【执行方式】

➤ 命令行：SOLIDEDIT。
➤ 菜单栏：选择菜单栏中的"修改"→"实体编辑"→"偏移面"命令。
➤ 工具栏：单击"实体编辑"工具栏中的"偏移面"按钮▢。
➤ 功能区：单击"三维工具"选项卡"实体编辑"面板中的"偏移面"按钮▢。

【操作步骤】

命令行提示与操作如下：

命令：_SOLIDEDIT
实体编辑自动检查：SOLIDCHECK=1
输入实体编辑选项[面(F)/边(E)/体(B)/放弃(U)/退出(X)] <退出>：_FACE
输入面编辑选项[拉伸(E)/移动(M)/旋转(R)/偏移(O)/倾斜(T)/删除(D)/复制(C)/颜色(L)/材质(A)/放弃(U)/退出(X)]<退出>：_OFFSET
选择面或[放弃(U)/删除(R)]：（选择要进行偏移的面）
选择面或[放弃(U)/删除(R)/全部(ALL)]：↙
指定偏移距离：（输入要偏移的距离值）

图 12.11 所示为通过偏移命令改变哑铃手柄大小的结果。

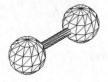

（a）偏移前　　　　（b）偏移后

图 12.11　偏移对象

12.1.5 删除面

【执行方式】

➤ 命令行：SOLIDEDIT。
➤ 菜单栏：选择菜单栏中的"修改"→"实体编辑"→"删除面"命令。
➤ 工具栏：单击"实体编辑"工具栏中的"删除面"按钮🖌。
➤ 功能区：单击"三维工具"选项卡"实体编辑"面板中的"删除面"按钮🖌。

【选项说明】

命令行提示与操作如下：

命令：_SOLIDEDIT
实体编辑自动检查：SOLIDCHECK=1
输入实体编辑选项[面(F)/边(E)/体(B)/放弃(U)/退出(X)]<退出>：_FACE
输入面编辑选项[拉伸(E)/移动(M)/旋转(R)/偏移(O)/倾斜(T)/删除(D)/复制(C)/颜色(L)/材质(A)/放弃(U)/退出(X)]<退出>：_DELETE
选择面或[放弃(U)/删除(R)]：（选择要删除的面）

图 12.12 所示为删除长方体的一个倒角面后的结果。

（a）倒圆角后的长方体　　　　（b）删除倒角面后的图形

图 12.12　删除圆角面

12.1.6　实例——绘制镶块

本实例绘制如图 12.13 所示的镶块。

图 12.13　镶块

🖱【操作步骤】

（1）启动 AutoCAD，使用默认设置绘图。

（2）在命令行中输入 ISOLINES，设置线框密度为 10。单击"视图"选项卡"命名视图"面板中的"西南等轴测"按钮⬦，切换到西南等轴测方向。

（3）单击"三维工具"选项卡"建模"面板中的"长方体"按钮▱，以坐标原点为角点，创建长为 50、宽为 100、高为 20 的长方体。

（4）单击"三维工具"选项卡"建模"面板中的"圆柱体"按钮▯，以长方体右侧面底边中点为圆心，创建半径为 50、高为 20 的圆柱体。

（5）单击"三维工具"选项卡"实体编辑"面板中的"并集"按钮▰，将长方体与圆柱体进行并集运算，结果如图 12.14 所示。

（6）单击"三维工具"选项卡"实体编辑"面板中的"剖切"按钮▤，以 ZX 平面为剖切面，分别指定剖切面上的点为(0, 10, 0)及(0, 90, 0)，对实体进行对称剖切，保留实体中部，结果如图 12.15 所示。

（7）单击"默认"选项卡"修改"面板中的"复制"按钮❀，如图 12.16 所示，将剖切后的实体向上复制一个。

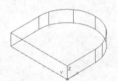

图 12.14　并集后的实体

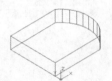

图 12.15　剖切后的实体

图 12.16　复制实体

（8）单击"三维工具"选项卡"实体编辑"面板中的"拉伸面"按钮▱，选取实体前端面，如图 12.17 所示，拉伸高度为-10。继续将实体后侧面拉伸-10，结果如图 12.18 所示。

（9）单击"三维工具"选项卡"实体编辑"面板中的"删除面"按钮▱，选择图 12.19 所示的面为删除面，命令行提示与操作如下：

```
命令：_SOLIDEDIT
实体编辑自动检查：SOLIDCHECK=1
输入实体编辑选项[面(F)/边(E)/体(B)/放弃(U)/退出(X)]<退出>：_FACE
输入面编辑选项[拉伸(E)/移动(M)/旋转(R)/偏移(O)/倾斜(T)/删除(D)/复制(C)/颜色(L)/
材质(A)/放弃(U)/退出(X)]<退出>：_DELETE
选择面或[放弃(U)/删除(R)]：（选择图 12.19 所示的面）
选择面或[放弃(U)/删除(R)/全部(ALL)]：
已开始实体校验。
已完成实体校验。
输入面编辑选项[拉伸(E)/移动(M)/旋转(R)/偏移(O)/倾斜(T)/删除(D)/复制(C)/颜色(L)/
材质(A)/放弃(U)/退出(X)]<退出>：
实体编辑自动检查：SOLIDCHECK=1
输入实体编辑选项[面(F)/边(E)/体(B)/放弃(U)/退出(X)]<退出>：
```

继续将实体后部对称侧面删除，结果如图 12.20 所示。

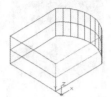   

图 12.17　选取拉伸面　　图 12.18　拉伸面操作　　图 12.19　选取删除面　　图 12.20　删除面操作

后的实体　　　　　　　　　　　　　　　　　　　　后的实体

（10）单击"三维工具"选项卡"实体编辑"面板中的"拉伸面"按钮 ，将实体顶面向上拉伸 40，结果如图 12.21 所示。

（11）单击"三维工具"选项卡"建模"面板中的"圆柱体"按钮 ，以实体底面左边中点为圆心，创建半径为 10、高为 20 的圆柱体。同理，以 R10 圆柱体顶面圆心为中心点继续创建半径为 40、高为 40 及半径为 25、高为 60 的圆柱体。

（12）单击"三维工具"选项卡"实体编辑"面板中的"并集"按钮 ，将两个实体进行并集运算。

（13）单击"三维工具"选项卡"实体编辑"面板中的"差集"按钮 ，将实体与 3 个圆柱体进行差集运算，结果如图 12.22 所示。

（14）在命令行输入 UCS，将坐标原点移动到(0,50,40)，并将其绕 Y 轴旋转 90°。

（15）单击"三维工具"选项卡"建模"面板中的"圆柱体"按钮 ，以坐标原点为圆心，创建半径为 5、高为 100 的圆柱体，结果如图 12.23 所示。

 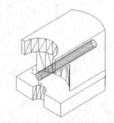

图 12.21　拉伸顶面操作后的实体　　　　图 12.22　差集运算后的实体　　　　图 12.23　创建圆柱体

（16）单击"三维工具"选项卡"实体编辑"面板中的"差集"按钮 ，将实体与圆柱体进行差集运算。应用"概念视觉样式"后的结果如图 12.13 所示。

12.1.7　旋转面

【执行方式】

➤ 命令行：SOLIDEDIT。
➤ 菜单栏：选择菜单栏中的"修改"→"实体编辑"→"旋转面"命令。
➤ 工具栏：单击"实体编辑"工具栏中的"旋转面"按钮 。
➤ 功能区：单击"三维工具"选项卡"实体编辑"面板中的"旋转面"按钮 。

【选项说明】

命令行提示与操作如下：

```
命令：_SOLIDEDIT
```

实体编辑自动检查：SOLIDCHECK=1

输入实体编辑选项[面(F)/边(E)/体(B)/放弃(U)/退出(X)]<退出>: _FACE

输入面编辑选项[拉伸(E)/移动(M)/旋转(R)/偏移(O)/倾斜(T)/删除(D)/复制(C)/颜色(L)/材质(A)/放弃(U)/退出(X)]<退出>: _ROTATE

选择面或[放弃(U)/删除(R)]:（选择要旋转的面）

选择面或[放弃(U)/删除(R)/全部(ALL)]:（继续选择或按 Enter 键结束选择）

指定轴点或[经过对象的轴(A)/视图(V)/X 轴(X)/Y 轴(Y)/Z 轴(Z)]<两点>:（选择一种确定轴线的方式）

指定旋转角度或[参照(R)]:（输入旋转角度）

结果如图 12.24 所示。

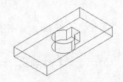 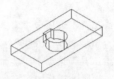

（a）旋转前　　　　　　　　　　（b）旋转后

图 12.24　开口槽旋转 90°前后的图形

12.1.8　实例——绘制轴支架

本实例绘制如图 12.25 所示的轴支架。

🖰【操作步骤】

（1）在命令行中输入 ISOLINES，设置线框密度为 10。

（2）单击"视图"选项卡"命名视图"面板中的"西南等轴测"按钮 ◈，将当前视图设置为西南等轴测方向。

（3）单击"三维工具"选项卡"建模"面板中的"长方体"按钮，以角点坐标为(0,0,0)，长、宽、高分别为 80、60、10 创建连接立板长方体。

图 12.25　轴支架

（4）单击"三维工具"选项卡"实体编辑"面板中的"圆角边"按钮，半径为 10，选择要圆角的长方体进行圆角处理。

（5）单击"三维工具"选项卡"建模"面板中的"圆柱体"按钮，以底面中心点为(10,10,0)、半径为 6、指定高度为 10 创建圆柱体。结果如图 12.26 所示。

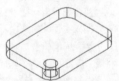

图 12.26　创建圆柱体

（6）单击"默认"选项卡"修改"面板中的"复制"按钮 ❀，选择上一步创建的圆柱体进行复制，结果如图 12.27 所示。

（7）单击"三维工具"选项卡"实体编辑"面板中的"差集"按钮，将长方体和圆柱体进行差集运算。

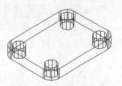

图 12.27　复制圆柱体

（8）在命令行中输入 UCS，设置用户坐标系，命令行提示与操作如下：

命令: UCS✓

当前 UCS 名称: *世界*

指定 UCS 的原点或[面(F)/命名(NA)/对象(OB)/上一个(P)/视图(V)/世界(W)/X/Y/Z/Z 轴(ZA)]<世界>: 40, 30, 60✓

指定 X 轴上的点或 <接收>：✓

（9）单击"三维工具"选项卡"建模"面板中的"长方体"按钮![icon]，以坐标原点为长方体的中心点，分别创建长为 40、宽为 10、高为 100 及长为 10、宽为 40、高为 100 的长方体，结果如图 12.28 所示。

（10）在命令行中输入命令 UCS，移动坐标原点到(0,0,50)，并将其绕 Y 轴旋转 90°。

（11）单击"三维工具"选项卡"建模"面板中的"圆柱体"按钮![icon]，以坐标原点为圆心，创建半径为 20、高为 25 的圆柱体。

（12）选取"修改"→"三维操作"→"三维镜像"菜单命令。选取 XY 平面为镜像面，镜像圆柱体结果如图 12.29 所示。

（13）单击"三维工具"选项卡"实体编辑"面板中的"并集"按钮![icon]，选择 2 个圆柱体与 2 个长方体进行并集运算。

（14）单击"三维工具"选项卡"建模"面板中的"圆柱体"按钮![icon]，捕捉 R20 圆柱体的圆心为圆心，创建半径为 10、高为 50 的圆柱体。

（15）单击"三维工具"选项卡"实体编辑"面板中的"差集"按钮![icon]，将并集后的实体与圆柱体进行差集运算。消隐处理后的图形如图 12.30 所示。

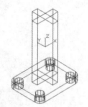 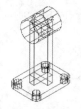 

图 12.28　创建长方体　　　图 12.29　镜像圆柱体　　　图 12.30　消隐后的实体

（16）单击"三维工具"选项卡"实体编辑"面板中的"旋转面"按钮![icon]，旋转支架上部十字形底面，命令行提示与操作如下：

```
命令：_SOLIDEDIT
实体编辑自动检查:SOLIDCHECK=1
输入实体编辑选项[面(F)/边(E)/体(B)/放弃(U)/退出(X)]<退出>：FACE✓
输入面编辑选项[拉伸(E)/移动(M)/旋转(R)/偏移(O)/倾斜(T)/删除(D)/复制(C)/颜色(L)/
材质(A)/放弃(U)/退出(X)]<退出>：_ROTATE✓
选择面或[放弃(U)/删除(R)]：(如图12.31(a)所示，选择支架上部十字形底面)
选择面或[放弃(U)/删除(R)/全部(ALL)]：
指定轴点或[经过对象的轴(A)/视图(V)/X轴(X)/Y轴(Y)/Z轴(Z)]<两点>：Y✓
指定旋转原点<0,0,0>：(捕捉十字形底面的右端点)
指定旋转角度或[参照(R)]：30✓
```

结果如图 12.31（b）所示。

（17）在命令行中输入 ROTATE3D 命令，旋转底板。命令行提示与操作如下：

```
命令：ROTATE3D✓
选择对象：(选取底板)
指定轴上的第一个点或定义轴依据[对象(O)/最近的(L)/视图(V)/X轴(X)/Y轴(Y)/Z轴
(Z)/两点(2)]：Y✓
指定Y轴上的点<0,0,0>：(捕捉十字形底面的右端点)
指定旋转角度或[参照(R)]：30✓
```

（18）设置视图方向。单击"视图"选项卡"命名视图"面板中的"前视"按钮 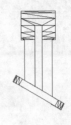，将当前视图设置为主视图。消隐处理后的图形如图 12.32 所示。

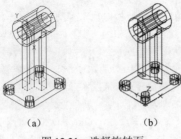

（a）　　　　　　　　　　（b）

图 12.31　选择旋转面　　　　　　　图 12.32　旋转底板后的图形

（19）采用"概念视觉样式"处理后的图形，西南等轴测视图的结果如图 12.25 所示。

12.1.9　复制面

【执行方式】

> 命令行：SOLIDEDIT。
> 菜单栏：选择菜单栏中的"修改"→"实体编辑"→"复制面"命令。
> 工具栏：单击"实体编辑"工具栏中的"复制面"按钮。
> 功能区：单击"三维工具"选项卡"实体编辑"面板中的"复制面"按钮。

【操作步骤】

命令行提示与操作如下：

命令：_SOLIDEDIT
实体编辑自动检查：SOLIDCHECK=1
输入实体编辑选项[面(F)/边(E)/体(B)/放弃(U)/退出(X)]<退出>：_FACE
输入面编辑选项[拉伸(E)/移动(M)/旋转(R)/偏移(O)/倾斜(T)/删除(D)/复制(C)/颜色(L)/材质(A)/放弃(U)/退出(X)]<退出>：_COPY
选择面或[放弃(U)/删除(R)]：（选择要复制的面）
选择面或[放弃(U)/删除(R)/全部(ALL)]：（继续选择或按 Enter 键结束选择）
指定基点或位移：（输入基点的坐标）
指定位移的第二点：（输入第二点的坐标）

12.1.10　着色面

【执行方式】

> 命令行：SOLIDEDIT。
> 菜单栏：选择菜单栏中的"修改"→"实体编辑"→"着色面"命令。
> 工具栏：单击"实体编辑"工具栏中的"着色面"按钮。
> 功能区：单击"三维工具"选项卡"实体编辑"面板中的"着色面"按钮。

【操作步骤】

命令行提示与操作如下：

命令：_SOLIDEDIT

图 12.33 "选择颜色"对话框

实体编辑自动检查：SOLIDCHECK=1
　　输入实体编辑选项[面(F)/边(E)/体(B)/放弃(U)/退出(X)]<退出>：_FACE
　　输入面编辑选项[拉伸(E)/移动(M)/旋转(R)/偏移(O)/倾斜(T)/删除(D)/复制(C)/颜色(L)/材质(A)/放弃(U)/退出(X)]<退出>：_COLOR
　　选择面或[放弃(U)/删除(R)]：（选择要着色的面）
　　选择面或[放弃(U)/删除(R)/全部(ALL)]：（继续选择或按Enter键结束选择）

选择好要着色的面后，AutoCAD 打开如图 12.33 所示的"选择颜色"对话框，根据需要选择合适的颜色作为要着色面的颜色。操作完成后，单击"确定"按钮，该表面将被相应的颜色覆盖。

12.1.11 实例——绘制轴套

扫一扫，看视频

本实例要绘制的轴套是机械工程中常用的零件。本实例首先绘制两个圆柱体，然后进行差集处理，最后在需要的部位进行倒角处理，如图 12.34 所示。

图 12.34 轴套

【操作步骤】

（1）设置线框密度。默认设置是 8，有效值的范围为 0～2047。设置对象上每个曲面的轮廓线数目，命令行提示与操作如下：

```
命令：ISOLINES✓
输入 ISOLINES 的新值 <8>：10✓
```

（2）设置视图方向。选择菜单栏中的"视图"→"三维视图"→"西南等轴测"命令，将当前视图设置为西南等轴测方向。

（3）创建圆柱体。单击"三维工具"选项卡"建模"面板中的"圆柱体"按钮，以坐标原点(0,0,0)为底面中心点，创建半径分别为 6 和 10、轴端点为(@11,0,0)的两个圆柱体，消隐后的结果如图 12.35 所示。

（4）差集处理。单击"三维工具"选项卡"实体编辑"面板中的"差集"按钮，将创建的两个圆柱体进行差集处理，结果如图 12.36 所示。

（5）倒角处理。单击"三维工具"选项卡"实体编辑"面板中的"倒角边"按钮，对孔两端进行倒角处理，倒角距离为 1，结果如图 12.37 所示。

（6）设置视图方向。选择菜单栏中的"视图"→"动态观察"→"自由动态观察"命令，将当前视图调整到能够看到轴孔的位置，结果如图 12.38 所示。

图 12.35 创建圆柱体　　图 12.36 差集处理　　图 12.37 倒角处理　　图 12.38 设置视图方向

（7）着色处理。单击"三维工具"选项卡"实体编辑"面板中的"着色面"按钮，对相应的面进行着色处理，命令行提示与操作如下：

命令：_SOLIDEDIT

实体编辑自动检查：SOLIDCHECK=1

输入实体编辑选项[面(F)/边(E)/体(B)/放弃(U)/退出(X)]<退出>：_FACE

输入面编辑选项[拉伸(E)/移动(M)/旋转(R)/偏移(O)/倾斜(T)/删除(D)/复制(C)/颜色(L)/

材质(A)/放弃(U)/退出(X)]<退出>：_COLOR

　　选择面或[放弃(U)/删除(R)]：（拾取倒角面，弹出如

图 12.39 所示的"选择颜色"对话框，在该对话框中选择红

色为倒角面颜色）

　　选择面或[放弃(U)/删除(R)/全部(ALL)]：

　　输入面编辑选项[拉伸(E)/移动(M)/旋转(R)/偏移(O)/倾

斜(T)/删除(D)/复制(C)/颜色(L)/材质(A)/放弃(U)/退出

(X)]<退出>：

　　实体编辑自动检查：SOLIDCHECK=1

　　输入实体编辑选项[面(F)/边(E)/体(B)/放弃(U)/退出

(X)]<退出>：

图 12.39　"选择颜色"对话框

　　重复"着色面"命令，对其他面进行着色处理。

12.1.12　倾斜面

【执行方式】

➢ 命令行：SOLIDEDIT。

➢ 菜单栏：选择菜单栏中的"修改"→"实体编辑"→"倾斜面"命令。

➢ 工具栏：单击"实体编辑"工具栏中的"倾斜面"按钮 。

➢ 功能区：单击"三维工具"选项卡"实体编辑"面板中的"倾斜面"按钮 。

【操作步骤】

命令行提示与操作如下：

命令：_SOLIDEDIT

实体编辑自动检查：SOLIDCHECK=1

输入实体编辑选项[面(F)/边(E)/体(B)/放弃(U)/退出(X)]<退出>：_FACE

输入面编辑选项[拉伸(E)/移动(M)/旋转(R)/偏移(O)/倾斜(T)/删除(D)/复制(C)/颜色(L)/

材质(A)/放弃(U)/退出(X)]<退出>：_TAPER

选择面或[放弃(U)/删除(R)]：（选择要倾斜的面）

选择面或[放弃(U)/删除(R)/全部(ALL)]：（继续选择或按 Enter 键结束选择）

指定基点：[选择倾斜的基点（倾斜后不动的点）]

指定沿倾斜轴的另一个点：[选择另一点（倾斜后改变方向的点）]

指定倾斜角度：（输入倾斜角度）

12.1.13　实例——绘制机座

　　本实例利用"长方体""圆柱体""并集"等命令创建机

座主体部分，再利用"长方体""倾斜面"等命令创建机座支

撑板，最后利用"圆柱体""差集"等命令创建孔，如图 12.40

所示。

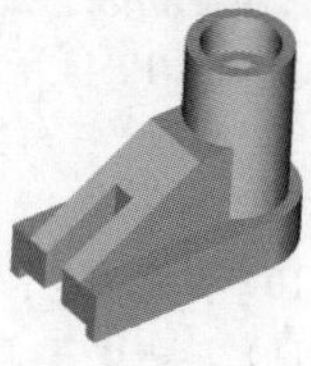

扫一扫，看视频

图 12.40　机座

【操作步骤】

（1）在命令行中输入 ISOLINES，将线框密度设置为 10。命令行提示与操作如下：

> 命令：ISOLINES↙
> 输入 ISOLINES 的新值 <4>：10↙

（2）单击"可视化"选项卡"命名视图"面板中的"西南等轴测"按钮◈，将当前视图设置为西南等轴测方向。

（3）单击"三维工具"选项卡"建模"面板中的"长方体"按钮▱，以角点(0,0,0)，长、宽、高分别为 80、50、20 绘制长方体。

（4）单击"三维工具"选项卡"建模"面板中的"圆柱体"按钮▱，绘制底面中心点在长方体底面右边中点、半径为 25、高度为 20 的圆柱体。同理，指定底面中心点的坐标为(80,25,0)，底面半径为 20、高度为 80，绘制圆柱体。

（5）单击"三维工具"选项卡"实体建模"面板中的"并集"按钮◪，选取长方体与两个圆柱体进行并集运算，结果如图 12.41 所示。

图 12.41　并集后的实体

（6）设置用户坐标系。在命令行中输入 UCS 命令，新建坐标系，命令行提示与操作如下：

> 命令：UCS↙
> 当前 UCS 名称：*世界*
> 指定 UCS 的原点或[面(F)/命名(NA)/对象(OB)/上一个(P)/视图(V)/世界(W)/X/Y/Z/Z 轴(ZA)]<世界>：（用鼠标点取实体顶面的左下顶点）
> 指定 X 轴上的点或<接收>：↙

（7）单击"三维工具"选项卡"建模"面板中的"长方体"按钮▱，以(0,10)为角点，创建长为 80、宽为 30、高为 30 的长方体，结果如图 12.42 所示。

（8）单击"三维工具"选项卡"实体编辑"面板中的"倾斜面"按钮▱，对长方体的左侧面进行倾斜操作。命令行提示与操作如下：

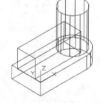

图 12.42　创建长方体

> 命令：SOLIDEDIT↙
> 实体编辑自动检查：SOLIDCHECK=1
> 输入实体编辑选项[面(F)/边(E)/体(B)/放弃(U)/退出(X)]<退出>：F↙
> 输入面编辑选项[拉伸(E)/移动(M)/旋转(R)/偏移(O)/倾斜(T)/删除(D)/复制(C)/颜色(L)/材质(A)/放弃(U)/退出(X)]<退出>：_TAPER↙
> 选择面或[放弃(U)/删除(R)]：（如图 12.43 所示，选取长方体左侧面）
> 选择面或[放弃(U)/删除(R)/全部(ALL)]：R↙
> 删除面或[放弃(U)/添加(A)/全部(ALL)]：找到 2 个面，已删除 1 个。
> 删除面或[放弃(U)/添加(A)/全部(ALL)]：↙
> 指定基点：（如图 12.43 所示，捕捉长方体端点 2）
> 指定沿倾斜轴的另一个点：（如图 12.43 所示，捕捉长方体端点 1）
> 指定倾斜角度：60↙

结果如图 12.44 所示。

（9）单击"三维工具"选项卡"实体建模"面板中的"并集"按钮◪，将创建的长方体与实体进行并集运算。

（10）方法同前，在命令行输入 UCS，将坐标原点移回到实体底面的左下顶点。

（11）单击"三维工具"选项卡"建模"面板中的"长方体"按钮▱，以(0,5)为角点，创建长为 50、宽为 40、高为 5 的长方体；继续以(0,20)为角点，创建长为 30、宽为 10、高为 50 的长方体。

（12）单击"三维工具"选项卡"实体建模"面板中的"差集"按钮⬚，将实体与两个长方体进行差集运算，结果如图 12.45 所示。

（13）单击"三维工具"选项卡"建模"面板中的"圆柱体"按钮⬚，捕捉 *R*20 圆柱体顶面圆心为中心点，分别创建半径为 15、高为-15 及半径为 10、高为-80 的圆柱体。

（14）单击"三维工具"选项卡"实体建模"面板中的"差集"按钮⬚，将实体与两个圆柱体进行差集运算。消隐处理后的图形如图 12.46 所示。

图 12.43　选取倾斜面　　图 12.44　倾斜面后的实体　　图 12.45　差集后的实体　　图 12.46　消隐后的实体

12.1.14　抽壳

🔍【执行方式】

➢ 命令行：SOLIDEDIT。
➢ 菜单栏：选择菜单栏中的"修改"→"实体编辑"→"抽壳"命令。
➢ 工具栏：单击"实体编辑"工具栏中的"抽壳"按钮⬚。
➢ 功能区：单击"三维工具"选项卡"实体编辑"面板中的"抽壳"按钮⬚。

✏️【操作步骤】

命令行提示与操作如下：

```
命令：_SOLIDEDIT
实体编辑自动检查：SOLIDCHECK=1
输入实体编辑选项[面(F)/边(E)/体(B)/放弃(U)/退出(X)]<退出>：_BODY
输入体编辑选项[压印(I)/分割实体(P)/抽壳(S)/清除(L)/检查(C)/放弃(U)/退出(X)]<退出>：_SHELL
选择三维实体：（选择三维实体）
删除面或[放弃(U)/添加(A)/全部(ALL)]：（选择开口面）
输入抽壳偏移距离：（指定壳体的厚度值）
```

图 12.47 所示为利用"抽壳"命令创建的花盆。

（a）创建初步轮廓　　　　（b）完成创建　　　　（c）消隐结果

图 12.47　花盆

高手点拨：

抽壳是用指定的厚度创建一个空的薄层。可以为所有面指定一个固定的薄层厚度，通过选择面可以将这些面排除在壳外。一个三维实体只能有一个壳，通过将现有面偏移出其原位置来创建新的面。

扫一扫，看视频

12.1.15 实例——绘制子弹

分析如图 12.48 所示的子弹，可以看出，该图形的结构比较简单。本实例具体实现过程为：绘制子弹的弹壳、绘制子弹的弹头。要求能灵活运用三维表面模型基本图形的绘制命令和编辑命令。

图 12.48　子弹图形

🖱️【操作步骤】

1. 绘制子弹的弹体

（1）单击"默认"选项卡"绘图"面板中的"多段线"按钮 ᗡ，绘制子弹弹壳的轮廓线，命令行提示与操作如下：

```
命令：PLINE↙
指定起点：0,0,0↙
当前线宽为 0.0000
指定下一个点或[圆弧(A)/半宽(H)/长度(L)/放弃(U)/宽度(W)]：@0,30↙
指定下一点或[圆弧(A)/闭合(C)/半宽(H)/长度(L)/放弃(U)/宽度(W)]：@6,0↙
指定下一点或[圆弧(A)/闭合(C)/半宽(H)/长度(L)/放弃(U)/宽度(W)]：A↙
指定圆弧的端点(按住 Ctrl 键以切换方向)或[角度(A)/圆心(CE)/闭合(CL)/方向(D)/半宽
(H)/直线(L)/半径(R)/第二个点(S)/放弃(U)/宽度(W)]：R↙
指定圆弧的半径：3↙
指定圆弧的端点(按住 Ctrl 键以切换方向)或[角度(A)]：@6,0↙
指定圆弧的端点(按住 Ctrl 键以切换方向)或[角度(A)/圆心(CE)/闭合(CL)/方向(D)/半宽
(H)/直线(L)/半径(R)/第二个点(S)/放弃(U)/宽度(W)]：L↙
指定下一点或[圆弧(A)/闭合(C)/半宽(H)/长度(L)/放弃(U)/宽度(W)]：@48,0↙
指定下一点或[圆弧(A)/闭合(C)/半宽(H)/长度(L)/放弃(U)/宽度(W)]：@40,-8↙
指定下一点或[圆弧(A)/闭合(C)/半宽(H)/长度(L)/放弃(U)/宽度(W)]：@0,-22↙
指定下一点或[圆弧(A)/闭合(C)/半宽(H)/长度(L)/放弃(U)/宽度(W)]：C↙
```

（2）单击"三维工具"选项卡"建模"面板中的"旋转"按钮 ᗕ，把上一步绘制的轮廓线旋转成弹壳的体轮廓，命令行提示与操作如下：

```
命令：REVOLVE↙
当前线框密度：ISOLINES=4，闭合轮廓创建模式 = 实体
选择要旋转的对象或[模式(MO)]：(选择上一步所绘制的轮廓线)↙
选择要旋转的对象或[模式(MO)]：↙
指定轴起点或根据以下选项之一定义轴[对象(O)/X/Y/Z]<对象>:0,0,0↙
指定轴端点:100,0,0↙
指定旋转角度或[起点角度(ST)/反转(R)/表达式(EX)]<360>:↙
```

（3）单击"可视化"选项卡"命名视图"面板中的"东南等轴测"按钮 ◈，将视图切换到东南等轴测方向，如图 12.49 所示。

（4）单击"三维工具"选项卡"实体编辑"面板中的"抽壳"按钮 ▣，编辑出弹壳的空壳，命令行提示与操作如下：

```
命令：SOLIDEDIT↙
实体编辑自动检查：SOLIDCHECK=1
输入实体编辑选项[面(F)/边(E)/体(B)/放弃(U)/退出(X)]<退出>: _BODY
```

输入体编辑选项[压印(I)/分割实体(P)/抽壳(S)/清除(L)/检查(C)/放弃(U)/退出(X)]<退出>：_SHELL

选择三维实体：（选择弹壳的小头面）

删除面或[放弃(U)/添加(A)/全部(ALL)]：✓

输入抽壳偏移距离：2✓

已完成实体校验。

已完成实体校验。

输入体编辑选项[压印(I)/分割实体(P)/抽壳(S)/清除(L)/检查(C)/放弃(U)/退出(X)]<退出>：X

实体编辑自动检查：SOLIDCHECK=1

输入实体编辑选项[面(F)/边(E)/体(B)/放弃(U)/退出(X)]<退出>：

结果如图 12.50 所示。

2. 绘制子弹的弹头

（1）单击"默认"选项卡"绘图"面板中的"多段线"按钮，绘制子弹弹头的轮廓线。起点为(150,0)，其余各点分别为(100,0)、(@ 0,20)、(@ 5,0)、(150,0)。

（2）单击"三维工具"选项卡"建模"面板中的"旋转"按钮，把弹头的轮廓线旋转成子弹弹头的体轮廓。选择上一步绘制的轮廓线，将其绕由(150,0)、(200,0)两点构成的线旋转，如图 12.51 所示。

 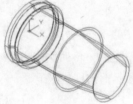 

图 12.49　东南等轴测方向的图形　　图 12.50　抽壳后的图形　　图 12.51　弹头旋转后的图形

3. 合并子弹的弹壳和弹头

（1）单击"三维工具"选项卡"实体建模"面板中的"并集"按钮，将子弹弹体和弹头进行合并。

（2）单击"可视化"选项卡"命名视图"面板中的"东南等轴测"按钮，将视图切换到东南等轴测方向，结果如图 12.52 所示。

（3）在命令行中输入 HIDE 命令，消隐上一步所作的图形，结果如图 12.53 所示。

 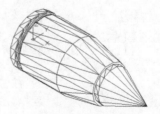

图 12.52　东南等轴测方向的视图　　　图 12.53　消隐后的图形

12.1.16 复制边

> 命令行：SOLIDEDIT。
> 菜单栏：选择菜单栏中的"修改"→"实体编辑"→"复制边"命令。
> 工具栏：单击"实体编辑"工具栏中的"复制边"按钮 📋。
> 功能区：单击"三维工具"选项卡"实体编辑"面板中的"复制边"按钮 📋。

【操作步骤】

命令行提示与操作如下：

```
命令：_SOLIDEDIT
实体编辑自动检查：SOLIDCHECK=1
输入实体编辑选项[面(F)/边(E)/体(B)/放弃(U)/退出(X)]<退出>：_EDGE
输入边编辑选项[复制(C)/着色(L)/放弃(U)/
退出(X)]<退出>：_COPY
    选择边或[放弃(U)/删除(R)]：(选择曲线边)
    选择边或[放弃(U)/删除(R)]：(按Enter键)
    指定基点或位移：(单击确定复制基准点)
    指定位移的第二点：(单击确定复制目标点)
```

图 12.54 所示为复制边的图形结果。

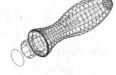

（a）选择边　　　（b）复制边

图 12.54　复制边

12.1.17 实例——绘制摇杆

扫一扫，看视频

本实例利用"圆柱体""实体编辑""拉伸""三维镜像""差集"等命令绘制如图 12.55 所示的摇杆。

【操作步骤】

（1）在命令行中输入 ISOLINES，设置线框密度为 10。单击"可视化"选项卡"命名视图"面板中的"西南等轴测"按钮 ◈，将视图切换到西南等轴测方向。

（2）单击"三维工具"选项卡"建模"面板中的"圆柱体"按钮 📦，以坐标原点为圆心，分别创建半径为 30、15，高为 20 的圆柱体。

图 12.55　摇杆

（3）单击"三维工具"选项卡"实体建模"面板中的"差集"按钮 🔲，将 R30 圆柱体与 R15 圆柱体进行差集运算。

图 12.56　创建圆柱体

（4）单击"三维工具"选项卡"建模"面板中的"圆柱体"按钮 📦，以(150,0,0)为圆心，分别创建半径为 50、30，高为 30 的圆柱体及半径为 40、高为 10 的圆柱体。

（5）单击"三维工具"选项卡"实体建模"面板中的"差集"按钮 🔲，将 R50 圆柱体与 R30、R40 圆柱体进行差集运算，结果如图 12.56 所示。

（6）单击"三维工具"选项卡"实体编辑"面板中的"复制边"按钮 📋，命令行提示与操作如下：

```
命令：_SOLIDEDIT
实体编辑自动检查：SOLIDCHECK=1
输入实体编辑选项[面(F)/边(E)/体(B)/放弃(U)/退出(X)]<退出>: _EDGE
输入边编辑选项[复制(C)/着色(L)/放弃(U)/退出(X)]<退出>: _COPY
选择边或[放弃(U)/删除(R)]：（如图 12.56 所示，选择左边 R30 圆柱体的底边）
指定基点或位移：0,0✓
指定位移的第二点：0,0✓
输入边编辑选项[复制(C)/着色(L)/放弃(U)/退出(X)]<退出>: C✓
选择边或[放弃(U)/删除(R)]：（方法同前，选择如图 12.56 中右边 R50 圆柱体的底边）
指定基点或位移：0,0✓
指定位移的第二点：0,0✓
输入边编辑选项[复制(C)/着色(L)/放弃(U)/退出(X)]<退出>:✓
实体编辑自动检查：SOLIDCHECK=1
输入实体编辑选项[面(F)/边(E)/体(B)/放弃(U)/退出(X)]<退出>：
```

（7）单击"可视化"选项卡"命名视图"面板中的"仰视"按钮🔲，将当前视图切换到仰视图。单击"可视化"选项卡"视觉样式"面板中的"隐藏"按钮📦，进行消隐处理。

（8）单击"默认"选项卡"绘图"面板中的"构造线"按钮✏，分别绘制所复制的 *R30* 及 *R50* 圆的外公切线，并绘制通过圆心的竖直线，绘制结果如图 12.57 所示。

（9）单击"默认"选项卡"修改"面板中的"偏移"按钮⟾，将绘制的外公切线分别向内偏移 10，并将左边竖直线向右偏移 45，将右边竖直线向左偏移 25，偏移结果如图 12.58 所示。

（10）单击"默认"选项卡"修改"面板中的"修剪"按钮✂，对辅助线及复制的边进行修剪。单击"默认"选项卡"修改"面板中的"删除"按钮🗑，删除多余的辅助线，结果如图 12.59 所示。

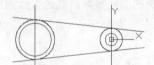

图 12.57　绘制辅助构造线

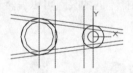

图 12.58　偏移辅助线

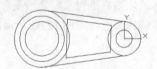

图 12.59　修剪辅助线及圆

（11）单击"可视化"选项卡"命名视图"面板中的"西南等轴测"按钮◈，将视图切换到西南等轴测方向。单击"默认"选项卡"绘图"面板中的"面域"按钮◙，分别将辅助线与圆及辅助线之间围成的两个区域创建为面域。

（12）单击"默认"选项卡"修改"面板中的"移动"按钮✛，将内环面域向上移动 5。

（13）单击"三维建模"选项卡"建模"面板中的"拉伸"按钮📕，分别将外环及内环面域向上拉伸 16 及 11。

（14）单击"三维工具"选项卡"实体编辑"面板中的"差集"按钮◘，将拉伸生成的两个实体进行差集运算，结果如图 12.60 所示。

（15）单击"三维工具"选项卡"实体编辑"面板中的"并集"按钮◗，将所有实体进行并集运算。

（16）单击"三维工具"选项卡"实体编辑"面板中的"圆角边"按钮◗，对实体中间内凹处进行倒圆角操作，圆角半径为 5。

（17）单击"三维工具"选项卡"实体编辑"面板中的"倒角边"按钮◗，对实体左右两部分顶面进行倒角操作，倒角距离为 3。单击"可视化"选项卡"视觉样式"面板中的"隐藏"按钮🗔，进行消隐处理后如图 12.61 所示。

（18）选取菜单命令"修改"→"三维操作"→"三维镜像"命令，将实体进行镜像处理，命令行提示与操作如下：

```
命令：_MIRROR3D
选择对象：选择实体✓
指定镜像平面(三点)的第一个点或[对象(O)/最近的(L)/Z 轴(Z)/视图(V)/XY 平面(XY)/YZ
平面(YZ)/ZX 平面(ZX)/三点(3)]<三点>：XY✓
指定 XY 平面上的点 <0,0,0>：✓
是否删除源对象？[是(Y)/否(N)]<否>：✓
```

镜像结果如图 12.62 所示。

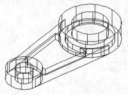 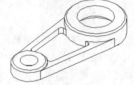 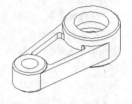

图 12.60　差集拉伸实体　　图 12.61　倒圆角及倒角后的实体　　图 12.62　镜像后的实体

12.1.18　夹点编辑

利用夹点编辑功能可以很方便地对三维实体进行编辑，与二维对象夹点编辑功能相似。

其方法很简单，单击要编辑的对象，系统显示编辑夹点，选择某个夹点，按住鼠标拖动，则三维对象随之改变。选择不同的夹点可以编辑对象的不同参数，红色夹点为当前编辑夹点，如图 12.63 所示。

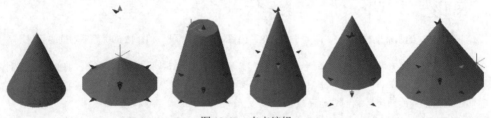

图 12.63　夹点编辑

12.2　综合演练——绘制壳体

本实例制作的壳体如图 12.64 所示。本实例主要采用的绘制方法是拉伸绘制实体的方法与直接利用三维实体绘制实体的方法。本实例设计思路：先通过上述两种方法建立壳体的主体部分，然后逐一建立壳体上的其他部分，最后对壳体进行圆角处理。要求读者对前几节介绍的绘制实体的方法有明确的认识。

图 12.64　壳体

12.2.1　绘制壳体主体

🖱️ **【操作步骤】**

1．设置线框密度

在命令行中输入 ISOLINES，设置线框密度为 10。切换视图到西南等轴测方向。

2．创建底座圆柱体

（1）单击"三维工具"选项卡"建模"面板中的"圆柱体"按钮▣，以(0,0,0)为圆心，创建直径为 84、高为 8 的圆柱体。

（2）单击"默认"选项卡"绘图"面板中的"圆"按钮⊙，以(0,0)为圆心，绘制直径为 76 的辅助圆。

（3）单击"三维工具"选项卡"建模"面板中的"圆柱体"按钮▣，捕捉ϕ76 圆的象限点为圆心，创建直径为 16、高为 8 及直径为 7、高为 6 的圆柱体；捕捉ϕ16 圆柱体顶面圆心为中心点，创建直径为 16、高为-2 的圆柱体。

（4）单击"默认"选项卡"修改"面板中的"环形阵列"按钮⬚，将创建的 3 个圆柱体进行环形阵列，阵列角度为 360°、阵列数目为 4、阵列中心为坐标原点。

（5）单击"三维工具"选项卡"实体编辑"面板中的"并集"按钮▦，将ϕ84 与高为 8 的ϕ16 进行并集运算；单击"三维工具"选项卡"实体编辑"面板中的"差集"按钮▦，将实体与其余圆柱体进行差集运算。消隐后结果如图 12.65 所示。

（6）单击"三维工具"选项卡"建模"面板中的"圆柱体"按钮▣，以(0,0,0)为圆心，分别创建直径为 60、高为 20 及直径为 40、高为 30 的圆柱体。

（7）单击"三维工具"选项卡"实体编辑"面板中的"并集"按钮▦，将所有实体进行并集运算。

（8）单击"默认"选项卡"修改"面板中的"删除"按钮✎，删除辅助圆，消隐后结果如图 12.66 所示。

3．创建壳体中间部分

（1）单击"三维工具"选项卡"建模"面板中的"长方体"按钮▣，在实体旁边创建长为 35、宽为 40、高为 6 的长方体。

（2）单击"三维工具"选项卡"建模"面板中的"圆柱体"按钮▣，以长方体底面右边中点为圆心，创建直径为 40、高为 6 的圆柱体。

（3）单击"三维工具"选项卡"实体编辑"面板中的"并集"按钮▦，将实体进行并集运算，如图 12.67 所示。

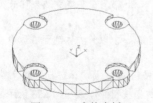

图 12.65　壳体底板

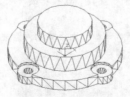

图 12.66　壳体底座

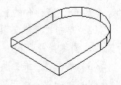

图 12.67　壳体中部

（4）单击"默认"选项卡"修改"面板中的"复制"按钮⬚，以创建的壳体中部实体底面圆心为基点，将其复制到壳体底座顶面的圆心处。

（5）单击"三维工具"选项卡"实体编辑"面板中的"并集"按钮 ，将壳体底座与复制的壳体中部进行并集运算，如图 12.68 所示。

4. 创建壳体上部

（1）单击"三维工具"选项卡"实体编辑"面板中的"拉伸面"按钮 ，将创建的壳体中部的顶面拉伸 30，左侧面拉伸 20，结果如图 12.69 所示。

（2）单击"三维工具"选项卡"建模"面板中的"长方体"按钮 ，以实体左下角点为角点，创建长为 28、宽为 5、高为 36 的长方体。

（3）单击"默认"选项卡"修改"面板中的"移动"按钮 ，以长方体左边中点为基点，将其移动到实体左边中点处，结果如图 12.70 所示。

（4）单击"三维工具"选项卡"实体编辑"面板中的"差集"按钮 ，将实体与长方体进行差集运算。

（5）单击"默认"选项卡"绘图"面板中的"圆"按钮 ，捕捉实体顶面圆心为圆心，绘制半径为 22 的辅助圆。

（6）单击"三维工具"选项卡"建模"面板中的"圆柱体"按钮 ，捕捉 R22 圆的右象限点为圆心，创建半径为 6、高为 -16 的圆柱体。

（7）单击"三维工具"选项卡"实体编辑"面板中的"并集"按钮 ，将实体进行并集运算，如图 12.71 所示。

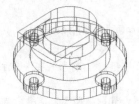

图 12.68　并集壳体中部　　　图 12.69　拉伸面操　　图 12.70　移动长方体　　图 12.71　并集运算
　　后的实体　　　　　　　　　作后的实体　　　　　　　　　　　　　　　　　　　后的实体

（8）单击"默认"选项卡"修改"面板中的"删除"按钮 ，删除辅助圆。

（9）单击"默认"选项卡"修改"面板中的"移动"按钮 ，以实体底面圆心为基点，将其移动到壳体顶面圆心处。

（10）单击"三维工具"选项卡"实体编辑"面板中的"并集"按钮 ，将实体进行并集运算，如图 12.72 所示。

5. 创建壳体顶板

（1）单击"三维工具"选项卡"建模"面板中的"长方体"按钮 ，在实体旁边创建长为 55、宽为 68、高为 8 的长方体。

（2）单击"三维工具"选项卡"建模"面板中的"圆柱体"按钮 ，以长方体底面右边中点为圆心，创建直径为 68、高为 8 的圆柱体。

（3）单击"三维工具"选项卡"实体编辑"面板中的"并集"按钮 ，将实体进行并集运算。

（4）单击"三维工具"选项卡"实体编辑"面板中的"复制边"按钮 ，如图 12.73 所示，选取实体底边，在原位置进行复制。

（5）单击"默认"选项卡"修改"面板中的"偏移"按钮 ，将复制的边向内偏移 7。

扫一扫，看视频

（6）单击"默认"选项卡"绘图"面板中的"构造线"按钮 ⟋，过多段线圆心绘制竖直辅助线及 45° 辅助线。

（7）单击"默认"选项卡"修改"面板中的"偏移"按钮 ⟘，将水平辅助线分别向左偏移12 及 40，如图 12.74 所示。

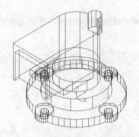
图 12.72　并集壳体上部后的实体

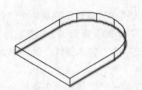
图 12.73　选取要复制的边线

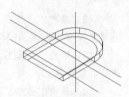
图 12.74　偏移辅助线

（8）单击"三维工具"选项卡"建模"面板中的"圆柱体"按钮 ⬚，捕捉辅助线与多段线的交点为圆心，分别创建直径为 7、高为 8 及直径为 14、高为 2 的圆柱体；选择菜单栏中的"修改"→"三维操作"→"三维镜像"命令，将圆柱体以 ZX 面为镜像面，以底面圆心为 ZX 面上的点，进行镜像操作；单击"三维工具"选项卡"实体编辑"面板中的"差集"按钮 ▣，将实体与镜像后的圆柱体进行差集运算。

（9）单击"默认"选项卡"修改"面板中的"删除"按钮 ⌫，删除辅助线；单击"默认"选项卡"修改"面板中的"移动"按钮 ✛，以壳体顶板底面圆心为基点，将其移动到壳体顶板顶面圆心处。

（10）单击"三维工具"选项卡"实体编辑"面板中的"并集"按钮 ▣，将实体进行并集运算，如图 12.75 所示。

6. 拉伸壳体面

单击"三维工具"选项卡"实体编辑"面板中的"拉伸面"按钮 ▣，如图 12.76 所示，选取壳体表面，拉伸-8，消隐后结果如图 12.77 所示。

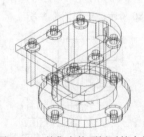
图 12.75　并集壳体顶板后的实体

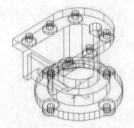
图 12.76　选取拉伸面

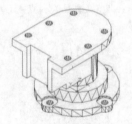
图 12.77　拉伸面后的壳体

12.2.2　绘制壳体的其他部分

🖱【操作步骤】

1. 创建壳体竖直内孔

（1）单击"三维工具"选项卡"建模"面板中的"圆柱体"按钮 ⬚，以(0,0,0)为圆心，分别创建直径为 18、高为 14 及直径为 30、高为 80 的圆柱体；以(-25,0,80)为圆心，创建直径为 12、高

扫一扫，看视频

为-40 的圆柱体；以(22,0,80)为圆心，创建直径为 6、高为-18 的圆柱体。

（2）单击"三维工具"选项卡"实体编辑"面板中的"差集"按钮 ⬚，将壳体与内形圆柱体进行差集运算。

2. 创建壳体前部凸台及孔。

（1）设置用户坐标系。在命令行输入 UCS，将坐标原点移动到(-25,-36,48)，并将其绕 X 轴旋转 90°。

（2）单击"三维工具"选项卡"建模"面板中的"圆柱体"按钮 ⬚，以(0,0,0)为圆心，分别创建直径为 30、高为-16，直径为 20、高为-12 及直径为 12、高为-36 的圆柱体。

（3）单击"三维工具"选项卡"实体编辑"面板中的"并集"按钮 ⬚，将壳体与φ30 圆柱体进行并集运算。

（4）单击"三维工具"选项卡"实体编辑"面板中的"差集"按钮 ⬚，将壳体与其余圆柱体进行差集运算，如图 12.78 所示。

扫一扫，看视频

3. 创建壳体水平内孔

（1）设置用户坐标系。在命令行中输入 UCS 命令，将坐标原点移动到(-25,10,-36)，并绕 Y 轴旋转 90°。

（2）单击"三维工具"选项卡"建模"面板中的"圆柱体"按钮 ⬚，以(0,0,0)为圆心，分别创建直径为 12、高为 8 及直径为 8、高为 25 的圆柱体；以(0,10,0)为圆心，创建直径为 6、高为 15 的圆柱体。

（3）选择菜单栏中的"修改"→"三维操作"→"三维镜像"命令，将φ6 圆柱体以当前 ZX 面为镜像面，进行镜像操作。

（4）单击"三维工具"选项卡"实体编辑"面板中的"差集"按钮 ⬚，将壳体与内形圆柱体进行差集运算，如图 12.79 所示。

4. 创建壳体肋板

（1）切换视图到前视图。

（2）单击"默认"选项卡"绘图"面板中的"多段线"按钮 ⬚，从点 1（中点）→点 2（垂足）→点 3（垂足）→点 4（垂足）→点 5(@0,-4)→点 1，如图 12.80 所示，绘制闭合多段线。

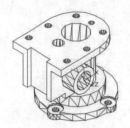
图 12.78　差集运算

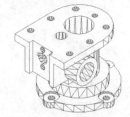
图 12.79　差集水平内孔后的壳体

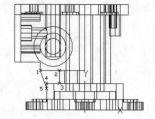
图 12.80　绘制闭合多段线

（3）单击"三维工具"选项卡"建模"面板中的"拉伸"按钮 ⬚，将闭合的多段线拉伸 3。

（4）选择菜单栏中的"修改"→"三维操作"→"三维镜像"命令，将拉伸实体，以当前 XY 面为镜像面进行镜像操作。

（5）单击"三维工具"选项卡"实体编辑"面板中的"并集"按钮 ⬚，将壳体与肋板进行并集运算。

12.2.3　倒角与渲染视图

🖱️【操作步骤】

（1）单击"三维工具"选项卡"实体编辑"面板中的"圆角边"按钮🔲和"倒角边"按钮🔲，对壳体进行倒角及倒圆角操作。

（2）利用"渲染"选项中的"渲染"命令，选择适当的材质对图形进行渲染，渲染后的效果如图 12.64 所示。

12.3　新　手　问　答

No.1：拉伸面与拉伸的区别是什么？

"拉伸"命令是对一个独立的面域进行拉伸得到实体，而且可以沿路径拉伸成任意形状；"拉伸面"命令是对已经存在的实体上某一个表面进行拉伸从而改变实体的原来形状。

No.2：删除面有什么作用？

在三维编辑中单独执行"删除面"命令对立体的改变不会产生什么影响，因为 AutoCAD 将面看作是无厚度的实体要素。

12.4　上　机　实　验

📇【练习 1】创建如图 12.81 所示的三通管。

扫一扫，看视频

图 12.81　三通管

1．目的要求

三维图形具有形象逼真的优点，但是三维图形的创建比较复杂，需要读者掌握的知识比较多。本练习要求读者熟悉三维模型的创建步骤，掌握三维模型的创建技巧。

2．操作提示

（1）创建 3 个圆柱体。

（2）镜像和旋转圆柱体。

（3）圆角处理。

📇【练习 2】创建如图 12.82 所示的轴。

扫一扫，看视频

图 12.82　轴

1．目的要求

轴是最常见的机械零件。本练习需要创建的轴集中了很多典型的机械结构形式，如轴体、孔、轴肩、键槽、螺纹、退刀槽、倒角等，因此需要用到的三维命令也比较多。通过本练习，可以使读者进一步熟悉三维绘图的操作。

2．操作提示

（1）顺次创建直径不等的 4 个圆柱体。

（2）对 4 个圆柱体进行并集处理。

（3）转换视角，绘制圆柱体孔。

（4）镜像并拉伸圆柱体孔。

（5）对轴体和圆柱体孔进行差集处理。

（6）采用同样的方法创建键槽结构。

（7）创建螺纹结构。

（8）对轴体进行倒角处理。

（9）渲染处理。

12.5　思考与练习

（1）实体中的"拉伸"命令和实体编辑中的"拉伸"命令的区别是（　　）。

    A. 没什么区别

    B. 前者是对多段线进行拉伸，后者是对面域进行拉伸

    C. 前者是由二维线框转为实体，后者是拉伸实体中的一个面

    D. 前者是拉伸实体中的一个面，后者是由二维线框转为实体

（2）抽壳是用指定的厚度创建一个空的薄层，可以为所有面指定一个固定的薄层厚度，通过选择面可以将这些面排除在壳外。一个三维实体有（　　）个壳，通过将现有面偏移出其原位置来创建新的面。

    A. 1　　　　　　　　B. 2　　　　　　　　C. 3　　　　　　　　D. 4

（3）如果需要在实体表面另外绘制二维截面轮廓，则必须应用（　　）工具条来建立绘图平面。

    A. 建模　　　　　　B. 实体编辑　　　　　C. UCS　　　　　　D. 三维导航

（4）绘制如图 12.83 所示的弯管接头。

（5）绘制如图 12.84 所示的内六角螺钉。

图 12.83　弯管接头

图 12.84　内六角螺钉

第 13 章　机械设计工程实例

本章导读

　　机械设计工程领域是 AutoCAD 应用的最主要领域，本章是 AutoCAD 2024 二维绘图命令在机械设计工程领域的综合应用。

　　在本章中，通过齿轮泵的零件图和装配图的绘制，学习 AutoCAD 绘制完整零件图和装配图的基础知识以及绘制方法和技巧。

13.1　机械制图概述

13.1.1　零件图绘制方法

　　零件图是设计者用以表达对零件设计意图的一种技术文件。

1. 零件图内容

　　零件图是表达零件结构形状、大小和技术要求的工程图样，工人根据它加工制造零件。一幅完整的零件图应包括以下内容。

　　（1）一组视图：表达零件的形状与结构。

　　（2）一组尺寸：标出零件上结构的大小、结构间的位置关系。

　　（3）技术要求：标出零件加工、检验时的技术指标。

　　（4）标题栏：注明零件的名称、材料、设计者、审核者、制造厂家等信息的表格。

2. 零件图绘制过程

　　零件图的绘制过程包括草绘和绘制工作图，AutoCAD 一般用作绘制工作图。绘制零件图包括以下几步。

　　（1）设置作图环境。作图环境的设置一般包括以下两方面。

　　1）选择比例：根据零件的大小和复杂程度选择比例，尽量采用 1:1 的比例。

　　2）选择图纸幅面：根据图形、标注尺寸、技术要求所需图纸幅面选择标准幅面。

　　（2）确定作图顺序，选择尺寸转换为坐标值的方式。

　　（3）标注尺寸，标注技术要求，填写标题栏。标注尺寸前要关闭剖面层，以免剖面线在标注尺寸时影响端点捕捉。

　　（4）校核与审核。

高手点拨：

机械设计零件图的作用与内容如下。

零件图：用于表达零件的形状、结构、尺寸、材料以及技术要求等的图样。

零件图的作用：生产准备、加工制造、质量检验和测量的依据。

零件图包括以下内容。

（1）一组图形：能够完整、正确、清晰地表达出零件各部分的结构、形状（视图、剖视图、断面图等）。

（2）一组尺寸：确定零件各部分结构、形状大小及相对位置的全部尺寸（定形、定位尺寸）。

（3）技术要求：用规定的符号、文字标注或说明表示零件在制造、检验、装配、调试等过程中应达到的要求。

13.1.2　装配图的绘制方法

装配图表达了部件的设计构思、工作原理和装配关系，也表达了各零件间的相互位置、尺寸关系及结构形状，是绘制零件工作图、部件组装、调试及维护等的技术依据。设计装配工作图时要综合考虑工作要求、材料、强度、刚度、磨损、加工、装拆、调整、润滑和维护以及经济等诸多因素，并要使用足够的视图表达清楚。

1. 装配图内容

（1）一组图形：用一般表达方法和特殊表达方法正确、完整、清晰和简洁地表达装配体的工作原理，零件之间的装配关系、连接关系和零件的主要结构形状。

（2）必要的尺寸：在装配图上必须标注出表示装配体的性能、规格以及装配、检验、安装时所需的尺寸。

（3）技术要求：用文字或符号说明装配体的性能、装配、检验、调试、使用等方面的要求。

（4）标题栏、零件序号和明细表：按一定的格式将零件、部件进行编号，并填写标题栏和明细表，以便读图。

2. 装配图绘制过程

绘制装配图时应注意检验、校正零件的形状、尺寸，纠正零件草图中的不妥或错误之处。

（1）绘图前应当进行必要的设置，如绘图单位、图幅大小、图层线型、线宽、颜色、字体格式、尺寸格式等。设置方法见前述章节，为了绘图方便，尽量选用 1:1 的比例。

（2）绘图步骤。

1）根据零件草图、装配示意图绘制各零件图，各零件的比例应当一致，零件尺寸必须准确，可以暂不标尺寸，将每个零件用 WBLOCK 命令定义为.dwg 文件。定义时，必须选好插入点，插入点应当是零件间相互有装配关系的特殊点。

2）调入装配干线上的主要零件，如轴，然后沿装配干线展开，逐个插入相关零件。插入后，若需要剪断不可见的线段，应当分解插入块。插入块时应当注意确定它的轴向和径向定位。

3）根据零件之间的装配关系，检查各零件的尺寸是否有干涉现象。

4）根据需要对图形进行缩放、布局排版，然后根据具体情况设置尺寸样式，标注好尺寸及公差，最后填写标题栏，完成装配图。

13.2　绘制齿轮泵零件图

齿轮泵零件包括前盖、后盖、泵体、齿轮、传动轴、支撑轴和螺钉等，这里主要介绍前盖、泵体和齿轮零件图的设计过程。

13.2.1　齿轮泵泵体设计

本实例绘制如图 13.1 所示的齿轮泵泵体零件图。齿轮泵泵体的绘制是系统使用 AutoCAD 2024 二维绘图功能的综合实例。

制作思路：依次绘制齿轮泵泵体的主视图、剖视图，充分利用多视图投影对应关系，绘制辅助定位直线。在本实例中，局部剖视图在齿轮泵泵体的绘制过程中也得到了充分应用。

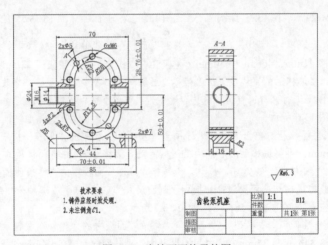

图 13.1　齿轮泵泵体零件图

🖱【操作步骤】

（电子资料\实例演示\第 13 章\齿轮泵泵体设计.avi）

扫一扫，看视频

1. 配置绘图环境

打开随书电子资料中的"源文件\样板图\A4 横向样板图.dwg 文件"，将其另存为"13.2 齿轮泵机座.dwg"。

2. 绘制齿轮泵泵体主视图

（1）切换图层。将"中心线层"设定为当前图层。

（2）绘制中心线。单击"默认"选项卡"绘图"面板中的"直线"按钮 ✏，绘制 3 条水平直线，即直线 {(47,205), (107,205)}、直线 {(34.5,190), (119.5,190)}、直线 {(47,176.24), (107,176.24)}；

绘制一条竖直直线{(77,235), (77,145)}，如图13.2所示。

（3）切换图层。将"粗实线层"设定为当前图层。

（4）绘制圆。单击"默认"选项卡"绘图"面板中的"圆"按钮⊙，以上下两条中心线和竖直中心线的交点为圆心，分别绘制半径为17.3mm、22mm和28mm的圆，并将半径为22mm的圆设置为"中心线层"，结果如图13.3所示。

（5）绘制直线。单击"默认"选项卡"绘图"面板中的"直线"按钮╱，绘制圆的切线；将与半径为22mm的圆相切的直线放置在"中心线层"。单击"默认"选项卡"修改"面板中的"修剪"按钮✂，对图形进行修剪，结果如图13.4所示。

（6）绘制销孔和螺栓孔。单击"默认"选项卡"绘图"面板中的"圆"按钮⊙，绘制销孔和螺栓孔，对螺栓孔进行修剪，结果如图13.5所示。（注意，螺纹外径用细实线绘制）。

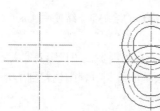 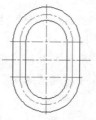 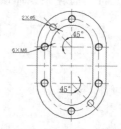

图13.2 绘制中心线　　图13.3 绘制圆　　图13.4 绘制直线　　图13.5 绘制销孔和螺栓孔

扫一扫，看视频

（7）绘制底座。单击"默认"选项卡"修改"面板中的"偏移"按钮⊏，将中间的水平中心线分别向下偏移41mm、46mm和50mm，将竖直中心线分别向两侧偏移22mm和42.5mm，并调整直线的长度，将偏移后的直线设置为"粗实线层"；单击"默认"选项卡"修改"面板中的"修剪"按钮✂，对图形进行修剪；单击"默认"选项卡"修改"面板中的"圆角"按钮⌐，进行圆角处理，结果如图13.6所示。

（8）绘制底座螺栓孔。单击"默认"选项卡"修改"面板中的"偏移"按钮⊏，将中心线向左右各偏移35mm；再将偏移后的右侧中心线向两侧各偏移3.5，并将偏移后的直线放置在"粗实线层"；切换到"细实线层"，单击"默认"选项卡"绘图"面板中的"样条曲线拟合"按钮∿，在底座上绘制曲线构成剖切平面界线；切换到"剖面层"，单击"默认"选项卡"绘图"面板中的"图案填充"按钮▨，绘制剖面线，结果如图13.7所示。

扫一扫，看视频

（9）绘制进出油管。单击"默认"选项卡"修改"面板中的"偏移"按钮⊏，将竖直中心线分别向两侧偏移34mm和35mm，将中间的水平中心线分别向两侧偏移7mm、8mm和12mm，将偏移8mm后的直线改为"细实线层"；将偏移后的其他直线改为"粗实线层"，并在"粗实线层"绘制倒角斜线；单击"默认"选项卡"修改"面板中的"修剪"按钮✂，对图形进行修剪，结果如图13.8所示。

（10）细化进出油管。单击"默认"选项卡"修改"面板中的"圆角"按钮⌐，进行圆角处理，圆角半径为2mm；切换到"细实线层"，单击"默认"选项卡"绘图"面板中的"样条曲线拟合"按钮∿，将绘制的曲线构成剖切平面；切换到"剖面层"，单击"默认"选项卡"绘图"面板中的"图案填充"按钮▨，绘制剖面线，完成主视图的绘制，结果如图13.9所示。

3. 绘制齿轮泵泵体剖视图

（1）绘制定位直线。单击"默认"选项卡"绘图"面板中的"直线"按钮╱，以主视图中的特征点为起点，利用"对象捕捉"和"正交"功能绘制水平定位线，将中心线放置在"中心线层"，结果如图13.10所示。

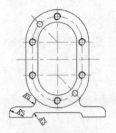

图 13.6　绘制底座

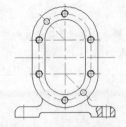

图 13.7　绘制底座螺栓孔

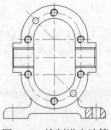

图 13.8　绘制进出油管

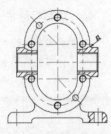

图 13.9　细化进出油管

（2）绘制剖视图轮廓线。单击"默认"选项卡"绘图"面板中的"直线"按钮 ，绘制两条竖直直线 {(191,233), (191,140)} 和 {(203,200), (203,180)}；将绘制的第 2 条直线放置在"中心线层"。单击"默认"选项卡"修改"面板中的"偏移"按钮 ，将竖直直线分别向右偏移 4mm、20mm和 24mm；单击"默认"选项卡"绘图"面板中的"圆"按钮 ，绘制直径分别为 14mm 和 16mm的圆，其中 14mm 的圆在"粗实线层"，16mm 的圆在"细实线层"；单击"默认"选项卡"修改"面板中的"修剪"按钮 ，对图形的多余图线进行修剪，结果如图 13.11 所示。

（3）圆角处理。单击"默认"选项卡"修改"面板中的"圆角"按钮 ，采用修剪、半径模式对剖视图进行圆角操作，圆角半径为 3mm，结果如图 13.12 所示。

（4）绘制剖面线。切换到"剖面层"，单击"默认"选项卡"绘图"面板中的"图案填充"按钮 ，绘制剖面线，结果如图 13.13 所示。

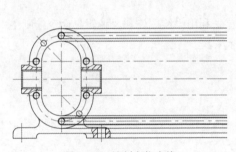

图 13.10　绘制定位直线

图 13.11　绘制剖视图轮廓线

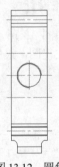

图 13.12　圆角处理

图 13.13　绘制剖面线

扫一扫，看视频

4．标注齿轮泵泵体

（1）切换图层。将当前图层切换到"尺寸标注层"，单击"默认"选项卡"注释"面板中的"标注样式"按钮 ，单击"修改"按钮，将"文字高度"设置为 4.5，将"机械制图标注"样式设置为当前使用的标注样式。

（2）尺寸标注。单击"默认"选项卡"注释"面板中的"线性"按钮 、"半径"按钮 和"直径"按钮 ，对主视图和左视图进行尺寸标注。其中，标注尺寸公差时要替代标注样式，结果如图 13.14 所示。

（3）表面粗糙度与剖切符号标注。按照以前学过的方法标注表面粗糙度。

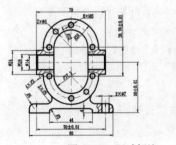

图 13.14　尺寸标注

5. 填写标题栏

按照前面学过的方法填写技术要求与标题栏。将"标题栏层"设置为当前图层，在标题栏中输入文字"齿轮泵机座"。齿轮泵泵体设计的最终效果如图 13.15 所示。

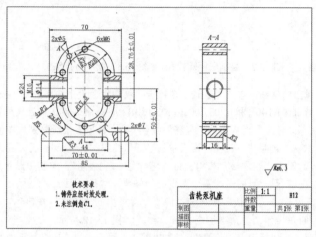

图 13.15　齿轮泵泵体设计

13.2.2　圆锥齿轮设计

本小节绘制如图 13.16 所示的圆锥齿轮。首先利用"绘图"和"编辑"命令绘制主视图，然后绘制左视图，最后对图形进行尺寸标注。

【操作步骤】

1. 新建文件

选择菜单栏中的"文件"→"新建"命令，打开"选择样板"对话框，单击"打开"按钮右侧的下拉按钮▼，以"无样板打开—公制"的方式创建一个新的图形文件。

2. 设置图层

单击"默认"选项卡"图层"面板中的"图层特性"按钮，打开"图层特性管理器"对话框，在该对话框中依次创建"轮廓线""细实线""中心线""剖面线"和"尺寸标注"五个图层，并设置"轮廓线"的线宽为 0.3mm，设置"中心线"的线型为 CENTER2，颜色为红色。

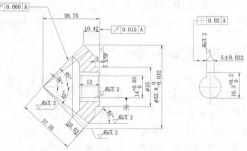

图 13.16　圆锥齿轮

3. 绘制主视图

（1）绘制中心线。将"中心线"图层设置为当前图层，单击"默认"选项卡"绘图"面板中的"直线"按钮，绘制 3 条中心线用于确定图形中各对象的位置，如图 13.17 所示。

（2）偏移中心线。单击"默认"选项卡"修改"面板中的"偏移"按钮 ⊑，将左侧水平中心线向上偏移，偏移的距离分别为 7、9.3、12.5、26.42；将图 13.17 中左边的竖直中心线向左偏移，偏移的距离分别为 3、10.42、13、36.75，并将偏移的直线转换到"轮廓线"图层，效果如图 13.18 所示。

（3）绘制斜线。将"轮廓线"图层置为当前图层，单击"默认"选项卡"绘图"面板中的"直线"按钮 ／，绘制斜线，如图 13.19 所示。

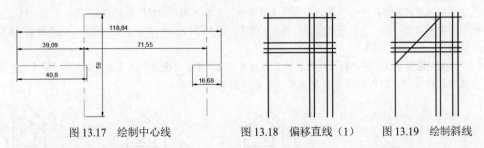

图 13.17　绘制中心线　　　　图 13.18　偏移直线（1）　　　图 13.19　绘制斜线

（4）绘制直线。单击"默认"选项卡"绘图"面板中的"直线"按钮 ／，绘制如图 13.20 所示的直线。

（5）偏移直线。单击"默认"选项卡"修改"面板中的"偏移"按钮 ⊑，将上一步绘制的直线向下偏移 10.03，结果如图 13.21 所示。

（6）绘制角度线。单击"默认"选项卡"绘图"面板中的"直线"按钮 ／，绘制如图 13.22 所示的角度线。

（7）绘制竖直直线。单击"默认"选项卡"绘图"面板中的"直线"按钮 ／，绘制竖直直线，结果如图 13.23 所示。

（8）修剪图形。单击"默认"选项卡"修改"面板中的"修剪"按钮 ✂ 和"删除"按钮 ✍，修剪多余的线段，结果如图 13.24 所示。

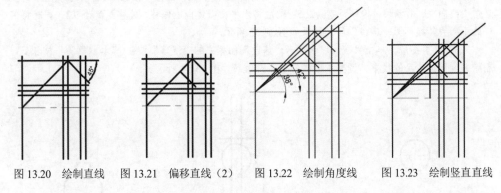

图 13.20　绘制直线　　　图 13.21　偏移直线（2）　　　图 13.22　绘制角度线　　　图 13.23　绘制竖直直线

（9）倒角。单击"默认"选项卡"修改"面板中的"倒角"按钮 ／，对图中的相应部分进行倒角，倒角距离为 1；然后单击"默认"选项卡"绘图"面板中的"直线"按钮 ／，绘制直线；最后单击"默认"选项卡"修改"面板中的"修剪"按钮 ✂，修剪掉多余的直线，结果如图 13.25 所示。

（10）打断直线。单击"默认"选项卡"修改"面板中的"打断于点"按钮 ☐，将如图 13.26 所示的角度线打断，将打断之后的直线置为"细实线"层，结果如图 13.27 所示。将剩余的角度线图层置为"中心线"层，结果如图 13.28 所示。

图 13.24　修剪图形　　图 13.25　绘制倒角　　图 13.26　打断角度线　图 13.27　修改图层（1）

（11）镜像图形。单击"默认"选项卡"修改"面板中的"镜像"按钮▲，将水平中心线上方绘制的图形以水平中心线为镜像线进行镜像，结果如图 13.29 所示。将多余直线删除，结果如图 13.30 所示。

（12）图案填充。将"剖面线"层设置为当前图层，单击"默认"选项卡"绘图"面板中的"图案填充"按钮▨，对图形进行图案填充，结果如图 13.31 所示。

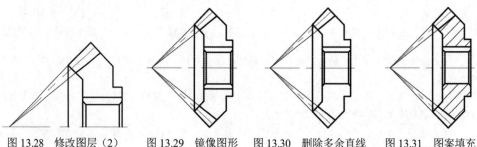

扫一扫，看视频

图 13.28　修改图层（2）　　图 13.29　镜像图形　　图 13.30　删除多余直线　　图 13.31　图案填充

4. 绘制左视图

（1）绘制圆。将"轮廓线"图层置为当前，单击"默认"选项卡"绘图"面板中的"圆"按钮⊙，以右侧水平中心线和竖直中心线交点为圆心绘制半径为 7 的圆，结果如图 13.32 所示。

（2）偏移直线。单击"默认"选项卡"修改"面板中的"偏移"按钮⊏，将左视图中的竖直中心线向左、右偏移，偏移距离为 2.5；然后将水平中心线向上偏移，偏移距离为 9.3，同时将偏移的中心线转换到"轮廓线"层，结果如图 13.33 所示。

（3）修剪图形。单击"默认"选项卡"修改"面板中的"修剪"按钮✂和"删除"按钮✐，删除并修剪掉多余的线条，调整中心线的长度，结果如图 13.34 所示。

图 13.32　绘制圆　　　　　图 13.33　偏移中心线　　　　图 13.34　修剪图形

5. 添加标注

（1）创建新标注样式。将"尺寸标注"设置为当前图层。单击"默认"选项卡"注释"面板中的"标注样式"按钮，新建"机械制图标注"样式，设置为当前使用的标注样式。

（2）标注无公差线性尺寸。单击"默认"选项卡"注释"面板中的"线性"按钮┠━┤和"对齐"按钮┗━╲，标注图中无公差线性尺寸，如图 13.35 所示。

（3）标注无公差直径尺寸。单击"默认"选项卡"注释"面板中的"线性"按钮┠━┤，通过修改标注文字，使用线性标注命令对圆进行标注，如图 13.36 所示。

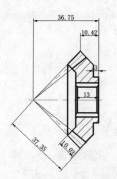
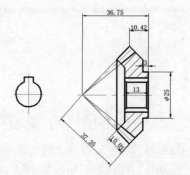

图 13.35　标注无公差线性尺寸　　　　　　　图 13.36　标注无公差直径尺寸

扫一扫，看视频

（4）标注角度尺寸。单击"默认"选项卡"注释"面板中的"角度"按钮╱╲，标注角度尺寸，结果如图 13.37 所示。

（5）设置带公差标注样式。在新文件中创建标注样式，进行相应的设置，并将其设置为当前使用的标注样式。

（6）标注带公差尺寸。单击"默认"选项卡"注释"面板中的"线性"按钮┠━┤，对图中带公差尺寸进行标注，结果如图 13.38 所示。

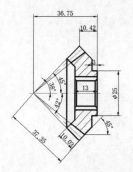
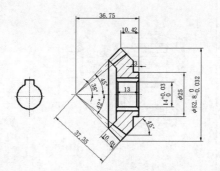

图 13.37　标注角度尺寸　　　　　　　　　图 13.38　标注带公差尺寸

（7）基准符号。单击"默认"选项卡"绘图"面板中的"矩形"按钮□、"图案填充"按钮▨、"直线"按钮╱及"文字"按钮 A，绘制基准符号。

（8）标注形位公差。单击"注释"选项卡"标注"面板中的"公差"按钮⊕￼，标注形位公差，效果如图 13.39 所示。

（9）标注表面粗糙度。单击"默认"选项卡"块"面板中的"插入"下拉菜单中的"最近使用的块"选项，系统弹出"块"选项板，插入"粗糙度"块。在屏幕上指定插入点和旋转角度，输入粗糙度值，标注表面粗糙度，如图 13.40 所示。最终效果如图 13.16 所示。

扫一扫，看视频

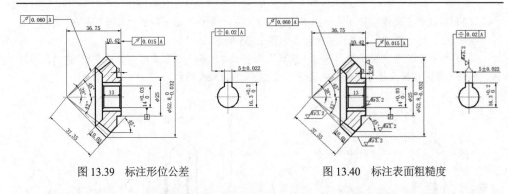

图 13.39　标注形位公差　　　　　　　　　　图 13.40　标注表面粗糙度

13.3　综合演练——齿轮泵装配图

装配图不同于一般的零件图，它有自身的一些基本规定和画法，如装配图中两个零件接触表面只绘制一条实线，不接触表面以及非配合表面绘制两条实线；两个（或两个以上）零件的剖面图相互连接时，要使其剖面线各不相同，以便区分，但同一个零件在不同位置的剖面线必须保持一致等。

本实例绘制如图 13.41 所示的齿轮泵总成。齿轮泵总成的绘制过程是系统使用 AutoCAD 2024 二维绘图功能的综合实例。

制作思路：首先将绘制图形中的零件图生成图块，然后将这些图块插入到装配图中，接着补全装配图中的其他零件，最后再添加尺寸标注、标题栏等，完成齿轮泵总成设计。

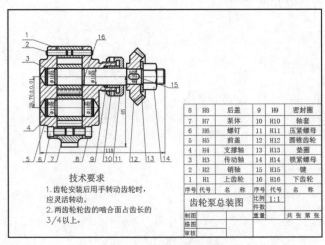

图 13.41　齿轮泵总成设计

【操作步骤】

（电子资料\实例演示\第 13 章\齿轮泵总成设计.avi）

1. 配置绘图环境

打开随书电子资料中的"源文件\样板图\A4 横向样板图.dwg"文件，将其另存为"齿轮泵总成设计.dwg"。

2. 绘制齿轮泵总成

（1）绘制图形。单击快速访问工具栏中的"打开"按钮 📂，打开随书电子资料中的"源文件\第 13 章\轴总成.dwg"文件，然后选择"编辑"→"复制"命令复制"轴总成"图形，并选择"编辑"→"粘贴"命令，将其粘贴到"齿轮泵总成设计.dwg"中。同样地，打开随书电子资料中的"源文件\第 13 章\齿轮泵前盖设计.dwg 文件、齿轮泵后盖设计.dwg、齿轮总成.dwg"文件，以同样的方式复制到"齿轮泵总成设计.dwg"中，并将"齿轮泵前盖设计.dwg"文件进行镜像，将"齿轮泵后盖设计.dwg"文件旋转 180° 后进行镜像，结果如图 13.42 所示。

扫一扫，看视频

（2）定义块。单击"默认"选项卡"块"面板中"创建块"按钮 🖼️，分别定义其中的齿轮泵前盖设计、齿轮泵后盖设计和齿轮总成图块，块名分别为"齿轮泵前盖""齿轮泵后盖"和"齿轮总成"，单击"拾取点"按钮，拾取点 A、点 B、点 C，如图 13.43 所示。再单击"默认"选项卡"修改"面板中的"删除"按钮 ✏️，将所选择对象删除。

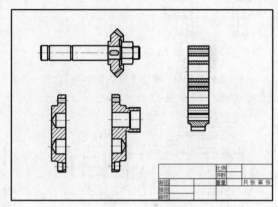

图 13.42　绘制图形

（3）插入齿轮泵前盖块。单击"默认"选项卡"块"面板中的"插入"下拉菜单中的"最近使用的块"选项，选择齿轮泵前盖块图形，选择点 1，插入齿轮泵前盖块，结果如图 13.44 所示。

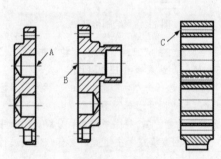

图 13.43　定义块

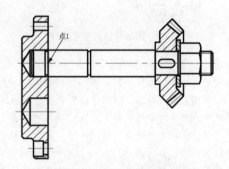

图 13.44　插入齿轮泵前盖块

（4）插入齿轮泵后盖块。单击"默认"选项卡"块"面板中的"插入"下拉菜单中的"最近使用的块"选项，选择齿轮泵后盖块图形，选择点 2，插入齿轮泵后盖块，结果如图 13.45 所示。

（5）插入齿轮总成。单击"默认"选项卡"块"面板中的"插入"下拉菜单中的"最近使用的块"选项，选择齿轮总成块图形，选择点 3，插入齿轮总成块，结果如图 13.46 所示。

（6）分解块。单击"默认"选项卡"修改"面板中的"分解"按钮 🗗，将图 13.46 中的各块分解。

（7）删除并修剪多余直线。单击"默认"选项卡"修改"面板中的"删除"按钮 ✏️，将多余直线删除；再单击"默认"选项卡"修改"面板中的"修剪"按钮 ✂️，对多余直线进行修剪，结果如图 13.47 所示。

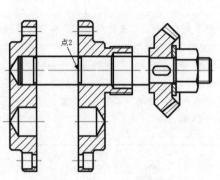

图 13.45　插入齿轮泵后盖块　　　　　图 13.46　插入齿轮总成

（8）绘制传动轴。单击"默认"选项卡"修改"面板中的"复制"按钮和"镜像"按钮，绘制传动轴，结果如图 13.48 所示。

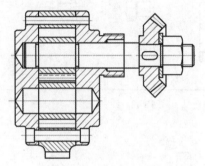
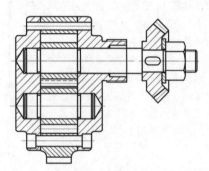

图 13.47　删除并修剪多余直线　　　　　图 13.48　绘制传动轴

（9）细化销钉和螺钉。单击"默认"选项卡"绘图"面板中的"直线"按钮和单击"默认"选项卡"修改"面板中的"偏移"按钮，细化销钉和螺钉，结果如图 13.49 所示。

（10）插入轴套、密封圈和压紧螺母图块。单击"默认"选项卡"块"面板中的"插入"下拉菜单中的"最近使用的块"选项，插入"轴套""密封圈"和"压紧螺母"图块。

（11）单击"默认"选项卡"修改"面板中的"分解"按钮，将图中的各块分解。删除并修剪多余直线，并单击"默认"选项卡"绘图"面板中的"图案填充"按钮，对部分区域进行填充。最终完成齿轮泵总成的绘制，结果如图 13.50 所示。

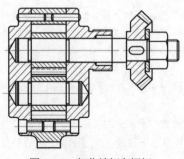
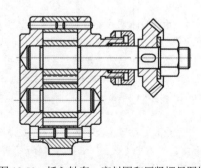

图 13.49　细化销钉和螺钉　　　　　图 13.50　插入轴套、密封圈和压紧螺母图块

3. 尺寸标注

（1）切换图层。将当前图层从"剖面层"切换到"尺寸标注层"。单击"默认"选项卡"注释"面板中的"标注样式"按钮，将"机械制图标注"样式设置为当前使用的标注样式。注意设置替代标注样式。

（2）尺寸标注。单击"默认"选项卡"注释"面板中的"线性"按钮，对主视图进行尺寸标注，结果如图 13.51 所示。

4. 创建明细表及标注序号

（1）设置文字标注格式。单击"默认"选项卡"注释"面板中的"文字样式"按钮A，打开"文字样式"对话框，在"样式名"下拉列表框中选择"技术要求"选项，单击"置为当前"按钮，将其设置为当前使用的文字样式。

（2）文字标注与表格绘制。绘制明细表，输入文字并标注序号，如图 13.52 和图 13.53 所示。

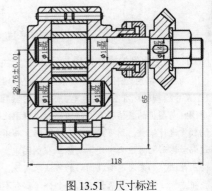

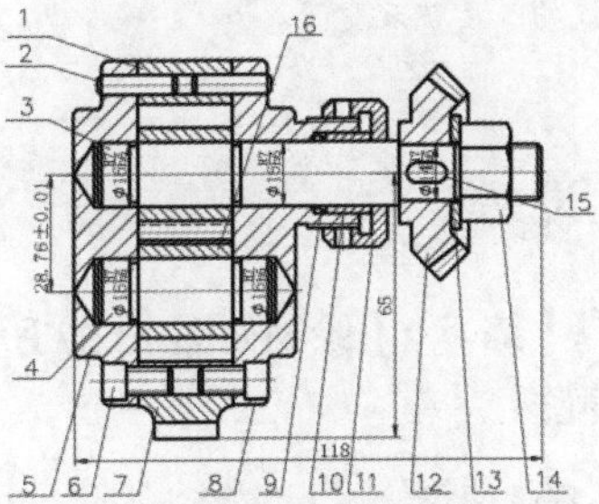

图 13.51　尺寸标注

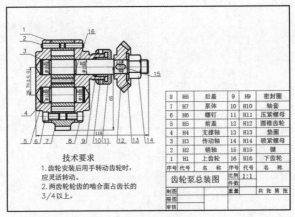

图 13.52　标注序号

8	H8	后盖	9	H9	密封圈
7	H7	泵体	10	H10	轴套
6	H6	螺钉	11	H11	压紧螺母
5	H5	前盖	12	H12	圆锥齿轮
4	H4	支撑轴	13	H13	垫圈
3	H3	传动轴	14	H14	锁紧螺母
2	H2	销轴	15	H15	键
1	H1	上齿轮	16	H16	下齿轮
序号	代号	名　称	序号	代号	名　称

图 13.53　明细表

5. 填写标题栏及技术要求

按前面学习的方法填写技术要求和标题栏。技术要求如图 13.54 所示，齿轮泵总成设计的最终效果如图 13.55 所示。

技术要求
1.齿轮安装后用手转动齿轮时，应灵活转动。
2.两齿轮轮齿的啮合面占齿长的3/4以上。

图 13.54　技术要求

图 13.55　齿轮泵总成设计

13.4 新手问答

No.1：制图比例的操作技巧是什么？

为获得制图比例图纸，一般绘图是先插入按1:1尺寸绘制的标准图框，再单击 SCALE 按钮，利用图样与图框的数值关系，将图框按"制图比例的倒数"进行缩放，则可绘制1:1的图形，而不必通过缩放图形的方法来实现。实际工程制图中，也多使用此法，如果通过缩放图形的方法来实现，往往会对"标注"尺寸带来影响。每个公司都有不同的图幅规格的图框，在制作图框时，大多都会按照1:1的比例绘制 A0、A1、A2、A3、A4 图框。其中，A1 和 A2 图幅还经常用到立式图框。另外，如果需要用到加长图框，应该在图框的长边方向，按照图框长边的1/4倍数增加。把不同大小的图框按照出图的比例放大，将图框"套"住图样即可。

No.2："!"键的使用。

假设屏幕上有一条已知长度的线（指单线、多段线，未知长度当然也可以），且与水平方向有一定的角度，要求将它缩短一定的长度且方向不变，操作过程如下：直接选取该线，使其夹点出现，将光标移动到要缩短的一端并激活该夹点，使这条线变为可拉伸的皮筋线，将光标按该线的方向移动，使皮筋线和原线段重合，移动的距离没有限制。有人觉得移动的方向不能和原来一样，那么就用辅助点捕捉命令，输入"捕捉到最近点"（即 Near 命令），然后在"Near 到（即 Near to）"的提示后输入!××（××为具体数值）后按 Enter 键，该线的长度就改变了。

13.5 上机实验

【练习1】绘制如图13.56所示的阀体零件图。

1. 目的要求

通过本实验，使读者掌握零件图的完整绘制过程和方法。

扫一扫，看视频

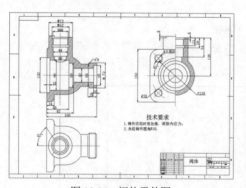

图 13.56　阀体零件图

2. 操作提示

（1）绘制或插入图框和标题栏。
（2）进行基本设置。
（3）绘制视图。
（4）标注尺寸和技术要求。
（5）填写标题栏。

【练习2】绘制如图13.57所示的球阀装配图。

1. 目的要求

通过本实验，使读者掌握装配图的完整绘制过程和方法。

2. 操作提示

（1）绘制或插入图框和标题栏。
（2）进行基本设置。
（3）绘制视图。
（4）标注尺寸和技术要求。
（5）绘制明细表并填写标题栏。

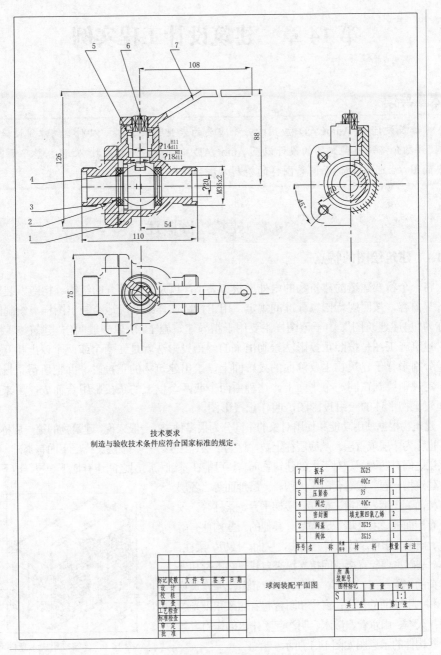

技术要求
制造与验收技术条件应符合国家标准的规定。

7	扳手	ZG25	1	
6	阀杆	40Cr	1	
5	压紧套	35	1	
4	阀芯	40Cr	1	
3	密封圈	填充聚四氟乙烯	2	
2	阀盖	ZG25	1	
1	阀体	ZG25	1	
序号	名　称	材　料	数量	备注

标记	处数	文件号	签字	日期		球阀装配平面图	所属装配号			
设　计							图样标记	重　量	比　例	
校　核									1:1	
审　查							S			
工艺检查							共 1 张		第 1 张	
标准检查										
审　定										
批　准										

图 13.57　球阀装配图

第 14 章　建筑设计工程实例

本章导读

　　建筑设计是 AutoCAD 应用的一个重要的专业领域。本章以别墅的建筑设计为例，详细介绍建筑施工图的设计以及 AutoCAD 绘制方法与相关技巧，包括总平面图、平面图、立面图和剖面图等图样的绘制方法和技巧。

14.1　建筑绘图概述

14.1.1　建筑绘图的特点

　　将一个将要建造的建筑物的内外形状和大小，以及各个部分的结构、构造、装修、设备等内容，按照现行国家标准的规定，用正投影法详细准确地绘制出图样，绘制的图样称为"房屋建筑图"。由于该图样主要用于指导建筑施工，所以一般叫作"建筑施工图"。

　　建筑施工图是按照正投影法绘制出来的。正投影法就是在两个或两个以上相互垂直的、分别平行于建筑物主要侧面的投影面上，绘出建筑物的正投影，并把所得正投影按照一定规则绘制在同一个平面上。这种由两个或两个以上的正投影组合而成，用来确定空间建筑物形体的一组投影图，叫作正投影图。

　　建筑物根据使用功能和使用对象的不同分为很多种类。一般来说，建筑物的第一层称为底层，也称为一层或首层。从底层往上数，称为二层、三层、…、顶层。一层下面有基础，基础和底层之间有防潮层。对于大的建筑物而言，可能在基础和底层之间还有地下一层、地下二层等。建筑物一层一般有台阶、大门、一层地面等。各层均有楼面、走道、门窗、楼梯、楼梯平台、梁柱等。顶层还有屋面板、女儿墙、天沟等。其他的一些构件有雨水管、雨篷、阳台、散水等。其中，屋面、楼板、梁柱、墙体、基础主要起直接或间接支撑来自建筑物本身和外部载荷的作用；门、走廊、楼梯、台阶起着沟通建筑物内外和上下交通的作用；窗户和阳台起着通风和采光的作用；天沟、雨水管、散水、明沟起着排水的作用。其中一些构件的示意图如图 14.1 所示。

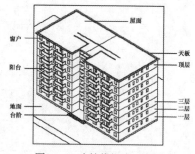

图 14.1　建筑物组成示意图

14.1.2　建筑绘图分类

　　建筑图根据图纸的专业内容或作用不同分为以下几类。

　　（1）图纸目录：首先列出新绘制的图纸，再列出所用的标准图纸或重复利用的图纸。一个新的工程都要绘制一定的新图纸。在目录中，这部分图纸位于前面，可能还用到大量的标准图纸或重复使用的图纸，放在目录的后面。

（2）设计总说明：包括施工图的设计依据、工程的设计规模和建筑面积、相对标高与绝对标高的对应关系、建筑物内外的使用材料说明、新技术新材料或特殊用法的说明、门窗表等。

（3）建筑施工图：由总平面图、平面图、立面图、剖面图和构造详图构成。建筑施工图简称为"建施"。

（4）结构施工图：由结构平面布置图、构件结构详图构成。结构施工图简称为"结施"。

（5）设备施工图：由给排水、采暖通风、电气等设备的布置平面图和详图构成。设备施工图简称为"设施"。

14.2　高层住宅建筑平面图

本节将以工程设计中常见的建筑平面图为例，详细介绍建筑平面图的 AutoCAD 绘制方法与技巧。通过本设计案例的学习，综合前面有关章节的建筑平面图的绘图方法，进一步巩固其相关绘图知识和方法，全面掌握建筑平面图的绘制方法。

本节以板式高层住宅建筑作为建筑平面图绘制范例。目前，高层住宅成为市场主流，板式高层南北通透，便于采光与通风，户型方正，各套户型的优劣差距较小，而且各功能空间尺度适宜，得房率也较高。但是，由于板式高层楼体占地面积大，在园林规划上容易产生缺憾，如大社区难逃兵营式、行列式的单调布局以及绿地相对较少等。点式高层虽然有公摊大、密度大、通风和采光易受楼体遮挡、多户共用电梯、难以保证私密性等缺点，但其优势也十分明显，如外立面变化丰富，更适合采用角窗、弧形窗等宽视角窗户，房型和价格多样化等。另外，在小区园林、景观方面，较板式高层要活泼许多。

板式高层和点式高层的界限正在日渐模糊。通过对居家舒适度的把握，开发商对板式高层和点式高层做了诸多创新，将板式高层与点式高层的优势演绎到了极致，这种结合的结果使户型更加灵活合理。

下面介绍如图 14.2 所示的住宅平面空间建筑平面图设计的相关知识及其绘图方法与技巧。

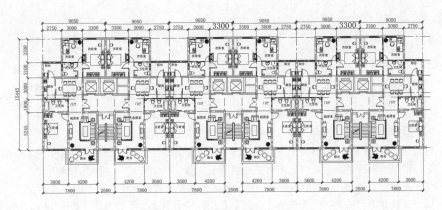

图 14.2　住宅平面空间建筑平面

✏ 提示:

　　住宅的基本功能不外乎睡眠、休息、饮食、盥洗、家庭团聚、会客、视听、娱乐、学习、工作等。这些功能是相对的，其中又有静或闹、私密或外向等不同特点，如睡眠、学习要求静，同时睡眠又有私密性的要求。在住宅平面空间中，其功能房间有客厅、餐厅、主卧室及卫生间、次卧室、书房、厨房、公用卫生间（客卫）和阳台等。通常所说的三居室类型有三室两厅一卫、三室两厅两卫等。

🖱【操作步骤】

　　（电子资料\实例演示\第 14 章\高层住宅建筑平面图.avi）

扫一扫，看视频

14.2.1　建筑平面墙体绘制

　　本小节介绍居室各个房间墙体轮廓线的绘制方法与技巧。

　　（1）单击"默认"选项卡"绘图"面板中的"直线"按钮 ╱，绘制居室墙体的轴线，所绘制的轴线长度要略大于居室的总长度或总宽度尺寸，如图 14.3 所示。

　　（2）将轴线的线型由实线线型改为点画线线型，如图 14.4 所示。

✏ 提示:

　　改变线型为点画线的方法是先单击所绘的直线，然后在"对象特性"工具栏中单击"线型控制"下拉列表，选择点画线，所选择的直线将改变线型，得到建筑平面图的轴线点画线。若还未加载此种线型，则选择"其他"命令选项加载此种点画线线型。

　　（3）单击"默认"选项卡"修改"面板中的"偏移"按钮 ⊂ 和"延伸"按钮 ⟶，根据居室开间或进深创建轴线，如图 14.5 所示。

　　（4）按上述方法完成整个住宅平面空间的墙体轴线绘制，如图 14.6 所示。

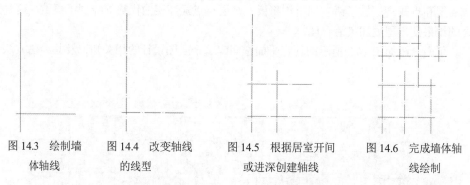

图 14.3　绘制墙　　图 14.4　改变轴线　　图 14.5　根据居室开间　　图 14.6　完成墙体轴
　　体轴线　　　　　的线型　　　　或进深创建轴线　　　　　线绘制

　　（5）单击"默认"选项卡"注释"面板中的"线性"按钮 ┠ 和"注释"选项卡"标注"面板中的"连续"按钮 ┠┠，对轴线尺寸进行标注，如图 14.7 所示。

　　（6）单击"默认"选项卡"注释"面板中的"线性"按钮 ┠ 和"注释"选项卡"标注"面板中的"连续"按钮 ┠┠，完成住宅平面空间所有相关轴线尺寸的标注，如图 14.8 所示。

　　（7）在命令行中输入 MLINE 命令，完成住宅平面空间的墙体绘制，如图 14.9 所示。

　　（8）选择菜单栏中的"绘图"→"多线"命令，绘制其他位置的墙体，如图 14.10 所示。

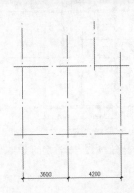

图 14.7　标注轴线尺寸

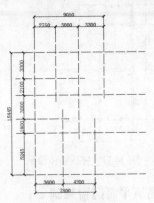

图 14.8　标注所有轴线尺寸

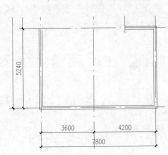

图 14.9　绘制墙体造型

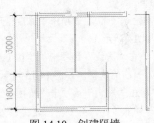

图 14.10　创建隔墙

（9）按照住宅平面空间的各个房间开间与进深，选择菜单栏中的"绘图"→"多线"命令，继续进行其他位置墙体的创建，最后完成整个墙体造型的绘制，如图 14.11 所示。

（10）单击"默认"选项卡"注释"面板中的"多行文字"按钮 ，标注房间文字，最后完成整个建筑墙体平面图的绘制，如图 14.12 所示。

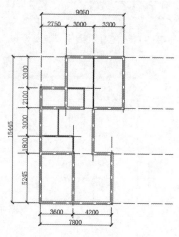

图 14.11　完成墙体绘制

图 14.12　标注房间文字

扫一扫，看视频

14.2.2　建筑平面门窗绘制

（1）单击"默认"选项卡"绘图"面板中的"直线"按钮 ╱ 和"修改"面板中的"镜像"按钮 ▲，创建住宅平面空间的户门造型。按户门的大小绘制两条与墙体垂直的平行线确定户门宽度，如图 14.13 所示。

（2）单击"默认"选项卡"修改"面板中的"修剪"按钮 ✂，对线条进行修剪得到户门的门洞，如图 14.14 所示。

（3）单击"默认"选项卡"绘图"面板中的"多段线"按钮 ▭，绘制户门的门扇造型，该门扇为一大一小的造型，如图 14.15 所示。

（4）单击"默认"选项卡"绘图"面板中的"圆弧"下拉菜单中的"三点"按钮 ⌒，绘制两段长度不一样的弧线，得到户门造型，如图 14.16 所示。

图 14.13　确定户门宽度　　图 14.14　创建户门门洞　　图 14.15　绘制门扇　　图 14.16　绘制两段弧线

（5）单击"默认"选项卡"绘图"面板中的"直线"按钮 ╱ 和"修改"面板中的"偏移"按钮 ⊏，对阳台门联窗户造型进行绘制，如图 14.17 所示。

> **提示：**
> 绘制阳台门联窗户时，先绘制 3 段短线。

（6）单击"默认"选项卡"修改"面板中的"修剪"按钮 ✂，在门的位置剪切边界线，得到门洞，如图 14.18 所示。

图 14.17　绘制 3 段短线　　　　　　图 14.18　绘制转角窗户边界

（7）单击"默认"选项卡"绘图"面板中的"多段线"按钮 　 和"修改"面板中的"偏移"按钮 　，在门洞旁边绘制窗户造型，如图 14.19 所示。

（8）单击"默认"选项卡"绘图"面板中的"多段线"按钮 　，按门大小的一半绘制其中一扇门扇，如图 14.20 所示。

（9）单击"默认"选项卡"修改"面板中的"镜像"按钮 　，通过镜像得到阳台门扇造型，完成门联窗户造型的绘制，如图 14.21 所示。

> **注意：**
> 绘制阳台门扇时，不宜采用复制操作。

（10）单击"默认"选项卡"绘图"面板中的"直线"按钮 ╱ 和"修改"面板中的"偏移"按钮 　，在餐厅与厨房之间进行推拉门造型的绘制，先绘制门的宽度范围，如图 14.22 所示。

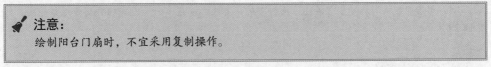

图 14.19　绘制窗户造型　　图 14.20　绘制门扇　　图 14.21　镜像门扇　　图 14.22　绘制门宽范围

（11）单击"默认"选项卡"修改"面板中的"修剪"按钮 　，修剪得到门洞形状，如图 14.23 所示。

（12）单击"默认"选项卡"绘图"面板中的"矩形"按钮 囗，在靠餐厅一侧绘制矩形推拉门，如图 14.24 所示。

（13）其他位置的门扇和窗户造型可参照上述方法进行绘制，如图 14.25 所示。

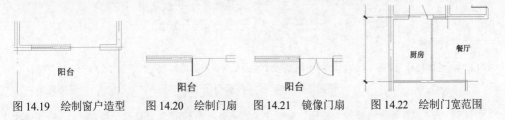

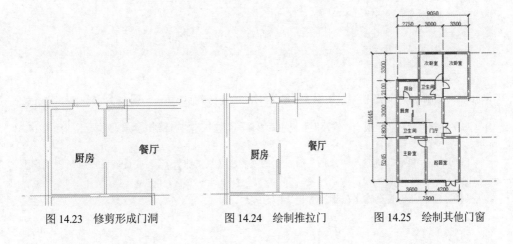

图 14.23　修剪形成门洞　　　　图 14.24　绘制推拉门　　　　图 14.25　绘制其他门窗

扫一扫，看视频

14.2.3　楼电梯间等建筑空间平面图绘制

（1）单击"默认"选项卡"绘图"面板中的"直线"按钮／和"圆弧"下拉菜单中的"三点"按钮，绘制楼梯间墙体和门窗轮廓图形，如图 14.26 所示。

（2）单击"默认"选项卡"绘图"面板中的"直线"按钮／和"修改"面板中的"偏移"按钮，绘制楼梯踏步平面造型，如图 14.27 所示。

> **提示：**
> 楼梯为双跑楼梯。

（3）单击"默认"选项卡"绘图"面板中的"直线"按钮／和"修改"面板中的"修剪"按钮，勾画楼梯踏步折断线造型，如图 14.28 所示。

扫一扫，看视频

（4）单击"默认"选项卡"绘图"面板中的"直线"按钮／，绘制电梯井建筑墙体轮廓，如图 14.29 所示。

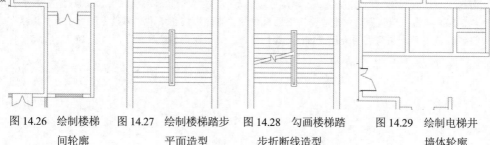

图 14.26　绘制楼梯　　图 14.27　绘制楼梯踏步　　图 14.28　勾画楼梯踏　　图 14.29　绘制电梯井
　　　间轮廓　　　　　　　　平面造型　　　　　　步折断线造型　　　　　墙体轮廓

（5）单击"默认"选项卡"绘图"面板中的"直线"按钮／和"矩形"按钮，绘制电梯平面造型，如图 14.30 所示。

（6）另外一个电梯平面造型按相同的方法进行绘制，如图 14.31 所示。

（7）单击"默认"选项卡"绘图"面板中的"矩形"按钮，绘制卫生间中的矩形通风道造型，如图 14.32 所示。

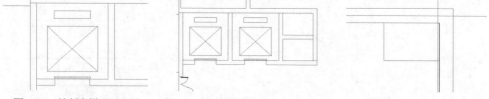

图 14.30　绘制电梯平面造型　　　图 14.31　绘制另外一个电梯平面造型　　　图 14.32　绘制通风道造型

（8）单击"默认"选项卡"修改"面板中的"偏移"按钮，得到通风道墙体造型，如图 14.33 所示。

（9）单击"默认"选项卡"绘图"面板中的"多段线"按钮，在通风道内绘制折线造型，如图 14.34 所示。

（10）绘制其他管道造型轮廓，如图 14.35 所示。

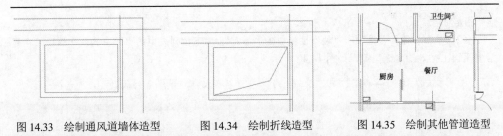

图 14.33　绘制通风道墙体造型　　　图 14.34　绘制折线造型　　　图 14.35　绘制其他管道造型

✎ 提示:

　　按上述方法可以绘制其他卫生间和厨房的通风道及排烟管道等造型轮廓,具体从略。

　　(11) 单击"默认"选项卡"绘图"面板中的"多段线"按钮 ⌐⌐,按阳台的大小尺寸绘制其外轮廓,如图 14.36 所示。

　　(12) 单击"默认"选项卡"修改"面板中的"偏移"按钮 ⊂,得到阳台及其栏杆造型效果,如图 14.37 所示。

　　(13) 完成建筑平面图标准单元图形的绘制,如图 14.38 所示。

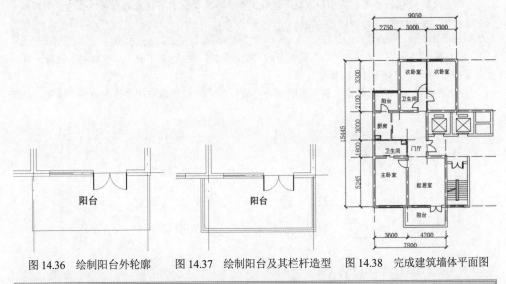

图 14.36　绘制阳台外轮廓　　　图 14.37　绘制阳台及其栏杆造型　　　图 14.38　完成建筑墙体平面图

✎ 提示:

　　完成平面图后可以缩放视图观察图形并保存图形。

14.2.4　建筑平面家具布置

　　(1) 单击"导航栏"中的"窗口缩放"按钮 ⊙,局部放大起居室(即客厅)的空间平面,如图 14.39 所示。

```
命令: ZOOM↙
指定窗口的角点,输入比例因子(nX 或 nXP),或者[全部(A)/中心(C)/动态(D)/范围(E)/上一
个(P)/比例(S)/窗口(W)/对象(O)]<实时>: W↙
指定第一个角点:
```

扫一扫,看视频

指定对角点：

（2）单击"插入"选项卡"块"面板中的"插入" 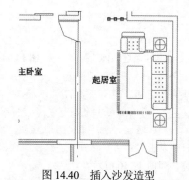 下拉列表中的"库中的块"选项，在起居室平面上插入沙发造型等，如图 14.40 所示。

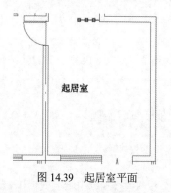

图 14.39　起居室平面

图 14.40　插入沙发造型

提示：

该沙发造型包括沙发、茶几和地毯等综合造型。沙发等家具若插入的位置不合适，则可以通过移动、旋转等命令对其位置进行调整。

（3）单击"插入"选项卡"块"面板中的"插入" 下拉列表中的"库中的块"选项，为客厅配置电视柜造型，如图 14.41 所示。

（4）单击"插入"选项卡"块"面板中的"插入" 下拉列表中的"库中的块"选项，在起居室布置适当的花草进行美化，如图 14.42 所示。

图 14.41　配置电视柜

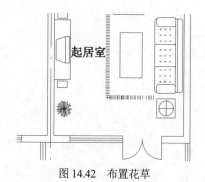

图 14.42　布置花草

（5）单击"插入"选项卡"块"面板中的"插入" 下拉列表中的"库中的块"选项，在餐厅平面上插入餐桌，如图 14.43 所示。

（6）单击"插入"选项卡"块"面板中的"插入" 下拉列表中的"库中的块"选项，按相似的方法布置其他位置的家具，如图 14.44 所示。

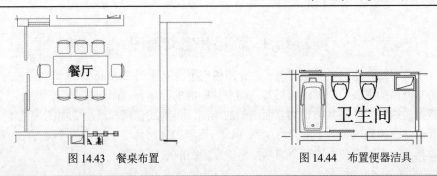

图 14.43　餐桌布置　　　　　　　　　图 14.44　布置便器洁具

　　(7) 进行家具布置，直至完成，如图 14.45 所示。

　　(8) 单击"默认"选项卡"修改"面板中的"镜像"按钮 △，将布置好的家具进行镜像得到标准单元平面图，如图 14.46 所示。

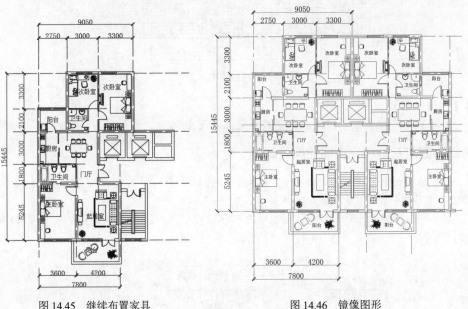

图 14.45　继续布置家具　　　　　　　图 14.46　镜像图形

　　(9) 单击"默认"选项卡"修改"面板中的"复制"按钮 ，将标准单元进行复制，得到整个建筑平面图。

　　(10) 标注轴线和图名等内容，相关方法可参阅前面有关章节介绍的方法，此处不再赘述，效果图如图 14.2 所示。

14.3　高层住宅立面图

　　本节将结合建筑平面图的例子，介绍住宅小区立面图的 AutoCAD 绘制方法与技巧。建筑立面图的主要绘制方法包括其立面主体轮廓的绘制、立面门窗造型的绘制、立面细部造型的绘制，以及其他辅助立面造型的绘制，另外还包括标准层立面图、整体立面图及细部立面的处理等。下面介绍如图 14.47 所示的高层住宅立面图的绘制方法，进一步巩固相关绘图知识和方法，全面掌握建筑立面图的绘制方法。

18号楼南立面图 1:100

图 14.47　高层住宅立面图

🖰【操作步骤】

　　（电子资料\实例演示\第 14 章\高层住宅立面图.avi）

14.3.1　建筑标准层立面图轮廓绘制

　　（1）单击"默认"选项卡"绘图"面板中的"多段线"按钮 ⌐，在标准层平面图对应的一个单元下侧绘制一条地平线，如图 14.48 所示。

　　（2）单击"默认"选项卡"绘图"面板中的"直线"按钮 ／，绘制外墙轮廓对应线，如图 14.49 所示。

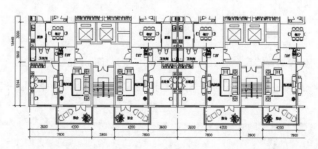

图 14.48　绘制建筑地平线

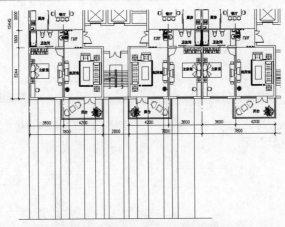

图 14.49　绘制外墙轮廓立面对应线

✎ 提示：
　　准备绘制的立面图是高层住宅的正立面图。先绘制 1 条与地平线相垂直的建筑外墙对应线，然后根据建筑平面图中外轮廓墙体、门窗等位置偏移生成对应的结构轮廓线。

　　（3）单击"默认"选项卡"修改"面板中的"偏移"按钮 ⊆ 和"修改"面板中的"修剪"按钮 ✂，生成二层楼面线，如图 14.50 所示。

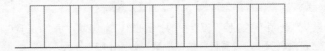

图 14.50　绘制二层楼面线

✎ 提示：
　　高层住宅楼层高度设计为 3.9m，据此绘制与地平线平行的二层楼面线，然后对线条进行修剪，得到标准层的立面轮廓。

14.3.2　建筑标准层门窗及阳台立面图轮廓绘制

　　（1）单击"默认"选项卡"修改"面板中的"偏移"按钮 ⊆，在与地平线平行的方向绘制立面图中的门窗高度轮廓线，如图 14.51 所示。

✎ 提示：
　　在建筑设计中，门窗的高度一般根据楼层高度而定。

　　（2）单击"默认"选项卡"修改"面板中的"修剪"按钮 ✂，按照门窗的造型对图形进行修剪，如图 14.52 所示。
　　（3）单击"默认"选项卡"绘图"面板中的"直线"按钮 ╱，根据立面图设计的整体效果对窗户立面进行分隔，如图 14.53 所示。
　　（4）单击"默认"选项卡"绘图"面板中的"多段线"按钮 ⊐，在门窗上下位置勾画窗台造型，如图 14.54 所示。

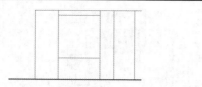
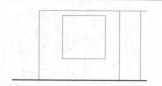

图 14.51　生成立面门窗　　　　　　图 14.52　对图形进行修剪

（5）单击"默认"选项卡"绘图"面板中的"直线"按钮／，按上述方法对阳台和阳台门立面进行分隔，如图 14.55 所示。

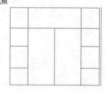
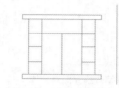
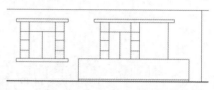

图 14.53　绘制窗户　　图 14.54　窗台造型设计　　　图 14.55　绘制阳台及阳台门造型
　　　　　造型

（6）单击"默认"选项卡"绘图"面板中的"直线"按钮／和"矩形"按钮▢，按阳台位置绘制阳台造型，如图 14.56 所示。

教你一招：
同时绘制与楼地面垂直的直线作为垂直主支撑栏杆。

（7）单击"默认"选项卡"绘图"面板中的"圆弧"下拉菜单中的 "三点"按钮以及"绘图"面板中的"直线"按钮／，勾画栏杆细部造型，如图 14.57 所示。

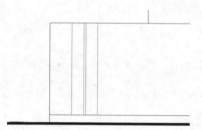
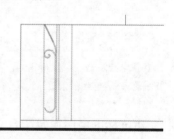

图 14.56　绘制阳台造型　　　　　图 14.57　栏杆细部设计

（8）单击"默认"选项卡"修改"面板中的"镜像"按钮，绘制阳台栏杆细部造型，如图 14.58 所示。

（9）单击"默认"选项卡"修改"面板中的"复制"按钮，绘制阳台栏杆，如图 14.59 所示。

提示：
绘制阳台栏杆也可以使用 MIRROR 命令。

（10）另外一侧的立面按上述方法绘制，形成整个标准层的立面图，如图 14.60 所示。
（11）中间楼电梯间的窗户立面图同样按上述方法完成，如图 14.61 所示。

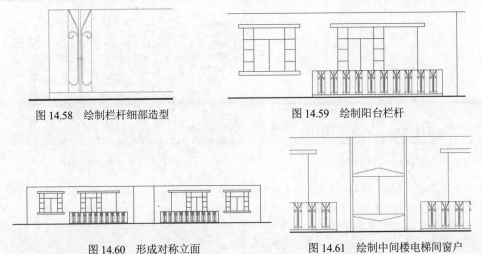

图 14.58　绘制栏杆细部造型　　　　　　图 14.59　绘制阳台栏杆

图 14.60　形成对称立面　　　　　　　　图 14.61　绘制中间楼电梯间窗户

14.3.3　建筑整体立面图绘制

（1）单击"默认"选项卡"修改"面板中的"复制"按钮 ，对楼层立面图进行复制，得到高层住宅建筑的主体结构形体，如图 14.62 所示。

（2）单击"默认"选项卡"绘图"面板中的"直线"按钮 ，绘制屋面造型，如图 14.63 所示。

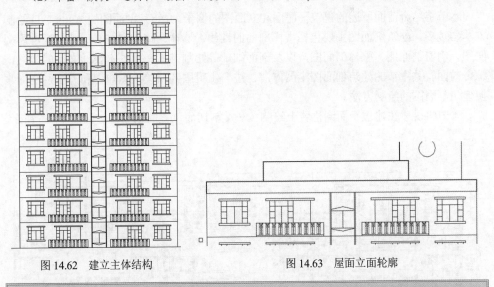

图 14.62　建立主体结构　　　　　　　　图 14.63　屋面立面轮廓

> **提示：**
> 在这里，屋面整体造型为平屋面。

（3）单击"默认"选项卡"绘图"面板中的"圆弧"下拉菜单中的"三点"按钮 ，在屋顶立面中绘制弧线形成屋顶造型，如图 14.64 所示。

（4）单击"默认"选项卡"修改"面板中的"复制"按钮 ，按单元数量进行单元立面复制，完成整体立面的绘制，如图 14.65 所示。

图 14.64　形成屋顶造型　　　　　　　　　图 14.65　复制单元立面图

（5）单击"默认"选项卡"绘图"面板中的"直线"按钮／和"注释"面板中的"多行文字"按钮**A**，标注标高及文字，保存图形，如图 14.47 所示。

 注意：
　　高层住宅其他方向的立面图，如东立面图、西立面图等，按照正立面图的绘制方法建立，在此不作详细说明。

14.4　高层住宅建筑剖面图

　　本节将结合前面所述的建筑平面图和立面图的例子，介绍其剖面图的 AutoCAD 绘制方法与技巧。建筑剖面图主要包括楼梯剖面的轴线、墙体、踏步和文字尺寸；标准层剖面图、门窗剖面图、整体剖面图，以及剖面细部等绘制方法。通过本设计案例的学习，综合前面有关章节的建筑剖面图绘图方法，进一步巩固其相关绘图知识和方法，全面掌握建筑剖面图的绘制方法。

　　本节将讲述在建筑平面图位置上绘制 A—A 剖切面位置的剖面图，如图 14.66 所示。

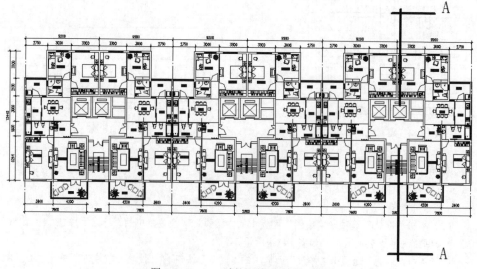

图 14.66　A—A 剖切面位置的剖面图

【操作步骤】

（电子资料\实例演示\第 14 章\高层住宅建筑剖面图.avi）

14.4.1　剖面图建筑墙体等绘制

（1）单击"默认"选项卡"绘图"面板中的"多段线"按钮，在平面图的右侧绘制 1 条垂直线，如图 14.67 所示。

> **提示：**
> 准备以右侧绘制的垂直线作为其地面。

（2）与 A—A 剖切通过所涉及（能够看到）的墙体、门窗、楼梯等位置，单击"默认"选项卡"绘图"面板中的"直线"按钮和"修改"面板中的"偏移"按钮，绘制其相应的轮廓线，如图 14.68 所示。

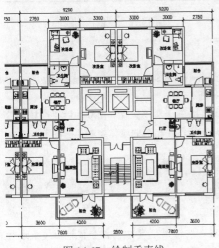

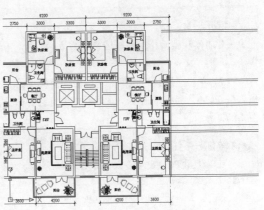

图 14.67　绘制垂直线　　　　　　　图 14.68　绘制相应轮廓线

（3）单击"默认"选项卡"修改"面板中的"旋转"按钮，将所绘制的轮廓线旋转，如图 14.69 所示。

> **教你一招：**
> 可以将平面图一起旋转到与轮廓线同样的角度。

（4）单击"默认"选项卡"绘图"面板中的"直线"按钮，由于多层住宅的楼层高度为 3.0m，因此在距离地面线 3.0m 处绘制楼层轮廓线，如图 14.70 所示。

（5）单击"默认"选项卡"修改"面板中的"修剪"按钮，对墙体和楼面轮廓线等进行修剪，如图 14.71 所示。

（6）单击"默认"选项卡"修改"面板中的"镜像"按钮，对墙体和楼面轮廓线等进行镜像，如图 14.72 所示。

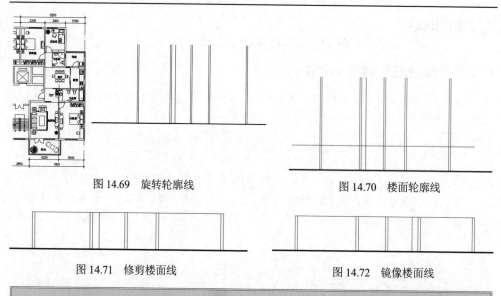

图 14.69　旋转轮廓线　　　　　　　　　图 14.70　楼面轮廓线

图 14.71　修剪楼面线　　　　　　　　　图 14.72　镜像楼面线

提示：
对墙体和楼面轮廓线等进行左右方向镜像，使得其与剖面方向一致。

（7）单击"默认"选项卡"绘图"面板中的"直线"按钮／和"修改"面板中的"编辑多段线"按钮，参照平面图、立面图中建筑门窗的位置与高度，在相应的墙体绘制门窗轮廓线，如图 14.73 所示。

教你一招：
可以使用 PEDIT 命令加粗墙线和楼面线等结构体轮廓线。

（8）单击"默认"选项卡"修改"面板中的"修剪"按钮，将中间部分楼地面线条进行修剪，单击"默认"选项卡"绘图"面板中的"矩形"按钮□，绘制矩形门洞轮廓，如图 14.74 所示。

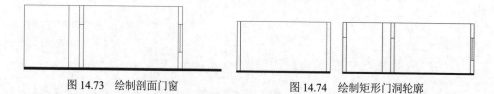

图 14.73　绘制剖面门窗　　　　　　　　图 14.74　绘制矩形门洞轮廓

注意：
使矩形门洞上下开口通畅，形成电梯井。

（9）单击"默认"选项卡"绘图"面板中的"矩形"按钮□，绘制剖面图中可以看到的其他位置的门洞造型，如图 14.75 所示。
（10）单击"默认"选项卡"绘图"面板中的"图案填充"按钮，填充剖面图中的墙体为黑色，如图 14.76 所示。

图 14.75　绘制其他位置门洞　　　　　　　图 14.76　填充墙体

14.4.2　剖面图建筑楼梯造型绘制

（1）单击"默认"选项卡"绘图"面板中的"多段线"按钮 和"修改"面板中的"复制"按钮 ，绘制 1 个楼梯踏步图形，如图 14.77 所示。

> **提示：**
> 　根据楼层高度，按每步高度小于 170mm 计算楼梯踏步和梯板的尺寸，然后按所计算的尺寸绘制其中一个梯段剖面轮廓线。

（2）单击"默认"选项卡"修改"面板中的"镜像"按钮 ，对楼梯踏步进行镜像得到上梯段的楼梯剖面，如图 14.78 所示。

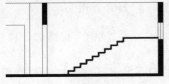
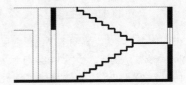

图 14.77　绘制楼梯踏步图形　　　　　　　图 14.78　形成楼梯剖面

（3）单击"默认"选项卡"绘图"面板中的"多段线"按钮 ，在踏步下绘制楼梯板，得到完整的楼梯剖面结构图，如图 14.79 所示。

（4）单击"默认"选项卡"绘图"面板中的"直线"按钮 ，绘制楼梯栏杆，如图 14.80 所示。

> **提示：**
> 　一般栏杆的高度为 1.0～1.05m。在这里只绘制其轮廓线，具体细部造型从略。

（5）单击"默认"选项卡"修改"面板中的"修剪"按钮 ，将楼梯间的部分楼板进行修剪，如图 14.81 所示。

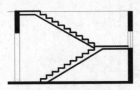
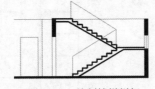
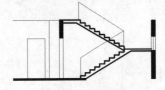

图 14.79　绘制楼梯板　　　图 14.80　绘制楼梯栏杆　　　图 14.81　修剪楼板

14.4.3　剖面图整体楼层图形绘制

（1）单击"默认"选项卡"修改"面板中的"复制"按钮 ，按照立面图中所确定的楼层高度进行楼层复制，得到 A—A 剖面图，如图 14.82 所示。

注意：

屋面结构在这里只绘制其轮廓线，具体细部造型从略。

（2）单击"默认"选项卡"绘图"面板中的"多段线"按钮___），在剖切位置顶层楼层绘制屋面结构体，如图 14.83 所示。

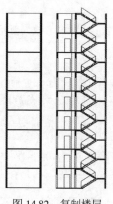

图 14.82　复制楼层

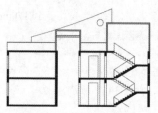

图 14.83　绘制屋面剖面

（3）单击"默认"选项卡"绘图"面板中的"直线"按钮／和"矩形"按钮囗，在剖面图底部绘制电梯底坑剖面，如图 14.84 所示。

（4）单击"默认"选项卡"绘图"面板中的"多段线"按钮___），绘制底侧的图形，如图 14.85 所示。

（5）利用"直线""多行文字"和"线性"标注命令，按楼层高度标注剖面图中的楼层标高，以及楼层和门窗的尺寸，如图 14.86 所示。

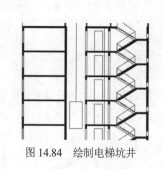

图 14.84　绘制电梯坑井

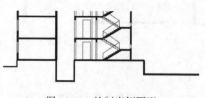

图 14.85　绘制底侧图形

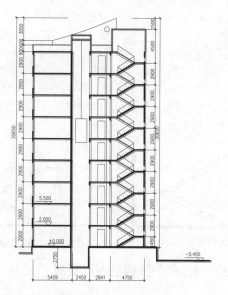

图 14.86　A—A 剖面图

注意:

对不正确的地方进行修改，然后保存图形。

14.5 新 手 问 答

No.1：怎样扩大绘图空间？

（1）提高系统显示分辨率。

（2）设置显示器属性中的"外观"，改变图标、滚动条、标题按钮、文字等的大小。

（3）去掉多余部件，如屏幕菜单、滚动条和不常用的工具条。去掉屏幕菜单、滚动条可在 Preferences 对话框 Display 页（见第四条操作）Drawing Window Parameters 选项中进行选择。

（4）设定系统任务栏自动消隐，把命令行尽量缩小。

（5）在显示器属性"设置"页中，把桌面大小设定大于屏幕大小的 1～2 个级别，便可在超大的活动空间里画图了。

No.2：如何减少文件大小？

在图形完稿后，执行清理（PURGE）命令，清理掉多余的数据，如无用的块、没有实体的图层，未用的线型、字体、尺寸样式等，可以有效减少文件大小。一般彻底清理需要 PURGE 命令 2～3 次。

另外，默认情况下，在 R14 中存盘是追加方式的，速度比较快一些。如果需要释放磁盘空间，则必须设置 Isavepercent 系统变量为 0 来关闭这种逐步保存特性，这样当第二次存盘时，文件大小就减小了。

14.6 上 机 实 验

【练习1】绘制如图 14.87 所示的别墅二层平面图。

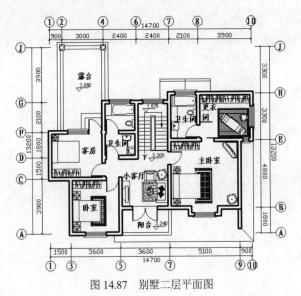

图 14.87 别墅二层平面图

1. 目的要求

本实验主要要求读者通过练习进一步熟悉和掌握平面图的绘制方法。通过本实验，可以帮助读者学会完成整个平面图绘制的全过程。

2. 操作提示

（1）绘图前的准备。

（2）修改墙体和门窗。

（3）绘制阳台和露台。

（4）绘制楼梯。

（5）绘制雨篷。

（6）绘制家具。

（7）标注尺寸、文字、轴号及标高。

【练习 2】绘制如图 14.88 所示的别墅西立面图。

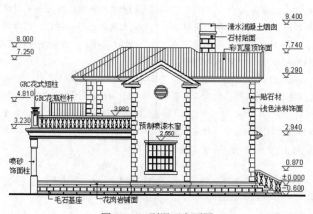

图 14.88　别墅西立面图

1. 目的要求

本实验主要要求读者通过练习进一步熟悉和掌握立面图的绘制方法。通过本实验，可以帮助读者学会完成整个立面图绘制的全过程。

2. 操作提示

（1）绘图前的准备。

（2）绘制地平线、外墙和屋顶轮廓线。

（3）绘制台基和立柱。

（4）绘制雨篷、台阶与露台。

（5）绘制门窗。

（6）绘制其他建筑细部。

（7）立面标注。